可见光通信关键技术系列

高速可见光通信关键技术

Key Technologies of High Speed Visible Light Communication

迟楠 著

U0247243

人民邮电出版社
北京

图书在版编目（C I P）数据

高速可见光通信关键技术 / 迟楠著. -- 北京 : 人民邮电出版社, 2019.11（2023.1重印）
（可见光通信关键技术系列）
国之重器出版工程
ISBN 978-7-115-50808-9

Ⅰ. ①高… Ⅱ. ①迟… Ⅲ. ①光通信系统一研究 Ⅳ. ①TN929.1

中国版本图书馆CIP数据核字(2019)第027942号

内 容 提 要

本书主要介绍基于 LED 的高速可见光通信的技术原理。首先，给出了可见光通信的基本概念，追溯了其发展历史，同时对其研究趋势进行了展望；其次，分别从高速可见光的系统结构、信道建模、调制技术、均衡技术、编码技术、复用技术和新材料技术等方面具体介绍了实现高速可见光通信所采用的先进技术与关键算法；接着，介绍了高速 VLC 通信系统实验，给出了基于本书介绍的技术理论基础之上的实验成果；最后，对高速可见光通信技术的未来进行了展望。

本书适合从事通信领域尤其是可见光通信研究的工程技术人员以及高等院校通信工程等相关专业的研究生和教师阅读。

◆ 著　　　　迟　楠
责任编辑　代晓丽
责任印制　杨林杰

◆ 人民邮电出版社出版发行　　北京市丰台区成寿寺路 11 号
邮编　100164　　电子邮件　315@ptpress.com.cn
网址　http://www.ptpress.com.cn
固安县铭成印刷有限公司印刷

◆ 开本：720×1000　1/16
印张：15.5　　　　2019 年 11 月第 1 版
字数：286 千字　　　　2023 年 1 月河北第 5 次印刷

定价：118.00 元

读者服务热线：(010)81055493　印装质量热线：(010)81055316
反盗版热线：(010)81055315

《国之重器出版工程》编辑委员会

编辑委员会主任：苗　圩

编辑委员会副主任：刘利华　辛国斌

编辑委员会委员：

冯长辉	梁志峰	高东升	姜子琨	许科敏
陈　因	郑立新	马向晖	高云虎	金　鑫
李　巍	高延敏	何　琼	刁石京	谢少锋
闻　库	韩　夏	赵志国	谢远生	赵永红
韩占武	刘　多	尹丽波	赵　波	卢　山
徐惠彬	赵长禄	周　玉	姚　郁	张　炜
聂　宏	付梦印	季仲华		

专家委员会委员（按姓氏笔画排列）：

于　全	中国工程院院士
王　越	中国科学院院士、中国工程院院士
王小谟	中国工程院院士
王少萍	“长江学者奖励计划”特聘教授
王建民	清华大学软件学院院长
王哲荣	中国工程院院士
尤肖虎	“长江学者奖励计划”特聘教授
邓玉林	国际宇航科学院院士
邓宗全	中国工程院院士
甘晓华	中国工程院院士
叶培建	人民科学家、中国科学院院士
朱英富	中国工程院院士
朵英贤	中国工程院院士
邬贺铨	中国工程院院士
刘大响	中国工程院院士
刘辛军	“长江学者奖励计划”特聘教授
刘怡昕	中国工程院院士
刘韵洁	中国工程院院士
孙逢春	中国工程院院士
苏东林	中国工程院院士
苏彦庆	“长江学者奖励计划”特聘教授
苏哲子	中国工程院院士
李寿平	国际宇航科学院院士

李伯虎	中国工程院院士
李应红	中国科学院院士
李春明	中国兵器工业集团首席专家
李莹辉	国际宇航科学院院士
李得天	国际宇航科学院院士
李新亚	国家制造强国建设战略咨询委员会委员、中国机械工业联合会副会长
杨绍卿	中国工程院院士
杨德森	中国工程院院士
吴伟仁	中国工程院院士
宋爱国	国家杰出青年科学基金获得者
张　彦	电气电子工程师学会会士、英国工程技术学会会士
张宏科	北京交通大学下一代互联网互联设备国家工程实验室主任
陆　军	中国工程院院士
陆建勋	中国工程院院士
陆燕荪	国家制造强国建设战略咨询委员会委员、原机械工业部副部长
陈　谋	国家杰出青年科学基金获得者
陈一坚	中国工程院院士
陈懋章	中国工程院院士
金东寒	中国工程院院士
周立伟	中国工程院院士

郑纬民	中国工程院院士
郑建华	中国科学院院士
屈贤明	国家制造强国建设战略咨询委员会委员、工业和信息化部智能制造专家咨询委员会副主任
项昌乐	中国工程院院士
赵沁平	中国工程院院士
郝　跃	中国科学院院士
柳百成	中国工程院院士
段海滨	“长江学者奖励计划”特聘教授
侯增广	国家杰出青年科学基金获得者
闻雪友	中国工程院院士
姜会林	中国工程院院士
徐德民	中国工程院院士
唐长红	中国工程院院士
黄　维	中国科学院院士
黄卫东	“长江学者奖励计划”特聘教授
黄先祥	中国工程院院士
康　锐	“长江学者奖励计划”特聘教授
董景辰	工业和信息化部智能制造专家咨询委员会委员
焦宗夏	“长江学者奖励计划”特聘教授
谭春林	航天系统开发总师

前 言

“智慧家庭”的兴起，计算机、智能设备的迅速普及，使移动数字终端的范畴发生了革命性的变化，给传统接入网技术带来了巨大的考验。光纤到户“最后一公里”的困境、无线接入网频谱资源的紧张、RoF 技术的不成熟和电磁辐射都制约这个瓶颈的突破。当今世界正在演绎一场“任意地点、任意时间”（Anywhere，Anytime）接入方式的深刻变革，社会也在呼唤一种拓宽频谱资源、绿色节能、可移动的接入方式。由此，可见光通信（Visible Light Communication，VLC）应运而生。

可见光通信利用的可见光波段尚属空白频谱，该技术拓展了下一代宽带通信的频谱，有效地利用了资源，可以解决光通信与无线通信网络共存与兼容的问题。与其他无线技术相比，可见光通信具有安全性高、保密性好、抗电磁干扰能力强、通信速率高、定位精度高、集通信与照明功能于一体、无电磁污染、白光和射频信号不相互干扰、可以应用在电磁敏感环境中等诸多优势，并且白光对人眼很安全，室内白光发光二极管（Light Emitting Diode，LED）灯的功率可以高达 10 W 以上，这就使可见光通信具备了非常高的信噪比，具有了更大的带宽潜力，拥有了广阔的应用前景。

可见光通信的概念自 2000 年被提出之后，受到了世界各国的广泛关注，短短十几年，可见光通信技术迅猛发展，取得了一个又一个突破性进展。从几十 Mbit/s 到 500 Mbit/s 再到 Gbit/s，通信速率飞速提升；从离线到实时，从低阶调制到高阶调制，从点对点到多输入多输出（MIMO），技术上一日千里。可见光通信被《时代周刊》评为 2011 年全球 50 大科技发明之一。可见光通信技术领域新概念、新技术层出不穷，发展极为活跃。可见光通信作为一种照明和通信结合的新型模式推动了下一代照明和接入网的发展与技术的进步，无论从国家战略层面，还是节能减排的迫切需求方面，或者巨大的市场潜力方面来考虑，可见光通信技术都应该并已成为国际竞争的制高点。

可见光通信利用 LED 作为光源，LED 在照明的同时可以高速地通信。白光 LED 现在已经被广泛应用于信号发射、显示、照明等领域，与其他光源相比，白光 LED 具有更高的调制带宽、调制性能好、响应灵敏度高的优点。利用 LED 的这些特性，可以将信号调制到 LED 发出的可见光上进行传输。白光 LED 可以将照明与数据传输结合起来的特性，促进了可见光通信技术的发展。

本书详细阐述了基于 LED 的高速可见光通信的技术原理。全书共分为 10 章，第 1 章给出了可见光通信的基本概念，追溯了其发展历史，同时对其研究趋势进行了展望；第 2～8 章分别从高速可见光的系统结构、信道建模、调制技术、均衡技术、编码技术、复用技术和新材料技术等方面具体介绍了实现高速可见光通信所采用的先进技术与关键算法；第 9 章介绍了高速可见光通信系统实验，给出了基于第 2～8 章介绍的技术理论基础的实验成果；第 10 章对高速可见光通信技术的未来进行了展望。

本书的撰写得到了国家科技部、国家自然科学基金、上海市科委和广东省科技厅项目组相关老师和课题组学生的大力帮助。感谢赵嘉琦、张梦洁、邹鹏、石蒙、刘渊帆、蒋子豪、赵一衡和王福民同学对本书撰写的支持与帮助。本书成稿时间较短，不足之处在所难免，诚恳希望广大读者多提宝贵意见，我们将在吸收大家意见和建议的基础上，不断改进和提高。

目　录

第1章 概述

“智慧家庭”的兴起，计算机、智能设备的迅速普及，使移动数字终端的范畴发生革命性的变化，给传统接入网技术带来了巨大的考验。在这场接入方式的深刻变革中，社会也在呼唤一种拓宽频谱资源、绿色节能、可移动的接入方式。由此，可见光通信（Visible Light Communication，VLC）应运而生。可见光通信是利用发光二极管（Light Emitting Diode，LED）作为光源，LED 在照明的同时可以高速地通信。VLC 不仅拓展了下一代宽带通信的频谱，还可以解决光通信和无线通信网络共存与兼容的问题，与其他无线技术相比，还拥有安全性高、保密性好等众多优点。

1.1 LED 市场趋势

可见光通信利用白光 LED 作为光源，21 世纪注定是 LED 的时代。20 世纪 60 年代 LED 问世，经过数十年的飞速发展，光色从单到多、亮度从低到高、寿命从短到长、市场从无到有。诞生至今以每 10 年亮度提高 20 倍、价格降低为原来 1/100 的速度发展。技术的日趋成熟、功能的不断完善和丰富，给人类社会带来了翻天覆地的变化，其影响已经渗透到全球科技、经济等各个领域，尤其在照明领域具有强大的优势和竞争力。较之白炽灯和节能灯，LED 具有效率高、价格低及寿命长等优点。LED 的能耗分别是白炽灯的 1/10 和节能灯的 1/4，发光效率更高（可达 249 lm/W，约为日光灯的 4 倍），寿命高达 100 000 h，稀土添加量是节能灯的 1/1 000。这些无与伦比的性能使其迅速占据了市场，备受世界各国的青睐，各国陆续推出了白炽灯淘汰计划，传统照明技术正在迅速向固体照明技术演进。LED 的市场份额，如图 1-1 所示。全球主要国家（或组织）白炽灯淘汰路线见表 1-1。毫无疑问，LED 成为下一代照明技术是大势所趋。固态照明的普及使 VLC 的光源无处不在，利用 LED 作为光源的可见光通信也将随着 LED 的发展而高速发展。

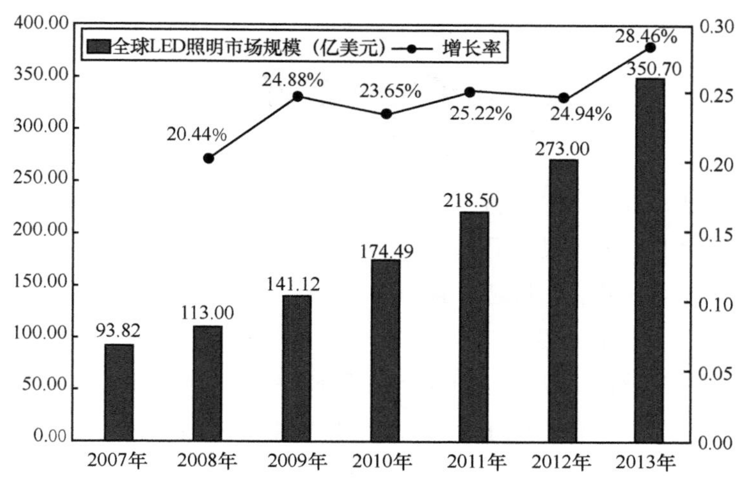

图 1-1　LED 市场份额

表 1-1　全球主要国家（或组织）白炽灯淘汰路线

洲	国别	白炽灯淘汰路线
亚洲	中国	2011 年 10 月 1 日至 2012 年 9 月 30 日为过渡期； 2012 年 10 月 1 日起禁止进口和销售 100 W 及以上普通照明白炽灯； 2014 年 10 月 1 日起禁止进口和销售 60 W 及以上普通照明白炽灯； 2015 年 10 月 1 日至 2016 年 9 月 30 日为中期评估期； 2016 年 10 月 1 日起禁止进口和销售 15 W 及以上普通照明白炽灯
	印度	2010 年之前用节能灯替换 4 亿盏白炽灯
	菲律宾	2010 年之后禁止白炽灯的使用
	马来西亚	2014 年之后停止生产、进口和销售白炽灯
欧洲	欧盟	2016 年之后停用白炽灯和卤素灯
	爱尔兰	2012 年之后停用白炽灯
	瑞士	禁止 F 级和 G 级白炽灯的使用
	英国	2011 年之后停用白炽灯
美洲	加拿大	2012 年之后禁用白炽灯
	美国	2020 年之后禁用 45 lm/W 以下白炽灯
	古巴	2005 年之后禁止进口白炽灯，用节能灯替代
大洋洲	澳大利亚	2010 年之后禁止白炽灯的销售

1.2 可见光通信发展历史

基于白光 LED 的可见光通信技术，能够以较低的成本同时实现照明与通信两大功能，适用于各种接入场景、无电磁干扰并且绿色环保。VLC 技术一经问世便获得了世界各国的关注和支持，从诞生至今的短短十几年间，VLC 技术迅猛发展，取得了一个又一个突破性的进展。

可见光通信的概念最早于 2000 年由日本研究者 TANAKA 等提出，他们利用 LED 照明灯作为通信基站进行信息无线传输的室内通信系统[1-3]，通过仿真对可见光通信理论做了进一步的完善与改进，并通过与电力线载波（Power Line Carrier，PLC）[4]结合的实验系统实现了二进制相移键控（Binary Phase Shifting Key，BPSK）信号 100 kbit/s 的可见光室内传输。此后，日本看到了可见光通信巨大的发展前景，开始投入大量人力、物力进行研究。为了实现可见光通信的实用化，日本于 2003 年成立了国际第一个可见光通信组织"可见光通信联盟（VLCC）"。VLCC 关于可见光通信的研究范围非常广泛，根据具体的应用场景可分为室内移动通信、可见光定位、可见光无线局域网接入、交通信号灯通信、水下可见光通信等。2004 年，日本国土交通省在关西国际机场对可见光通信进行了实验验证，实现了速率为 10 Mbit/s 量级的可见光传输[5]。2008 年，日本在九十九里海滩利用灯塔上的 LED 作为发射机、图像传感器作为接收机，实现了通信距离达 2 km 的可见光通信系统，传输速率为 1 022 bit/s。除此之外，日本在可见光通信产品开发方面也已经迈出了步伐。2009 年 VLCC 推出了应用可见光通信技术的数字广告牌样品，利用广告牌的背光 LED 传输数据，使用户可以根据需要下载信息。2012 年卡西欧计算机股份有限公司展出了采用 CCD 图像传感器的可见光通信智能型移动电话[6]。

在可见光通信技术的研究方面，欧美国家起步虽然比日本晚，但由于政府的重视，研究资金充裕，也取得了许多优秀的成绩。2006 年，德国不来梅国际大学的 AFGANI 等提出在可见光通信系统中采用强度调制的正交频分复用（Orthogonal Frequency Division Multiplexing，OFDM）技术，并通过一个速率为 8 kbit/s 的可见光通信实验进行了验证[7]。2007 年 ELGALA 等利用基于正交相移键控（QPSK）的 OFDM 技术实验实现了 90 cm 可见光传输[8]。英国牛津大学 O'BRIEN 领导的研究小组针对 LED 光源窄带宽的特性重点研究了多谐振均衡技术[9-10]，把 LED 可用调制带宽提高到 45 MHz，实现了通断键控（On-Off Keying，OOK）信号的 40 Mbit/s 和 80 Mbit/s 可见光传输[11]。2008 年，德国海因里希赫兹通信工程研究所（HHI）的 LANGER 等就 100 MHz 的可见光通信宽带接入网物理层的基础问题进行了初步研究。2008 年，GRUBER 等首次利用 OFDM 离散多音（Discrete Multi-Tone，DMT）技术实验实现了白光 LED 可见光通信系统 101 Mbit/s 的传输速率[12]。2009 年，德国海因里希赫兹研究所人员采用 DMT 调制和比特加载（Bit Loading）技术，进一步将可见光传输速率提升至 230 Mbit/s，有效传输距离为 0.7 m[13-14]。美国宾州州立大学联合佐治亚理工学院成立了 COWA 研究中心，着重于可见光通信系统与应用的创新研究。此外，欧美各国政府也纷纷设立了相关研究项目，推进可见光通信的发展。欧盟在 2008 年 1 月至 2010 年 12 月开展了 OMEGA 项目，目的在于发展 1 Gbit/s 以上的超高速家庭接入网。可见光通信技术是 OMEGA 项目针对家庭无线接入技术的焦点之一，项目搭建的可见光测试网络最高传输速率为 300 Mbit/s，平均速率达 73 Mbit/s。2008 年 10 月，美国国家科学基金会（National Science Foundation，United States）资助智能照明通信项目，开始开展可见光通信的研究。

可以看到在可见光通信诞生后的前 10 年，世界各国逐步认识到了其巨大的前景，针对不同场景的应用需求纷纷开展了相关研究工作，使得可见光通信迎来了第一个发展高潮。不过也能看到，这 10 年各国的研究主要集中在低速可见光系统的实验验证和实现上，可见光传输速率都在 100 Mbit/s 以内。同时，系统中普遍采用的都是如 OOK、BPSK 等传统的调制技术，这些调制技术的应用虽然已经十分成熟且有利于系统低成本化，但是突出问题是频谱效率低下，在可见光系统带宽受限的条件下无法实现 Gbit/s 以上的高速可见光传输，不能满足未来无线接入的速率需求。此外，针对可见光系统多种线性/非线性损伤的研究非常缺乏，相应的数字信号均衡技术也没有被广泛使用，这都限制了可见光系统传输容量和传输距离的提升。

进入 2010 年，随着可见光通信被更多人认识和接受，其应用前景一再被看好，越来越多的国家、企业、学校和科研机构都投入到了可见光通信的研究中，可见光通信又迎来了第二波发展高潮。在这次发展高潮中，研究者们开始把重点转向了解决更高速、更长距离的可见光传输问题上，对新型高谱效率调制技术和先进数字信号均衡技术集中开展了研究，突破了 LED 带宽限制并有效补偿了系统多种损伤，使得可见光通信系统容量呈现了几倍乃至数 10 倍的增长。此外对于新型 LED、可见光专用探测器等系统收发器件的研制，也进一步促使了可见光通信系统速率和传输距离的提升。

OFDM（又称 DMT）调制作为一种多载波调制技术，由于其可以抵抗频率选择性衰落和多径效应的优点被认为是高速可见光通信系统的最佳选择，得到了广泛的研究和应用。2010 年，德国海因里希赫兹研究所人员，在之前研究的基础上采用 APD 作为接收机，实现了 DMT 调制信号 513 Mbit/s 的可见光传输[15]。此后他们结合高阶 QAM 和波分复用（WDM）技术，将该系统速率进一步提升，分别于 2011 年和 2012 年实现了 12 cm 距离的 803 Mbit/s 可见光传输[16]和 10 cm 的 1.25 Gbit/s 可见光传输，这也是首次速率突破 1 Gbit/s 的可见光通信系统实验[17]。2012 年，意大利研究人员 COSSU 等同样利用 DMT 调制和比特加载技术，实现了 2.1 Gbit/s 的可见光室内传输[18]；同年，该组研究人员将传输速率提升到 3.4 Gbit/s，传输距离为 10 cm[19]；2014 年，该组研究人员采用 RGBY 四波长的 WDM 技术，进一步将传输速率提高到 5.6 Gbit/s，传输距离达 1.5 m[20]。2016 年，英国牛津大学的 O'BRIEN 教授和爱丁堡大学的 HASS 教授领导的研究团队通过将自适应比特功率分配的 OFDM 技术和 WDM 技术相结合，将可见光系统的最高传输速率提升到 10 Gbit/s。此外，为了提高可见光通信中 OFDM 调制的功率效率，多种单极性 OFDM（Unipolar OFDM）调制技术也得到了广泛的研究，如非对称截断光 OFDM（ACO-OFDM）[21]、脉冲幅度调制 DMT（PAM-DMT）[22]、翻转 OFDM（Flipped OFDM）[23]和单极性 OFDM（U-OFDM）[24]等。然而由于其帧结构的限制，这些单极性 OFDM 与传统 DCO-OFDM 相比频谱效率（SE）下降了一半。为了弥补单极性 OFDM 频谱效率的损失，英国爱丁堡大学 HASS 教授的研究组提出了一种全新的增强单极性 OFDM（eU-OFDM）。eU-OFDM 通过将多个 U-OFDM 数据流进行合理叠加来补偿频谱效率的损失，并对帧结构进行特殊设计，使得多个叠加 U-OFDM 数据流之间的串扰为零[25]。

在单载波调制技术的研究方面，针对无载波幅度相位（Carrierless Amplitude and Phase，CAP）调制、脉冲幅度调制（Pulse Amplitude Modulation，PAM）、脉冲位置调制（Pulse Position Modulation，PPM）等技术也开展了深入的研究工作。2015 年，英国伦敦大学学院的 HAIGH 等首次将多带 CAP 在可见光通信系统中进行了实验验证，实现了 8 个 CAP 子带速率为 30.88 Mbit/s 的可见光传输，其频谱效率高达

4.75 bit·s^{-1}·Hz^{-1}[26]。2016 年，他们采用 10 个 CAP 子带，进一步将系统的频谱效率提升至 4.85 bit·s^{-1}·Hz^{-1}，高效利用了可见光的强衰落信道[27]。2013 年，韩国釜庆国立大学的KASUN 等通过仿真研究实现了 1 Gbit/s PAM-4 信号的可见光传输[28]。2015 年，波兰的 STEPNIAK 等通过实验在可见光通信系统中首次实现了 PAM-4 信号的 1.1 Gbit/s 高速传输[29]，同时也将 DMT、CAP 和 PAM 3 种调制技术在可见光系统中进行了实验对比，表明 PAM 和 CAP 调制相比于 DMT 调制具有较好的性能[30]。同年，英国剑桥大学 WHITE 教授的课题组利用新型的 μLED 和 APD，将 PAM-4 信号的传输速率提升到了 2 Gbit/s[31]。

此外，围绕可见光系统先进预/后均衡技术，各国也相继开展了卓有成效的研究工作。为补偿 LED 响应的高频衰落，目前主流的方案就是在发射端对信号进行预均衡处理[32]。2012 年，日本的 FUJIMOTO 采用简单的电阻电容（RC）预均衡电路将 LED 的−3 dB 带宽提升到 150 MHz，并实现了 OOK 信号 614 Mbit/s 的可见光传输[33]；2014 年，他们对电路进一步优化，并与后均衡电路相结合，将系统−3 dB 带宽提升到 180 MHz，实现了 OOK 信号的 662 Mbit/s 高速可见光传输[34]。针对可见光系统采样时钟偏差、多径效应等线性损伤，研究人员提出了多种线性均衡技术来消除其带来的码间串扰。HAIGH 等分别研究了基于最小均方（Least Mean Square，LMS）误差和人工神经网络（ANN）的两种线性后均衡算法，并成功在实验中实现了 120 Mbit/s[35]和 170 Mbit/s 的可见光传输[36]。韩国釜庆国立大学的 KASUN 等则提出将基于递归最小二乘（RLS）算法的判决反馈均衡器（DFE）应用在 PAM 的高速可见光系统中，并对其进行了详细的仿真研究[37]。而土耳其的 CELIK 等则通过理论和仿真详细分析了单载波频域均衡（SC-FDE）技术在可见光通信系统中的性能，并与 OFDM 调制方式进行了对比[38]。同时，可见光通信系统的非线性效应也逐渐受到研究人员的关注。美国宾州州立大学的 DENG 等从理论上分析并建立了 LED 光电转换的非线性模型，并通过实验测试验证了该理论模型的合理性，为 LED 非线性补偿奠定了理论基础[39]。波兰华沙工业大学的 STEPNIAK 等提出采用基于 Volterra 级数的判决反馈均衡器来实现 LED 调制非线性的有效补偿，并且通过一个 300 Mbit/s 的 PAM-8 可见光通信系统对该均衡技术进行了实验验证[40]。而美国佐治亚理工学院的 YING 等则在其文章中对目前的可见光系统非线性均衡补偿技术进行了详细的分类和总结，并指出了非线性均衡技术未来的发展方向与挑战[41]。

在新型 LED 器件的研究方面，2014 年，英国研究人员设计了一种微结构的蓝光 μLED，其−3 dB 调制带宽可达 60 MHz。采用这种 μLED 并结合自适应比特功率分配的 OFDM 调制技术，实现了单个 LED 速率达 3 Gbit/s 的高速可见光传输，这也是目前国际上单灯 LED 传输的最高速率[42]。

国内对于可见光通信的研究工作从 2010 年才逐渐开展，虽然起步时间比较晚，但是在国家相关政策和重大项目的支持下快速发展。特别是复旦大学、中国人民解放军信息工程大学、中国台湾交通大学、北京邮电大学、中国科学院半导体研究所、东南大学、华中科技大学等科研单位，在先进调制均衡技术和高速可见光传输方面取得了一系列显著的成果。

复旦大学迟楠教授课题组主要针对高阶调制技术和先进预/后均衡技术展开研究。2014 年，他们将 SC-FDE 与基于直接判决最小均方（Decision-Directed Least Mean Square，DD-LMS）的后均衡器结合，实现了奈奎斯特（Nyquist）单载波信号 4.22 Gbit/s 的可见光传输[43]。2015 年，利用高阶 CAP 调制和 RLS 后均衡技术，实现了 4.5 Gbit/s 可见光传输[44]；同年，提出了一种新型的三级联合后均衡算法，并利用 RGBY 四波长 LED 将该可见光系统的传输速率大幅提升至 8 Gbit/s，传输距离为 1 m[45]；同时设计了一种基于 RC 电路的可见光硬件预均衡器，将系统−3 dB 带宽提升至 66 MHz，并与自适应比特加载的 OFDM 调制技术结合，于 2015 年实现了白光 LED 2.28 Gbit/s 可见光传输[46]。2016 年，他们进一步将基于最大比合并（MRC）的接收机分集技术应用在系统中，实现了 RGBY-LED 9.51 Gbit/s 超高速可见光室内传输，有效传输距离为 1 m[47]。2016 年，迟楠教授课题组还利用移相曼彻斯特编码实现了 PAM-8 信号的 3.375 Gbit/s 可见光传输[48]。2018 年，他们通过采用 QAM-DMT 调制技术，并利用单封装的 RGBYC LED 进行波分复用，成功实现了速率高达 10.72 Gbit/s 的可见光传输，这是目前国际上有文献报道的可见光通信系统传输最高速率[60]。此外，他们在可见光多维复用技术[49-52]、室外长距离可见光传输[53]、可见光高速接入网络[52]等方面也开展了卓有成效的研究工作。

在可见光实时通信方面，中国人民解放军信息工程大学利用 100×100 的 LED 发射和接收阵列，成功将可见光实时传输速率从 500 Mbit/s 提升到 50 Gbit/s，这也是国际上可见光实时通信的最高速率。

中国台湾交通大学的 WU 等则率先研究了高阶 CAP 调制技术在可见光通信系统中的应用。并于 2012 和 2013 年，分别实现了基于 CAP 调制的白光 LED 1.1 Gbit/s[54]

可见光传输和 RGB-LED 3.22 Gbit/s 高速可见光传输[55]。

北京邮电大学则在可见光系统预/后均衡技术方面取得了一系列研究成果。2014 年，北京邮电大学张明伦教授设计了一种新型 2 阶预均衡电路将系统–3 dB 带宽提升到了 130 MHz，从而实现了 OOK-NRZ 信号的 300 Mbit/s 可见光传输，传输距离为 45 cm[56]。而 LI 等则针对 LED 非线性效应提出了一种新型的时频域联合均衡技术，并在一个 1.1 Gbit/s 可见光通信系统中进行了实验验证，表明了这个低复杂度的均衡技术能有效抑制系统非线性效应[57]。

中国科学院半导体研究所研究人员在 2014 年利用模拟预均衡电路和后均衡电路补偿可见光频响衰落，将系统–3 dB 带宽提升至 233 MHz，实现了 550 Mbit/s OOK-NRZ 信号的室内 60 cm 高速可见光传输。同年，中国科学院上海微系统研究所的钱骅等利用记忆多项式建立了可见光系统非线性表征模型，并基于此设计了一个自适应后均衡器来估计和补偿系统非线性效应，然后通过仿真对其进行了验证[58]。

总之，2010 年以后国内也掀起了可见光通信的研究热潮。虽然在可见光传输理论和可见光通信多场景实用化的研究上与国外还存在一些差距，但也能看到国内各高校和研究院所已经在高速可见光传输方面做了一系列研究工作，许多成果已经接近或达到了国际先进水平。

我们对近年来 VLC 的突破性传输实验做了全面统计，见表 1-2。VLC 技术在短短十几年间迅猛发展，传输速率不断提升，从几十 Mbit/s 到 500 Mbit/s 再到 800 Mbit/s，现在已经突破 Gbit/s，实现更高速率的通信近在眼前；从离线到实时，从低阶调制到高阶调制，从点对点到多输入多输出（MIMO），技术上也一日千里；VLC 技术被《时代周刊》评为 2011 年全球 50 大科技发明之一。由此可见，当今 VLC 技术的研究正在经历一个新概念、新技术层出不穷的极为活跃的发展期。我们有理由相信，VLC 作为一种照明和光通信结合的新型模式，推动着下一代照明和接入网的发展和技术进步，已经成为国际竞争的焦点和制高点。

表 1-2　VLC 系统实验传输速率总结

发射机	调制	均衡	接收机	传输速率	距离	研究机构	年份
白光 LED	OOK	—	传感器	1 022 bit/s	2 km	日本 VLCC	2008
白光 LED	OOK	预	PIN	40 Mbit/s	2 m	英国牛津大学	2008

（续表）

发射机	调制	均衡	接收机	传输速率	距离	研究机构	年份
白光 LED	OOK	预	PIN	80 Mbit/s	10 cm	英国牛津大学	2008
白光 LED	DMT	后	PIN	101 Mbit/s	1 cm	德国 HHI	2008
白光 LED	DMT	后	PIN	230 Mbit/s	70 cm	德国 HHI	2009
白光 LED	DMT	后	APD	513 Mbit/s	30 cm	德国 HHI	2010
RGB LED	DMT	后	APD	803 Mbit/s	12 cm	德国 HHI	2011
RGB LED	DMT	后	APD	1.25 Gbit/s	10 cm	德国 HHI	2012
RGB LED	DMT	后	APD	2.1 Gbit/s	10 cm	意大利圣安娜高等研究学院（SSSUP）	2012
RGB LED	DMT	后	APD	3.4 Gbit/s	10 cm	意大利圣安娜高等研究学院（SSSUP）	2012
白光 LED	CAP	后	PIN	1.1 Gbit/s	23 cm	中国台湾交通大学	2012
RGB LED	CAP	后	PIN	3.22 Gbit/s	25 cm	中国台湾交通大学	2013
RGBY LED	DMT	后	PIN	5.6 Gbit/s	1.5 m	意大利圣安娜高等研究学院（SSSUP）	2014
RGB LED	SC	预/后	APD	4.22 Gbit/s	1 cm	中国复旦大学	2014
RGB LED	CAP	预/后	PIN	4.5 Gbit/s	2 m	中国复旦大学	2015
RGB LED	CAP	预/后	PIN	8 Gbit/s	1 m	中国复旦大学	2015
μLED	PAM-4	预/后	APD	2 Gbit/s	60 cm	英国剑桥大学	2015
RGB LED	PAM-8	预/后	PIN	3.375 Gbit/s	1 m	中国复旦大学	2016
RGBY LED	DMT	预/后	PIN	9.51 Gbit/s	1 m	中国复旦大学	2016
μLED	OFDM	预/后	PIN	10.4 Gbit/s	1.5 m	英国牛津&英国爱丁堡大学	2016
RGBYC LED	DMT	预/后	PIN	10.72 Gbit/s	1 m	中国复旦大学	2018

1.3　国际研究趋势

目前，国外的主流设备商和各大学、研究所等都在开展 VLC 技术的研究，VLC 技术已经成为当前国际研究的热点。然而，VLC 技术的发展也存在着一些限制因素，其中最主要的挑战在于白光 LED 有限的带宽，限制了 VLC 系统传输速率。目前最广泛使用的荧光粉 LED 的调制带宽只有几 MHz，因此如何提高 LED 的调制带宽，提高系统传输速率，成为研究者们研究的关键点。

首先，研究者们在信号探测之前，加入了一个蓝光滤光片，以滤除响应慢的黄光分量，从而将荧光粉 LED 的调制带宽从 3 MHz 提高到了 10 MHz；然后，采用均衡技术，调整 LED 的频率响应，将带宽提高到了几十 MHz。如果使用 RGB-LED 替换荧光粉 LED 作为光源，可以获得更高的调制带宽。通过采用 WDM 技术，可以提高系统传输速率。采用 MIMO 技术，通过空分复用以提高系统传输速率。通过采用高阶调制格式、DMT 技术，可以进一步提高系统传输速率[59]。

蓝光滤波与均衡技术实现简单，可以增加荧光粉 LED 的调制带宽，在一定程度上可以提高系统传输速率。WDM 技术只适用于采用 RGB-LED 作为光源的 VLC 系统，利用 RGB-LED 调制带宽高、发出三种单色光的特性，可以很大程度地提高系统传输速率。要进一步提高速率，需要采用高阶调制格式，如 QAM-DMT，但是同时也增加了系统的复杂程度[60]。MIMO 技术由于受成像探测器限制，目前实现的速率并不高，但却是最有前景的技术。通过采用高阶调制格式提高系统传输速率，调制阶数越高，系统越复杂，接收机的灵敏度要求也越高，因此必然遇到瓶颈。然而 MIMO 技术可以在有限的带宽上，通过空间复用实现高速通信，因此随着技术的发展，MIMO 技术必将成为未来高速 VLC 系统的有力选择。

此外，关于可见光 LED 芯片设计与封装的研究虽然已经开展，但仍处于初步发展阶段，LED 芯片调制带宽与发光强度等参数是可见光系统性能的重要制约因素。对于这方面的研究，各国研究者也加大了科研力度，希望能尽早提出具有自主知识产权的可见光 LED 芯片，占领国际可见光通信科研和产业的制高点。

随着可见光通信系统信号传输距离的加大，对光接收端探测器的要求也不断提高，目前可见光系统主要采用商用的红外光电探测器，针对 LED 可见光通信的 InGaN 基探测器的研究工作开展较少。因此，开发高探测灵敏度 InGaN 光电探测器也成为 VLC 技术研究的一个重点。

1.4 本书章节组成结构

本书详细阐述了基于 LED 的高速可见光通信的技术原理。全书共分为 10 章，第 1 章给出了可见光通信的基本概念，追溯其发展历史，同时对其研究趋势进行了展望；第 2～8 章分别从高速可见光的系统结构、信道建模、调制技术、均衡技术、编码技术、复用技术和新材料技术等方面具体介绍了实现高速可见光通信所采用的先进技术与关键算法；第 9 章介绍了高速 VLC 通信系统实验，给出了基于第 2～8 章介绍的技术理论基础的实验成果；第 10 章对高速可见光通信技术的未来进行了展望。

参考文献

[1] TANAKA Y, HARUYAMA S, NAKAGAWA M. Wireless optical transmissions with white colored LED for wireless home links[C]//The 11th IEEE International Symposium on Personal Indoor and Mobile Radio Communications, Sept. 18-21, 2000, London, Piscataway: IEEE Press, 2002.

[2] TANAKA Y, KOMINE T, HARUYAMA S, et al. Indoor visible communication utilizing plural white LEDs as lighting[C]//12th IEEE International Symposium on Personal Indoor and Mobile Radio Communications, Oct. 3-Sept. 30, 2001, San Diego, Piscataway: IEEE Press, 2002.

[3] FAN K, KOMINE T, TANAKA Y, et al. The effect of reflection on indoor visible-light communication system utilizing white LEDs[C]//The 5th International Symposium on Wireless Personal Multimedia Communications, Oct. 27-30, 2002, Honolulu, HI, Piscataway: IEEE Press, 2002.

[4] KOMINE T, NAKAGAWA M. Integrated system of white LED visible-light communication and power-line communication[J]. IEEE Transactions on Consumer Electronics, 2003, 49(1): 71-79.

[5] KOMINE T, NAKAGAWA M. Performance evaluation of visible-light wireless communication system using white LED lightings[C]//Ninth International Symposium on Computers and Communications, June 28-July 01, 2004, Alexandria, Washington: IEEE Computer Society, 2004.

[6] NAKAJIMA A , SAKO N , KAMEMURA M , et al. ShindaiSat: a visiblelight communication experimental micro-satellite[C]//the International Conference on Space Optical Systems and Applications, Ajaccio, Piscataway: IEEE Press, 2012.

[7] AFGANI M Z, HAAS H, ELGALA H, et al. Visible light communication using OFDM[C]// 2nd International Conference on Testbeds and Research Infrastructures for the Development of Networks and Communities, March 1-3, 2006, Barcelona, Piscataway: IEEE Press, 2006.

[8] ELGALA H, MESLEH R, HAAS H, et al. OFDM visible light wireless communication based on white LEDs[C]//2007 IEEE 65th Vehicular Technology Conference, April 22-25, 2007, Dublin, Piscataway: IEEE Press, 2007: 2185-2189.

[9] O'BRIEN D, MINH H L, ZENG L, et al. Indoor visible light communications: challenges and prospects[C]//Optical Engineering + Applications International Society for Optics and Photonics,

2008.

[10] MINH H L, O'BRIEN D, FAULKNER G, et al. High-speed visible light communications using multiple-resonant equalization[J]. IEEE Photonics Technology Letters, 2008, 20(14): 1243-1245.

[11] MINH H L, O'BRIEN D, FAULKNER G, et al. 80 Mbit/s visible light communications using pre-equalized white LED[C]// European Conference on Optical Communication, Sept. 21-25, 2008, Brussels, Piscataway: IEEE Press, 2008: 1-2.

[12] LANGER K, GRUBOR J, BOUCHET O, et al. Optical wireless communications for broadband access in home area networks[C]//2008 10th Anniversary International Conference on Transparent Optical Networks, June 22-26, 2008, Athens, Piscataway: IEEE Press, 2008, 4: 149-154.

[13] GRUBOR J, RANDEL S, LANGER K D, et al. Bandwidth-efficient indoor optical wireless communications with white light-emitting diodes[C]//6th International Symposium on Communication, July 25, 2008, Graz, Piscataway: IEEE Press, 2008: 165-169.

[14] VUCIC J, KOTTKE C, NERRETER S, et al. White light wireless transmission at 200 Mbit/s net data rate by use of discrete-multitone modulation[J]. Photonics Technology Letters, 2009, 21(20): 1511-1513.

[15] VUCIC J, KOTTKE C, NERRETER S, et al. 513 Mbit/s visible light communications link based on DMT-modulation of a white LED[J]. Journal of Lightwave Technology, 2010, 28(24): 3512-3518.

[16] VUCIC J, KOTTKE C, HABEL K, et al. 803 Mbit/s visible light WDM link based on DMT modulation of a single RGB LED luminary[C]//Optical Fiber Communication Conference, March 6-10, 2011, Los Angeles, Piscataway: IEEE Press, 2011.

[17] KOTTKE C, HILT J, HABEL K, et al. 1.25 Gbit/s visible light WDM link based on DMT modulation of a single RGB LED luminary[C]//European Conference on Optical Communications, Amsterdam Netherlands, Piscataway: IEEE Press, 2012.

[18] COSSU G, KHALID A M, CHOUDHURY P, et al. 2.1 Gbit/s visible optical wireless transmission[C]//European Conference on Optical Communication, Sept. 16-20, 2012, Amsterdam, Piscataway: IEEE Press, 2012.

[19] COSSU G, KHALID A M, CHOUDURY P, et al. 3.4 Gbit/s visible optical wireless transmission based on RGB LED[J]. Optics Express, 2012, 20(26): B501-B506.

[20] COSSU G, WAJAHAT A, CORSINI R, et al. 5.6 Gbit/s downlink and 1.5 Gbit/s uplink optical wireless transmission at indoor distance (≥1.5 m)[C]//European Conference on Optical Communication, Sept. 21-25, 2014, Cannes, Piscataway: IEEE Press, 2014.

[21] DIMITROV S, HAAS H. On the clipping noise in an ACO-OFDM optical wireless communication system[C]//2010 IEEE Global Telecommunications Conference, Dec. 6-10, 2010, Miami, Piscataway: IEEE Press, 2010: 1-5.

[22] LEE S C J, RANDEL S, BREYER F, et al. PAM-DMT for intensity-modulated and direct-detection optical communication systems[J]. IEEE Photonics Technology Letters, 2009, 21(23): 1749-1751.

[23] FERNANDO N, HONG Y, VTERBO E. Flip-OFDM for unipolar communication systems[J]. IEEE Transactions on Communications, 2012, 60(12): 3726-3733.

[24] TSONEV D, SINANOVIC S, HAAS H. Novel unipolar orthogonal frequency division multiplexing (U-OFDM) for optical wireless[C]//2012 IEEE 75th Vehicular Technology Conference, May 6-9, 2012, Yokohama, Piscataway: IEEE Press, 2012: 1-5.

[25] TSONEV D, HAAS H. Avoiding spectral efficiency loss in unipolar OFDM for optical wireless communication[C]//2014 IEEE International Conference on Communications, May 6-9, 2012, Yokohama, Piscataway: IEEE Press, 2014: 3336-3341.

[26] HAIGH P A, CHVOJKA P, ZVANOVEC S, et al. Experimental verification of visible light communications based on multi-band CAP modulation[C]//Optical Fiber Communication Conference, March 22-26, 2015, Los Angeles, Piscataway: IEEE Press, 2015.

[27] HAIGH P A, BURTON A, WERFLI K, et al. A Multi-CAP Visible-Light Communications System With 4.85 bit/s/Hz Spectral Efficiency[J]. IEEE Journal on Selected Areas in Communications, 2015, 33(9): 1771-1779.

[28] KASUN D B, NIROOPAN P, YEON H C. Improved indoor visible light communication with PAM and RLS decision feedback equalizer[J]. IETE Journal of Research, 2013, 59(6): 672-678.

[29] STEPNIAK G, MAKSYMIUL K, SIUZDAK J. 1.1 Gbit/s white lighting LED-based visible light link with pulse amplitude modulation and Volterra DFE equalization[J]. Microwave and Optical Technology Letters, 2015, 57(7): 1620-1622.

[30] STEPNIAK G, MAKAYMIUK L, SIUZDAK J. Experimental comparison of PAM, CAP, and DMT modulations in phosphorescent white LED transmission link[J]. IEEE Photonics Journal, 2015, 7(3): 1-8.

[31] LI X, BAMIEDAKIS N, GUO X, et al. White 2 Gbit/s μLED-APD based visible light communications using feed-forward pre-equalization and PAM-4 modulation[C]//2015 European Conference on Optical Communication (ECOC), Sept.27-Oct.1, 2015, Valencia, Piscataway: IEEE Press, 2015.

[32] RAJAGOPAL S, ROBERTS RD, LIM S K. IEEE802.15.7 visible light communication: Modulation schemes and dimming support[J]. IEEE Communications Magazine, 2012, 50(3): 72-82.

[33] FUJIMOTO N, MOCHIZUKI H. 614 Mbit/s OOK-based transmission by the duobinary technique using a single commercially available visible LED for high-speed visible light communication[C]//European Conference on Optical Communication, Sept. 16-20, 2012, Amsterdam Netherlands, Piscataway: IEEE Press, 2012.

[34] FUJIMOTO N, YAMAMOTO S. The fastest visible light transmissions of 662 Mbit/s by a blue LED, 600 Mbit/s by a red LED, and 520 Mbit/s by a green LED based on simple OOK-NRZ modulation of a commercially available RGB-type white LED using pre-emphasis and post-equalizing techniques[C]//European Conference on Optical Communication, Sept. 21-25, 2014, Cannes, Piscataway: IEEE Press, 2014.

[35] HAIGH P A, GHASSEMLOOY Z, RAJBHANDARI S, et al. A 100 Mbit/s visible light communications system using a linear adaptive equalizer[C]//2014 19th European Conference on Networks and Optical Communications, June 4-6, 2014, Milano, Piscataway: IEEE Press, 2014: 136-139.

[36] HAIGH P A, GHASSEMLOOY Z, RAJBHANDAR S I, et al. Visible light communications: 170 Mbit/s using an artificial neural network equalizer in a low bandwidth white light configuration[J]. Journal of Lightwave Technology, 2014, 32(9): 1807-1813.

[37] KASUN D. BANDARA, CHUNG Y H. Reduced training sequence using RLS adaptive algorithm with decision feedback equalizer in indoor visible light wireless communication channel[C]//2012 International Conference on ICT Convergence, Oct. 15-17, 2012, Jeju Island, Piscataway: IEEE Press, 2012: 149-154.

[38] CELIK Y, KIZILIRMAK R C, ODABASIOGLU N, et al. On the performance of SC-FDE schemes with decision feedback equalizer for visible light communications[C]//2015 17th International Conference on Transparent Optical Networks, July 5-9, 2015, Budapest, Piscataway: IEEE Press, 2015: 1-4.

[39] DENG P, KAVEHRAD M, MOHAMMADREZA A K. Nonlinear modulation characteristics of white LEDs in visible light communications[C]//Optical Fiber Communication Conference, March 22-26, 2015, Los Angeles, CA, Piscataway: IEEE Press, 2015.

[40] STEPNIAK G, SIUZDAK J, ZWIERKO P. Compensation of a VLC phosphorescent white LED nonlinearity by means of Volterra DFE[J]. IEEE Photonics Technology Letters, 2013, 25(16): 1597-1600.

[41] YING K, YU Z H, ROBERT J, et al. Nonlinear distortion mitigation in visible light communications[J]. IEEE Wireless Communications, 2015, 22(2): 36-45.

[42] TSONEV D, CHUN H, RAJBHANDARI S, et al. 3 Gbit/s single-LED OFDM-based wireless VLC link using a gallium nitride[J]. IEEE Photonics Technology Letters, 2014, 26(7): 637-640.

[43] WANG Y, HUANG X X, ZHANG J W, et al. Enhanced performance of visible light communication employing 512-QAM N-SC-FDE and DD-LMS[J]. Optics Express, 2014, 22(13): 15328-15334.

[44] WANG Y G, HUANG X X, TAO L, et al. 4.5 Gbit/s RGB-LED based WDM visible light communication system employing CAP modulation and RLS based adaptive equalization[J]. Optics Express, 2015, 23(10): 13626-13633.

[45] WANG Y G, TAO L, HUANG X X, et al. 8 Gbit/s RGBY LED-based WDM VLC system

employing high-order CAP modulation and hybrid post equalizer[J]. IEEE Photonics Journal, 2015, 7(6): 1-7.

[46] HUANG X X, CHEN S Y, WANG Z X, et al. 2.0 Gbit/s visible light link based on adaptive bit allocation OFDM of a single phosphorescent white LED[J]. Photonics Journal, 2015, 7(5): 1-8.

[47] CHI N, SHI J Y, ZHOU Y J, et al. High speed LED based visible light communication for 5G wireless backhaul[C]//Photonics Society Summer Topical Meeting Series, July 11-13, 2016, Newport Beach, Piscataway: IEEE Press, 2016: 4-5.

[48] CHI N, ZHANG M J, ZHOU Y J, et al. 3.375 Gbit/s RGB-LED based WDM visible light communication system employing PAM-8 modulation with phase shifted Manchester coding[J]. Optics Express, 2016, 24(19): 21663-21673.

[49] WANG Y Q, YANG C, WANG Y G , et al. Gigabit polarization division multiplexing in visible light communication[J]. Optics Letters, 2014, 39(7): 1823-1826.

[50] WANG Y Q, WANG Y G , CHI N, et al. Demonstration of 575 Mbit/s downlink and 225 Mbit/s uplink bi-directional SCM-WDM visible light communication using RGB LED and phosphor-based LED[J]. Optics Express, 2013, 21(1): 1203-1208.

[51] WANG Y Q, CHI N. Demonstration of high-speed 2×2 non-imaging MIMO Nyquist single carrier visible light communication with frequency domain equalization[J]. Journal of Light wave Technology, 2014, 32(11): 2087-2093.

[52] WANG Y Q, SHI J Y, YANG C, et al. Integrated 10 Gbit/s multi-level multi-band PON and 500 Mbit/s indoor VLC system based on N-SC-FDE modulation[J]. Opt. Lett., 2014, 39(9): 2576-2579.

[53] WANG Y G, HUANG X X, SHI J Y, et al. Long-range high-speed visible light communication system over 100 m outdoor transmission utilizing receiver diversity technology[J]. Optical Engineering, 2016, 55(5): 056104-056104.

[54] WU F M, LIN C T , WEI C C, et al. 1.1 Gbit/s white-LED-based visible light communication employing carrier-less amplitude and phase modulation[J]. IEEE Photonics Technology Letters, 2012, 24(19): 1730-1732.

[55] WU F M, LIN C T, WEI C C, et al. 3.22 Gbit/s WDM visible light communication of a single RGB LED employing carrier-less amplitude and phase modulation[C]//Optical Fiber Communication Conference, March 17-21, 2013, Anaheim, Piscataway: IEEE Press, 2013.

[56] ZHANG M L. An experiment demonstration of a LED driver based on a 2nd order pre-emphasis circuit for visible light communications[C]//2014 23rd Wireless and Optical Communication Conference (WOCC), May 9-10, 2014, New York, Piscataway: IEEE Press, 2014: 1-3.

[57] LI J F, HUANG Z T, LIU X S, et al. Hybrid time-frequency domain equalization for LED nonlinearity mitigation in OFDM-based VLC systems[J]. Optics Express, 2015, 23(1): 611-619.

[58] LI H L, CHEN X B, GUO J Q, et al. A 550 Mbit/s real-time visible light communication system based on phosphorescent white light LED for practical high-speed low-complexity application[J]. Optics Express, 2014, 22(22): 27203-27213.

[59] CHUN H, RAJBHANDARI S, FAULKNER G, et al. LED based wavelength division multiplexed 10 Gbit/s visible light communications[J]. Journal of Lightwave Technology, 2016, 34(13): 3047-3052.

[60] ZHU X, WANG F, SHI M, et al. 10. 72 Gbit/s visible light communication system based on single packaged RGBYC LED utilizing QAM-DMT modulation with hardware pre-equalization[C]// Optical Fiber Communication Conference, March 11-15, 2018, San Diego, OSA, 2018.

第 2 章 高速可见光通信系统结构

第 2 章描述了高速可见光系统的结构。首先总体介绍了可见光通信系统的组成。接着详细介绍了可见光通信系统的发射机和接收机。发射机部分，阐述了 LED 的原理，比较了不同驱动方式的优缺点。接收机部分介绍了光电探测器件、探测电路的设计、信号的接收技术、时钟同步与提取的方法以及后均衡技术。可见光通信系统的描述让我们对系统有了整体的把握，后文将对各组成部分进行详细介绍使我们对系统的原理以及工作方式有更加深入的了解。

2.1 可见光通信系统

可见光通信系统结构如图 2-1 所示。和传统无线通信系统类似，可见光通信系统也分为 3 个部分：可见光发射机、自由空间可见光传输和可见光接收机。可见光发射机部分又分为两个模块，首先是信号的编码调制模块，主要是将原始的数据信号流（如 Internet、USB 和 HDMI 等数据流）进行编码调制，同时针对可见光信道衰落进行预均衡处理；经过预均衡处理的电信号进入 LED 发射模块，经过放大器对信号进行放大，然后通过驱动器与 LED 驱动电流交直流耦合，从而将信号加载到 LED 光源上实现信号的电–光转换。可见光通信系统中最常用的白光 LED 光源主要有两种：蓝光荧光粉 LED（P-LED）和红绿蓝 LED（RGB LED）。一般来说，为了提高接收端的光强、增加传输距离，还会在 LED 灯头加上光学透镜和聚光杯来减小光束的发射角。

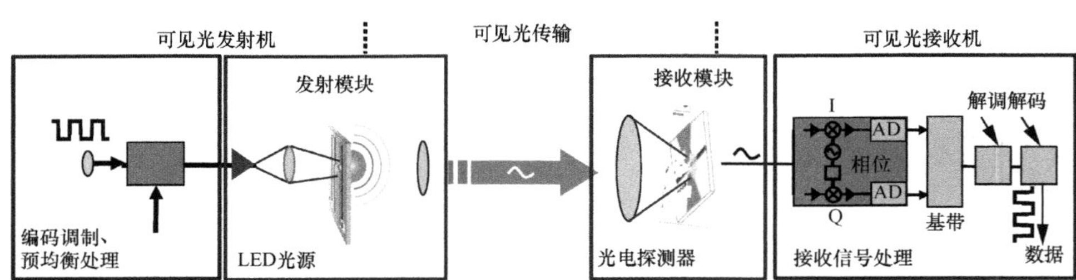

图 2-1　可见光通信系统结构

接下来可见光信号进入自由空间信道传输。自由空间信道分为室内信道和室外信道两种，相对而言室内信道的特性较为稳定，室外信道更容易受到周围环境的影响。可见光信号多以直射路径（Line-of-Sight，LOS）到达接收端，同时存在少量的漫射信号、散射信号，自由空间中的噪声主要来自于环境中的背景光噪声。

经过自由空间信道传输后，可见光信号到达系统接收模块。尽管光信号主要以直射的方式到达光电探测器，但为了提高接收端光照度、接收信号信噪比（SNR）和增加传输距离，需要在可见光光电探测器之前采用聚光透镜进行聚焦。光信号由光电探测器接收，实现信号的光–电转换。可见光通信系统中主要采用的光电探测器有 PIN、APD 和图像传感器（Imaging Sensor）3 种，一般来说 PIN 和 APD 多用于高速 VLC 系统，而图像传感器可以用于低速多输入多输出 VLC 系统中。在接收模块后，电信号进入接收端的信号恢复和处理模块。通过采用先进的数字信号恢复和均衡算法，来消除系统损伤和噪声的影响，最后对接收信号进行解调解码，从而恢复原始发射信号。

2.2　可见光通信发射机

可见光通信采用 LED 作为发射光源。作为一种新型照明光源，LED 与传统的白炽灯相比具有功耗低、功率效率高、使用寿命长等特点，是 21 世纪最具前途的绿色固体光源，已经广泛应用于路灯、交通灯、液晶显示器背光源以及室内外照明等领域。

2.2.1　LED 的背景及原理

早在 1907 年，英国无线电工程师 Herry Joseph Round 在研究半导体 SiC 整流器的电特性时第一次观察到了固体电致发光的现象，从而揭开了 LED 发展的序幕。自从 SiC 材料被性能更好的 III-V 族半导体材料代替，LED 才真正迎来了发展的黄金时期。到 20 世纪六七十年代，由于掺杂的 GaPAs 和 GaP 等 III-V 族材料的成功研制促使了红光、绿光、黄光等多种颜色 LED 的诞生。1993 年，日本 Nichia 公司的 NAKAMURA 小组在国际上首次实现了发光效率达 10%的蓝/绿光 InGaN 双异质结构 LED[1-2]，成了照明 LED 发展的一个重要里程碑。之后 Nichia 公司又成功实现了利用蓝光混合黄光荧光粉产生照明用白光，从而研制出了可以商用的白光照明 LED。白光 LED 的问世，对 LED 成为 21 世纪新一代照明光源具有决定性意义。从此，半导体 LED 照明开始步入人们的视野，并在短短十几年中获得了飞速的发展，被广泛应用于人们日常生活的各个领域。

LED 是半导体二极管的一种，其主要由 P 型和 N 型半导体组成。在 P 型和 N 型半导体之间的过渡层被称为 PN 结，当电流流过 LED 时，PN 结就能够产生电，实现 LED 发光。其发光原理是：原本在 N 区内的电子和 P 区内的空穴受到 PN 结的阻隔，不能正常的发生复合；当向 PN 结加正向电压时，空间电荷层变窄，导致 N 区的电子和 P 区的空穴开始出现相对运动；在 PN 结附近，相对运动的电子与空穴相遇而发生复合，此时就会产生发光效应，形成自发辐射来实现 LED 的发光。LED 发光原理如图 2-2 所示。

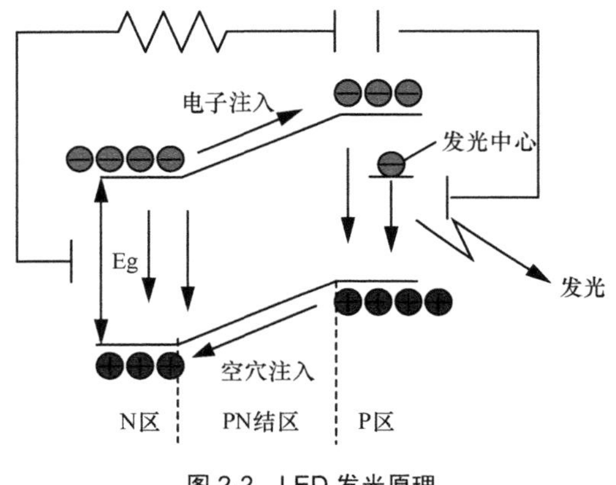

图 2-2　LED 发光原理

当前 GaN 基 LED 生产的工艺流程主要包括：衬底材料生长、LED 结构 MOCVD 生长、芯片加工、芯片切割和器件封装等。最后形成如图 2-3 所示的芯片结构，芯片具有低功耗、长寿命、高发光功率等显著优点。

2.2.2　LED 种类

为了实现照明与通信的功能，可见光通信主要采用商用的 GaN 基白光 LED 作为发射光源。目前商用 LED 发出照明白光主要有两种方式[3]。

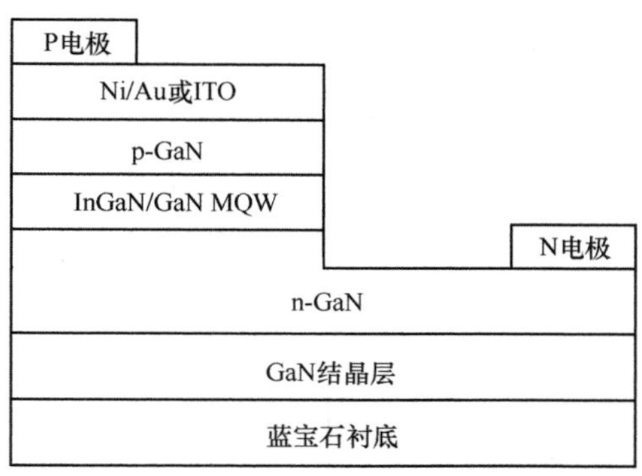

图 2-3　GaN 基 LED 结构

一种方式是用蓝光 LED 发出波长为 460 nm 的蓝光，然后将该蓝光打在 YAG 黄色荧光粉上激发出 570 nm 左右的黄光，再将这两种光合成，最终形成白光。这种 LED 光源被称为 P-LED。P-LED 及发光光谱如图 2-4 所示。可以看到 P-LED 的结构非常简单，且成本低廉，适合大规模使用。但是由荧光粉激发的光谱波长范围从 470 nm 一直延续到 700 nm 以上，导致能量相对分散、荧光拖尾效应，严重影响了可见光通信的带宽和传输速率。

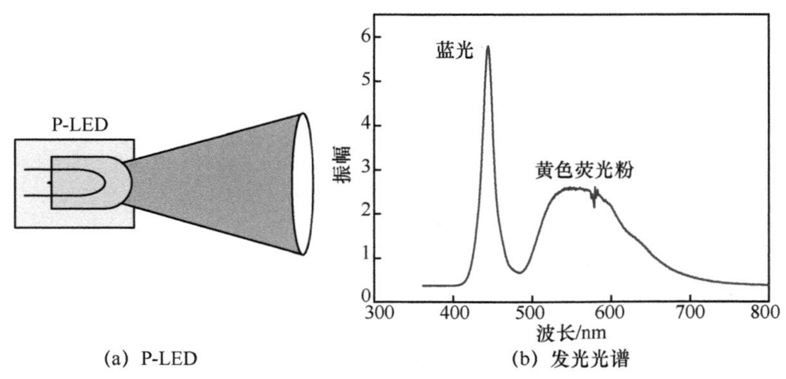

图 2-4　P-LED 及发光光谱

另一种方式是将红、绿、蓝 3 种颜色的 LED 封装在一起，通过调整每种颜色的功率来混合产生白光，即 RGB LED。为了得到较高的显色指数，常用的 RGB 三色功率指标为 1:1.2:1。此外，除了 RGB 三色组合成白光 LED 的形式，还可以加入黄色 LED 等其他光色，来进一步提高其显色性。RGB LED 及发光光谱如图 2-5 所示。

相比于 P-LED，RGB LED 虽然结构相对复杂，成本较高，但是从光谱上可以看到，RGB 三色峰值能量非常集中，不存在荧光粉的拖尾效应，有利于可见光通信的信号传输。同时还可以利用波分复用技术，在 3 个波长上分别调制不同的数据，从而成倍地增加可见光通信系统的传输容量。因此，RGB LED 被认为是实现 Gbit/s 高速可见光传输的主要光源。

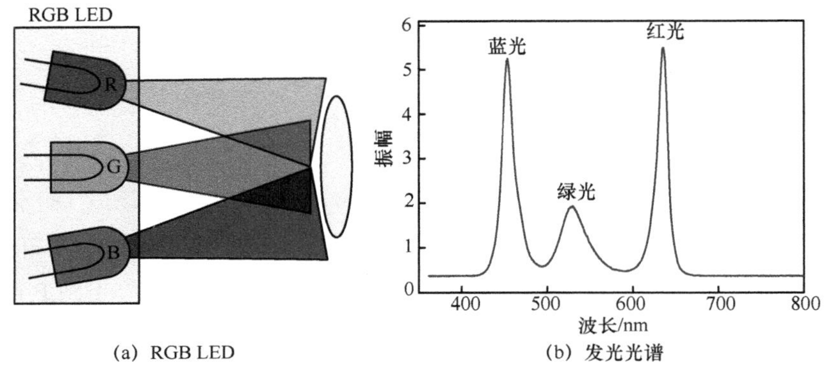

(a) RGB LED　　(b) 发光光谱

图 2-5　RGB LED 及发光光谱

近年来，除了 P-LED 和 RGB LED 外，新型的光子晶体 LED（Photonic Crystal LED）[4-5]和微结构 LED（Micro LED）[6-8]以其更高的出光效率、卓越的调制性能等特点得到了研究人员的广泛关注，在未来超高速 VLC 中具有巨大的应用潜力。

2.2.3　LED 驱动

在 VLC 系统的基站或终端设备上，必须使用可见光发射机和接收机实现信息的交互。实验系统中通常用到的物理设备包括光学望远镜、VLC 收发机、接口驱动电路、信号处理单元和供电系统等。由于 LED 光源发出的是非相干光，无法提供稳定的载波，因此目前 VLC 链路主要采用光强调制（IM）和直接检测（DD）的方法，通信链路主要选择直射式数据连接。通断键控和光正交频分复用（Optical-Orthogonal Frequency Division Multiplexing，O-OFDM）等调制方式均可用于 VLC 技术。

VLC 主要利用 LED 具有高速点灭的响应特性，同时实现照明和通信功能。LED 是电流驱动的单向导通器件，其亮度与正向电流成正比。为了保证 LED 的正常工作，需要满足以下几个基本要求：输入直流压降不得低于 LED 的正向电压降；过高的电流会影响 LED 的使用寿命，为防止其损坏，应对 LED 驱动电路的电流加以限制；LED 电流和光通量间存在一定的非线性，在进行 VLC 设计时必须把电流控制在线性区域内；大功率的 LED 应注意器件的散热性能，防止工作温度过高而损坏；电路应采用直流电流源或单向脉冲电流源驱动而不是电压源驱动。

目前，白光 LED 驱动电路按照负载连接方式分为：并联型、串联型和串并混联型；从提供驱动源的类型分为：电压驱动型和电流驱动型。通常白光 LED 的驱动分类是结合上面两种分类，分为 4 种常用的电源驱动方式：电压源加镇流电阻、电流源加镇流电阻、多路电流源及磁升压方式驱动串联 LED。这几种电源驱动方式的优缺点见表 2-1。

表 2-1　不同电源驱动方式的优缺点比较

驱动方式	优点	缺点
电压源加镇流电阻	电压源选择余地大，只需提供一定电压，而不需考虑正向电压	LED 亮度不一致；输入电压越高，电源转换效率越低；效率较低；对 LED 正向电流的控制不精确
电流源加镇流电阻	电路简单、体积小；电流匹配性能高；功耗低	耗电较大
多路电流源	可分别调节 LED 电流，不需镇流电阻；电损耗低；电路效率高；电路有效体积小	驱动 LED 的数量由输出端口数量决定
磁升压方式驱动串联 LED	固定电流驱动，无亮度不匹配问题；电源效率高；设计灵活性大，应用场合多	电感元件外形体积大；成本高；存在 EMI 辐射干扰

2.3　可见光通信接收机

可见光通信中的接收机由可见光探测器、后端处理电路以及均衡器组成。本小节介绍接收机的各组成部分。

2.3.1　可见光探测器

可见光通信系统中可见光信号在接收端被光电探测器接收，并将其转化为接收电信号，再送入后端处理。光电探测器主要依靠光电效应实现信号的光电转换。可见光通信中对光电探测器的基本要求包括：在可见光波段上有高响应度、快速的响应速度、良好的线性度以及低噪声、体积较小、工作寿命长等。目前在可见光通信中最常用的两种光电探测器是 PIN 光电二极管和雪崩光电二极管（APD）。其中，PIN 光电二极管由于技术相对成熟、成本低、适用场合限制较少等特点，是目前可见光通信系统的主要选择。而 APD 则有更高的响应灵敏度、更宽的响应带宽，在未来 10 Gbit/s 量级超高速可见光通信系统中拥有更好的应用前景。本小节介绍可见光通信中常用的 PIN 光电二极管的基本工作原理和类型。

普通的光电二极管由 PN 结组成，由于 PN 结的耗尽层通常只有几微米，大部分入射光被中性区吸收，因而光电转换效率低、响应速度慢、量子效率低。为了改善器件的特性、增大耗尽区宽度，研究人员将一层本征（Intrinsic）半导体层加入 PN 结之间形成了一个 P-I-N 结构，从而减小空穴扩散带来的影响、提高探测器的响应速度。PIN 光电二极管探测器的结构如图 2-6 所示。由于 I 层的存在，使入射光在该层内被大量吸收并产生电子和空穴对。在 I 层的上下两端是较薄的 P 型和 N 型半导体，它们都具有很高的掺杂浓度，对于入射光的吸收能力很弱，因此大大加快了器件的响应速度。此外，加宽 I 层耗尽区也可以有效减小器件的结电容，提高探测器的性能。

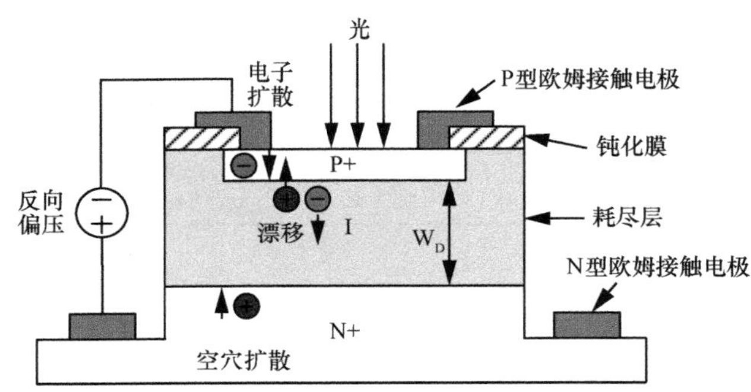

图 2-6　PIN 光电二极管探测器结构

在 PIN 光电探测器中，根据材料和峰值响应波段不同，主要分为硅基（Si）探测器和 InGaN 探测器两种[9]。

光纤通信和激光通信领域应用最为广泛的硅基 PIN 光电二极管在器件体积、成本、可靠性和适应性上面都具有显著优势，此外它还有灵敏度高、对温度不敏感等特点。硅基 PIN 光电探测器的波长响应范围为 0.4～1.1 μm，适合用来探测可见光信号。同时由于其与硅微电子工艺有很好的兼容性，因此，硅基 PIN 探测器已经成为大多数可见光通信系统接收机的主要选择。

硅基光电探测器的响应峰值波长已经靠近红外波段，在实际应用中对红外光产

生的响应会给接收信号带来较大的噪声，特别是在户外通信情况下，需要附加红外截止滤波器抑制由太阳光和其他光源所带来的背景噪声，从而增加系统成本。同时由于其响应峰值在长波波段，导致硅基探测器对于蓝光波段（450 nm 左右）的信号响应度较低。并且目前商用白光 LED 主要是基于蓝光 P-LED，因此会对可见光系统的接收机响应度和性能造成一定影响。

针对硅基探测器响应峰值偏离的情况，研究人员依据可见光蓝光波段设计了 InGaN 光电探测器。可见光通信系统中主要采用 InGaN/GaN 蓝光 LED 作为发射光源，因此可以采用与蓝光 LED 发光层 InGaN 具有对等 In 组分的 InGaN 薄膜作为可见光探测器的有源层，并通过能带工程实现窄带光谱响应，使设计的 InGaN 探测器响应峰值波长与蓝光 LED 信号的波长完全一致。在获得高量子效率的同时，实现滤波作用，并具有高响应速度和良好的信号波长选择性等特点，因此，InGaN 光电探测器在高速长距离可见光通信系统中有更大的应用潜力。

尽管采用 InGaN 材料制作可见光探测器具有一系列优势，但目前研制的 InGaN 基光电探测器在器件性能水平上仍然与商用的硅基光电探测器有较大差距，其中制约器件性能的主要问题是 InGaN 外延材料的结晶质量。不过由于其更加良好的探测性能，可以预见 InGaN 光电探测器在未来将会成为高速可见光通信接收器件的主要研究和发展方向。

2.3.2 蓝光滤膜

在可见光通信使用环境中，除了通信用的峰值位于 456 nm 附近的蓝光波段信号外，还存在大量强度远大于蓝光信号的干扰光，包括 LED 中通过蓝光信号激发荧光粉产生图 2-7 所示的 500 nm 以上的照明用白光，这部分光同样可以进入 PIN 光探测器形成光响应信号而无法区分，而且通常 PIN 光探测器对波长 500 nm 以上的光的响应要显著强于 500 nm 以下的蓝光通信信号。因此，不经过任何处理的可见光接收系统接收的噪声要远大于蓝光通信信号本身，再加上其他可见光源以及太阳光（白天）的强烈干扰，根本无法实现对蓝光信号的探测与通信。另外，在整个光接收系统中，由于通常使用的 PIN 管的响应峰值往往处于 800～900 nm 近红外波段，因此除了需处理强烈的可见光噪声干扰外，近红外波段的杂散光也需过滤干净，否则进入光接收系统后也会形成强大的噪声干扰。

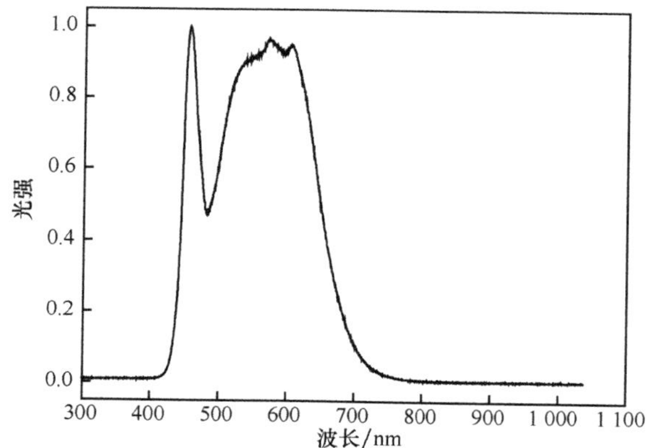

图 2-7　可见光通信用白光 LED 发光光谱

为了使蓝光信号不被巨大的噪声淹没而失效，需要在所有光进入探测器前加一个蓝光滤膜，使得光通信用蓝光能够通过，而其他波段的杂散光全部滤掉。针对上述白光 LED，需设计采用以下特性的蓝光滤膜进行过滤。

下面以可见光波段最常用和吸收很小的两种高、低折射率的薄膜材料 SiO_2（n=1.46）和 Ta_2O_5（n=2.16）为例，设计出白光 LED 通信所需的蓝光带通滤光膜，结果如图 2-8 所示。从图 2-8 中可以看出，蓝光滤膜的带通波段覆盖了整个白光 LED 的蓝光信号部分（以 456 nm 为峰值的蓝光信号），而蓝光激发荧光粉形成的 500 nm 以上的强白光干扰全部被蓝光滤膜 500～1 000 nm 截止区域过滤掉，最终只有蓝光信号到达光接收探测器上，将蓝光信号从大量的噪声光中过滤出，确保了信号噪声比，使可见光照明与通信一体化成为可能。

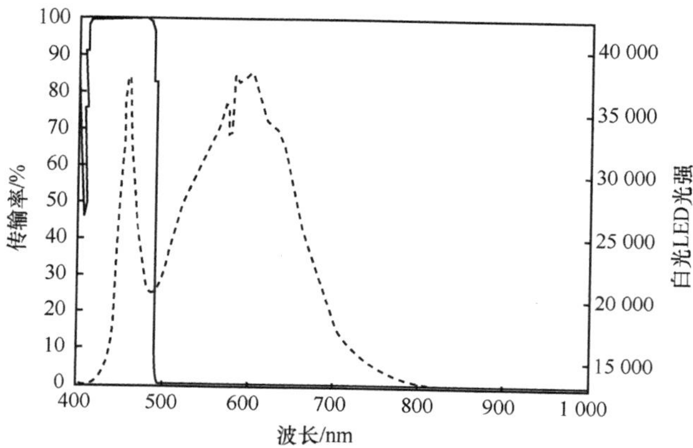

图 2-8　可见光通信用白光 LED 光谱（虚线）和所设计的蓝光滤膜透射谱（实线）

2.3.3　探测器电路设计

接收的光信号经 PIN 转化为电信号后，需经过接收电模块对此电信号进行解调和数字信号处理，从而恢复原始数据。解调芯片包括低噪声放大器、自动增益控制电路、时钟恢复电路以及数字信号处理模块等部分。

接收端探测器电路模块主要结构如图 2-9 所示，PIN 接收的信号首先经过低噪声自动增益控制放大器放大，然后送入解调模块解调。OFDM 信号解调后将恢复的信号进行后端信号处理与均衡，然后由 FPGA 进行 MAC 解析，最终恢复原始数据。设计的接收机解调芯片要具有较高的灵敏度和响应速度，同时要降低复杂度，使其能够适用于室内高速可见光通信系统。其包含的关键技术如下。

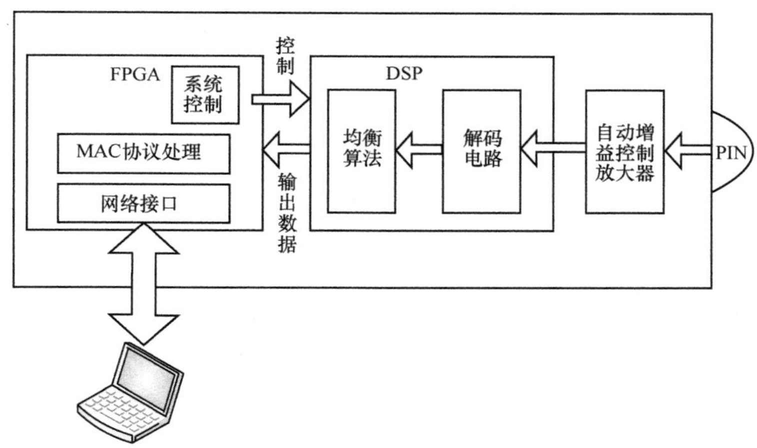

图 2-9　接收端探测器电路模块

2.3.4　自适应接收技术

LED 通信系统在实际使用时，由于发射端和接收端距离的变化，会使接收到的信号功率变化，从而影响判决电平的设定，导致接收端信号检测出现误码。为了解决这一问题，需要在接收电路中设计自适应接收模块。通过自适应接收模块对接收信号功率的控制，使输入到后端信号处理模块的接收信号功率在可以接受的范围内，同时对于微弱的信号进行滤波和放大，实现正确解调。自适应接收模块由自动增益控制（AGC）电路和低噪声放大器（LNA）组成。

其中，自动增益控制电路用于监控解调信号和控制低噪声放大器的门电压，这样额外的功率就无法进入最终的放大器从而避免超载。AGC 结构如图 2-10 所示。

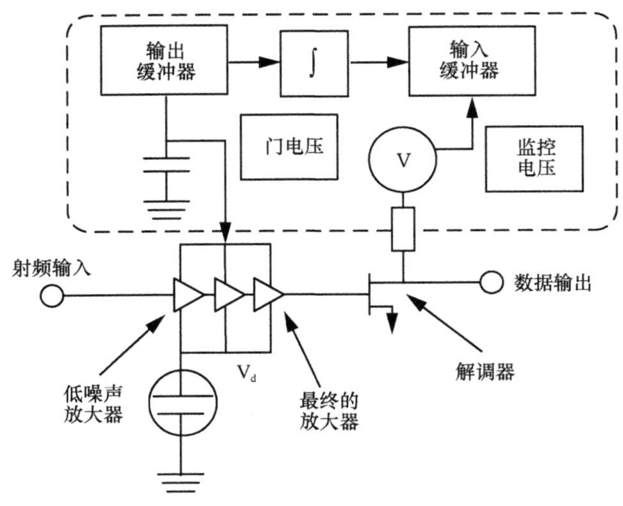

图 2-10　AGC 结构

AGC 环是闭环电子电路，是一个负反馈系统，它可以分为增益受控放大电路和控制电压形成电路两部分。增益受控放大电路位于正向放大通路，其增益随控制电压而改变。控制电压形成电路的基本部件是 AGC 检波器和低通平滑滤波器，有时也包含门电路和直流放大器等部件。放大电路的输出信号经检波并经滤波器滤除低频调制分量和噪声后，产生用以控制增益受控放大器的电压。当输入信号增大时，放大电路的增益下降，从而使输出信号的变化量显著小于输入信号的变化量，达到自动增益控制的目的。将经过增益调节的接收信号通过低噪声放大器，对信号进行放大，实现自适应接收的过程，才能进一步对信号进行判决和解调。

2.3.5　时钟提取及恢复电路

接收端在收到由 LED 发来的信号之后，需要对信号进行解码，为了正确地完成解码工作，就需要在接收端进行时钟的同步和提取，从而找到正确的数据起始位置。接收机的时钟同步方案有多种，包括全网同步时钟法、同步剩余时钟法和自适应时钟同步法等。设计的白光 LED 通信系统中，由于接收端没有发送端的时钟源信号，需要采用自适应同步的方法。其方案如图 2-11 所示。

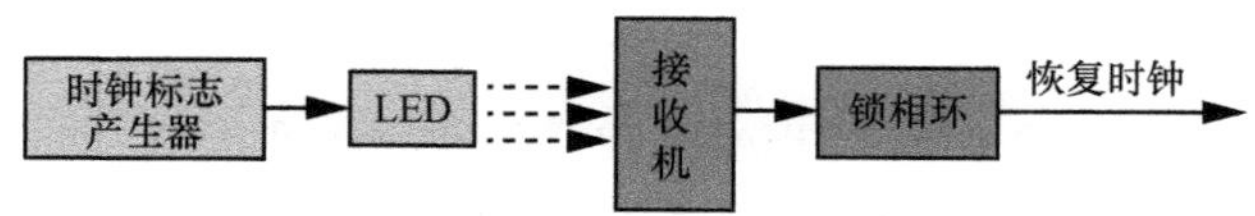

图 2-11　自适应同步方案

需要在发送端传送一个明显的时间标志到接收端，该时间标志包含在数据分组中，使接收端的本地时钟能够和发送时钟同步。因为没有共同的参考时钟，所以接收端时钟要想和发送端时钟保持同步，只能通过从接收的定时信息中恢复发送时钟。这种同步方式类似于在发送端的比特流中周期地插入同步信息，在接收端检测同步信息，然后产生一个参考信号来驱动锁相环。通过锁相环恢复发送时钟。锁相环的作用是估计和补偿发送时钟振荡器和接收时钟振荡器之间的频率漂移。通过这种方法，可以实现接收机的时钟同步和提取。

2.3.6　接收机后均衡技术

为了拓展 LED 的带宽，可以在接收电路中加入一个均衡器，信号经过均衡器后频率响应曲线的衰减得到补偿，带宽得到扩展。采用后均衡技术之后，系统蓝光信道的调制带宽大约有 14 MHz，VLC 系统的调制带宽扩展到 50 MHz。在此带宽之上，采用 NRZ-OOK 实现了 100 Mbit/s 的传输速率，并且 BER<10^{-9}。

2.4　本章小结

本章介绍了可见光通信系统的系统组成，着重介绍了可见光系统的发射机部分和接收机部分。其中发射机部分对各种 LED 及其驱动进行了介绍，体现了 LED 作为新型高效固体光源，具有寿命长、响应快、光效高、体积小、光谱窄、易于控制、环保、安全等显著优点。接收机部分从接收技术出发，分别对系统接收模块中的硅基 PIN 光电探测器、窄带蓝光探测器、蓝光滤膜和探测器电路进行了分析。通过对可见光通信系统的研究，设计了适合可见光通信使用的接收端模块，从而实现高速可见光传输。

参考文献

[1] NAKAMURA S, SENOH M, MUKAI T. P-GaN/N-InGaN/N-GaN double-heterostructure blue-light-emitting diodes[J]. Japanese Journal of Applied Physics, 1993, 32(1A): L8.

[2] NAKAMURA S, SENOH M, IWASA N, et al. High-brightness InGaN blue, green and yellow light-emitting diodes with quantum well structures[J]. Japanese Journal of Applied Physics, 1995, 34(7A): L797.

[3] 迟楠. LED 可见光通信技术[M]. 北京：清华大学出版社, 2013.

[4] WIERER J J, KRAMES M R, EPLER J E, et al. InGaN/GaN quantum-well heterostructure light-emitting diodes employing photonic crystal structures[J]. Applied Physics Letters, 2004, 84(19): 3885-3887.

[5] DAVID A, FUJII T, SHARMA R, et al. Photonic-crystal GaN light-emitting diodes with tailored guided modes distribution[J]. Applied Physics Letters, 2006, 88(6): 061124.

[6] JONATHAN J, MCKENDRY D, MASSOUBRE D, et al. Visible-light communications using a CMOS-controlled micro-light-emitting-diode array[J]. Journal of Lightwave Technology, 2012, 30(1): 61-67.

[7] MCKENDRY J J D, GREEN R P, KEIIY A E, et al. High-speed visible light communications using individual pixels in a micro light-emitting diode array[J]. IEEE Photonics Technology Letters, 2010, 22(18): 1346-1348.

[8] 迟楠. LED 可见光通信关键器件与应用[M]. 北京：人民邮电出版社, 2015.

[9] TSONEV D, CHUN H, RAJBHANDARI S, et al. 3 Gbit/s single-LED OFDM-based wireless VLC link using a gallium nitride[J]. IEEE Photonics Technology Letters, 2014, 26(7): 637-640.

第3章 可见光信道建模

基于白光LED的室内无线通信作为一种新兴的通信系统，其信道模型的建立还未确定，信道模型的测量和建立还处于摸索阶段。本章对可见光信道进行了初步的建模分析。目前研究的可见光通信系统多基于白光LED，因而首先对通用LED的频率响应模型进行了建模分析，其次介绍了实验常用的几种LED的物理特性与调制带宽，并对室内可见光通信的通信链路做了概要性的阐述。最后从微观角度对VLC系统的光子模型进行了理论与实验分析，全面概述了目前研究的可见光通信系统的信道特性。

3.1 LED 频率响应模型

作为可见光信道的重要组成部分，LED 的频率响应特性决定了信号的有效带宽，进而影响 VLC 系统的传输性能。在这一节中，我们分别对 LED 的白光和蓝光成分的频率响应进行了建模分析。

3.1.1 白光 LED 频率响应模型

目前商品化的白光 LED 产品根据光谱成分的不同，主要分为两大类：蓝色光 LED 芯片+黄绿色荧光粉激发白光；将红、绿、蓝（RGB）3 种 LED 芯片封装在一起，混合产生白光。对于第一类 LED，由于黄绿色荧光粉的响应速度较慢，导致 LED 的调制带宽很低。第二类 RGB 混合型白光 LED 可以提供极高的光谱带宽，但是由于成本较高且调制电路复杂，目前尚未广泛应用于 VLC 系统设计。实验所用的白光 LED 多为第一类 LED。

通过导频信号测得的白光 LED 频率响应如图 3-1 所示，信号高频成分有明显的衰减。将频率响应曲线分为两段进行直线拟合，拟合斜率为

$$s=\begin{cases}-1.02\ \text{dB/MHz}, & 0\leqslant\omega\leqslant 10\ \text{MHz}\\ -0.42\ \text{dB/MHz}, & 10\ \text{MHz}\leqslant\omega\leqslant 60\ \text{MHz}\end{cases}$$

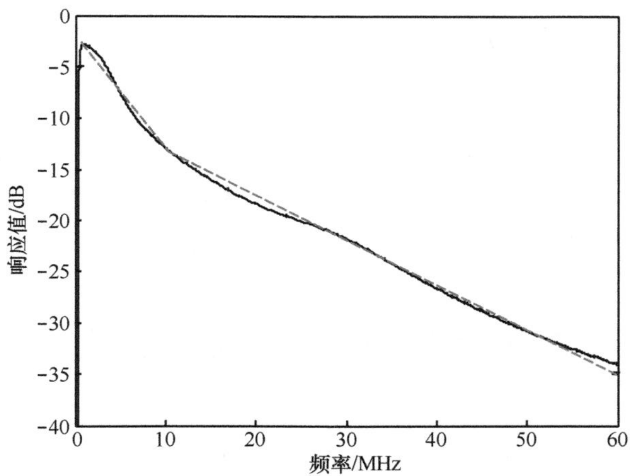

图 3-1　VLC 系统白光 LED 频率响应

使用不归零码（Non-Return to Zero, NRZ）信号对白光 LED 频率响应进行测试观察。NRZ 信号进行 4 点/比特采样后，信号频谱如图 3-2（a）所示。经过白光 LED 调制，高频信号明显被衰减，信号频谱如图 3-2（b）所示。

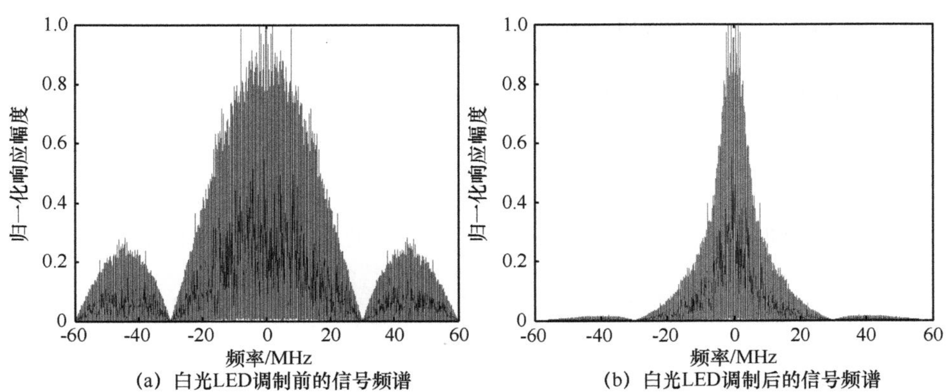

(a) 白光LED调制前的信号频谱　(b) 白光LED调制后的信号频谱

图 3-2　白光 LED 频率响应

3.1.2　蓝光滤波后 LED 频率响应模型

由于白光 LED 带宽十分受限，所以研究者们在信号探测之前，加入了一块蓝光滤片，以滤除响应慢的黄光分量，从而将荧光粉 LED 的调制带宽从 2.5 MHz 提高到

14 MHz。实验测得蓝光成分的频率响应特性可用一阶指数函数表示为[1]

$$H(\omega)=\mathrm{e}^{-\omega/\omega_b} \tag{3-1}$$

其中，ω_b 为匹配系数，$\omega_b = 2\pi \times 15.5 \times 10^6\ \mathrm{rad/s}$。

对频率响应曲线进行拟合，拟合斜率为 $s = -0.24\ \mathrm{dB/MHz}$。拟合斜率与实际曲线斜率的均方根误差约为 $s = 0.08\ \mathrm{dB/MHz}$。

3.2 各种 LED 的调制带宽

调制带宽表征 LED 的调制能力，是 LED 用于可见光通信的一个重要参数和衡量一个系统的重要指标。LED 的频率响应决定了可见光通信系统的调制带宽，直接关系到数据传输速率的大小。如何提升 LED 的频率响应、拓展其带宽是实现高速可见光通信必须要解决的难题之一。LED 的调制带宽主要受有源区载流子复合寿命和 PN 结电容的影响。除了在 LED 制造工艺上，可以减少载流子复合寿命和寄生电容外，此外由于市场上不同种类的 LED 的调制带宽不同，还可以通过测量各种 LED 的调制带宽来选择适合通信的 LED 芯片，并且还可以采用具有很大潜在调制带宽的多芯片型 LED。

3.2.1 LED 的调制带宽

LED 作为一种特殊的二极管，具有与普通二极管相似的伏安特性曲线，如图 3-3 所示。LED 单向导通，当正电压超过阈值 V_A 时，进入工作区，可近似认为电流与电压成正比。

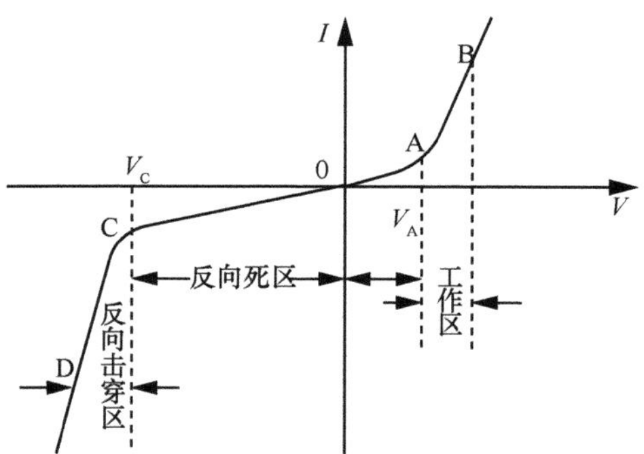

图 3-3 LED 的伏安特性曲线

此外 LED 的调制能力可以由其光功率–电流（*P-I*）曲线（如图 3-4 所示）描述，LED 的调制深度 m 可以定义为

$$m = \frac{\Delta I}{I_0} \tag{3-2}$$

其中，I_0 为偏置电流，ΔI 为峰值电流和偏置电流之差。光调制度描述了交流信号与直流偏置之间的关系，调制度越高，光信号越容易被探测，从而降低光接收端所需的光功率。驱动 LED 的偏置电流往往达数百毫安，要使信号电流也达到同样量级需要设计相应的放大电路。目前大多数实验的驱动能力达到百分之几到百分之十几的调制度，如果一味追求高调制度可能会导致调制带宽降低，影响系统性能。

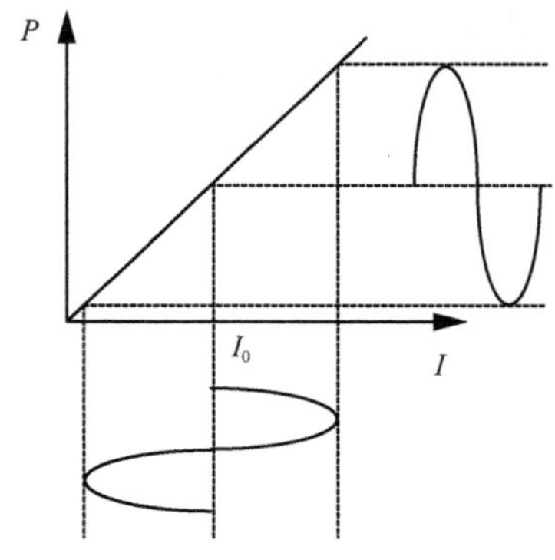

图 3-4　LED 的 *P-I* 曲线

LED 的调制带宽决定了通信系统的信道容量和传输速率，其定义是在保证调制度不变的情况下，当 LED 输出的交流光功率下降到某一低频参考频率值一半时（–3 dB）的频率就是 LED 的调制带宽，如图 3-5 所示。图 3-5 中的光带宽指光电探测器输出的信号电流变为原来一半时对应的带宽。

LED 的调制带宽受响应速率限制，而响应速率又受半导体内少子寿命 τ_c 影响。

$$f_{-3\,\mathrm{dB}} = \frac{\sqrt{3}}{2\pi\tau_c} \tag{3-3}$$

对于 III-V 族（如 GaAs）材料制成的发光二极管而言，τ_c 的典型值为 100 ps，因此 LED 的理论带宽总是限制在 2 GHz 以下。当然，目前所有发光二极管的 τ_c 带宽都

远远低于这个值，照明用的大功率白光二极管由于受其微观结构及光谱特性所限，带宽更低。较低的调制带宽限制了 LED 在高速通信领域（包括可见光通信系统）的应用，因此，设法提高 LED 的调制带宽是解决问题的关键。文献[2]给出了多种通过改进 LED 微观结构提高调制带宽的方法。

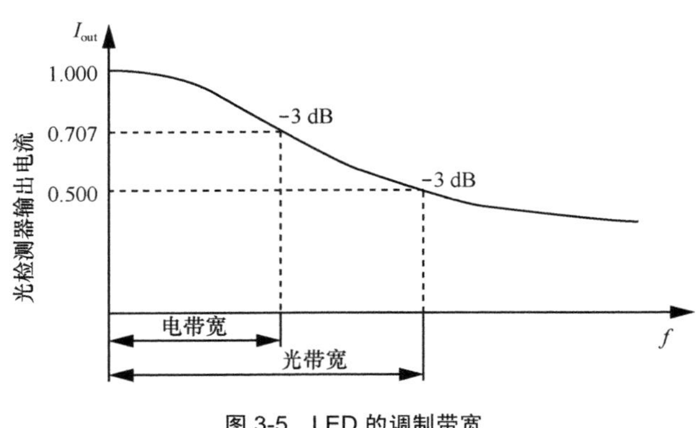

图 3-5　LED 的调制带宽

3.2.2　各种 LED 的调制带宽

LED 调制特性的测量系统如图 3-6 所示，主要包括光信号发射端和接收端。在发射端，首先放大从函数发生器产生的正弦波信号，提高实验所需的 LED 调制深度，其次将放大后的信号加载到由恒流源驱动的 LED 直流偏置电流上，最后 LED 发出明暗闪烁的调制光信号。而在接收端，主要是对光电检测器的光电流进行放大处理，输出给示波器。

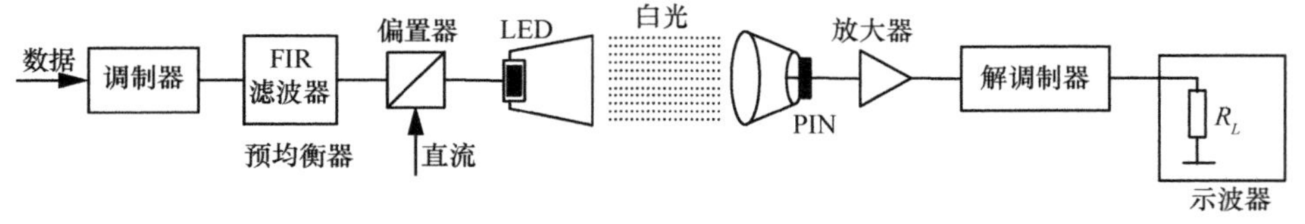

图 3-6　LED 调制特性的测量系统

本节测试了科锐等公司的 RGB-LED 芯片。测试的频率响应曲线如图 3-7 所示。

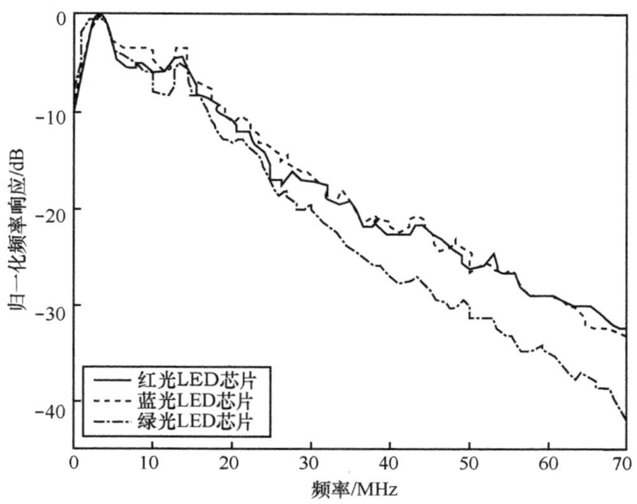

图 3-7　不同种类的 LED 的调制带宽

从图 3-7 中可以看出，20 dB 带宽基本上只有 25 MHz。LED 的调制带宽主要受自身结构的限制，各家厂商制作 LED 的材料不同，生产工艺也不一样，因此调制特性存在较大差异。只有测量更多的大功率 LED，才能找出调制特性最佳的型号。当前的商用大功率白光 LED 主要用于照明，其内部结构相对简单，并没有考虑通信系统的需求。目前已经有研究人员着手讨论如何通过设计更加复杂的 LED 微观结构，缩短 LED 上升、下降时间，进而提高调制带宽以用于高速通信系统。如果未来能够研发出兼顾带宽和发光效率的大功率白光 LED，并且实现大规模生产，将成为理想的 VLC 系统光源。由于大功率 LED 调制带宽的系统实际上是一个简单的可见光通信系统，对调制带宽的测量相当于测量系统的电−光−电信道频率响应带宽。未来的实验一方面可以尝试通过改进发射端−接收端电路和光路来补偿 LED 的带宽，进而提升整个系统的频响特性，以此提高系统的传输速率。另一方面，还可以基于这个实验平台，加装调制、解调等设备，使之成为一个实用的 VLC 系统，用以探讨整个通信系统的性能。

3.3　多径反射建模

在室内光无线通信中，很多因素都会影响通信信道的特性，如通信链路格局、

路径损耗、多径色散产生的时延等。这些信道特性决定了通信系统设计的许多方面，如调制、编码技术的设计、发射功率和接收灵敏度的选取，另外，还要考虑发射光束形态、接收滤波器、接收面积及接收视角等条件参数对光无线通信系统实现的影响，而它们也要参考信道特征属性来确定。因此，想要实现高速率高可靠性的通信，室内光无线通信信道的特性分析是必不可少的一部分。

3.3.1 室内光通信的链接方式

目前，国外对室内无线光通信信道模型做了大量研究，其中最著名的是以美国学者 BARRY 教授为首的研究小组所研究的室内无线通信系统信道模型[2-3]，他们将室内通信系统信道的链接方式分为两点。第一点是看发射机和接收机是否定向。所谓定向，其实是一个角度问题。对发射机来讲，如果其发射的光束发散角很小，发出光束近乎平行，则称为定向发射机；对接收机来讲，如果接收机的视场角范围很小，则称为定向接收机。若发射机和接收机均为定向，接发两端对准时就建立了一条链路，这条链路就称为定向链路。相反，非定向链路使用的是大角度的接收机和发射机。还有一种链路混合了定向与非定向的特点，也就是说，发射机与接收机中一个是非定向的另一个是定向的，则被称为混合链路。第二点是发射机与接收机之间是否存在未受干扰的视距。视距链接中接收机接收除由发射机发出的大角度并经其他物体反射回来的光外，还存在直接由发射机发射过来未经反射的光；而非视距（Non Line of Sight，Non-LOS）链接通常是发射机对着天花板发射光信号，接收机接收的光信号中不存在直接从发射机射过来的光。综合以上两点，室内无线光通信系统的链路分为以下 6 种方式：定向视距链路、非定向视距链路、混合视距链路、定向非视距链路、非定向非视距链路和混合非视距链路，如图 3-8 所示。

在室内可见光通信系统中，固定在天花板上的 LED 在提供照明的同时进行数据传输，因此它的通信链路满足无线光通信的两种形式：直射式视距链接和漫射链接，如图 3-9 所示。在直射式视距链路中，接收端和发射端是对准的，这种链路的优点是具有较高的功率利用率，但是它要求链路收发两端对准，一旦传输路径中出现障碍物就会阻断通信。因此，这种方案是最简单的一种链路方案，适用于无阻隔条件下的点对点通信。在漫射链路中，为了使系统不受阴影效应的影响，降低收发两端的指向要求，接收视角一般较大，可以实现收发两端的持久通信，光功率也会较均匀地分布在整个室内，但是链路中的多径效应会限制信号传输速率。

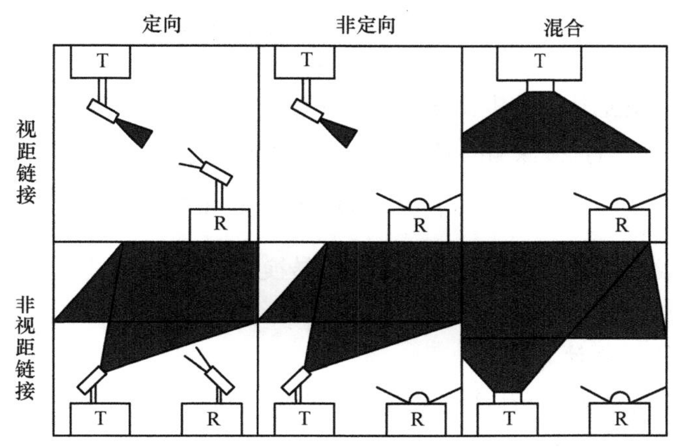

图 3-8　室内无线光通信链接方式

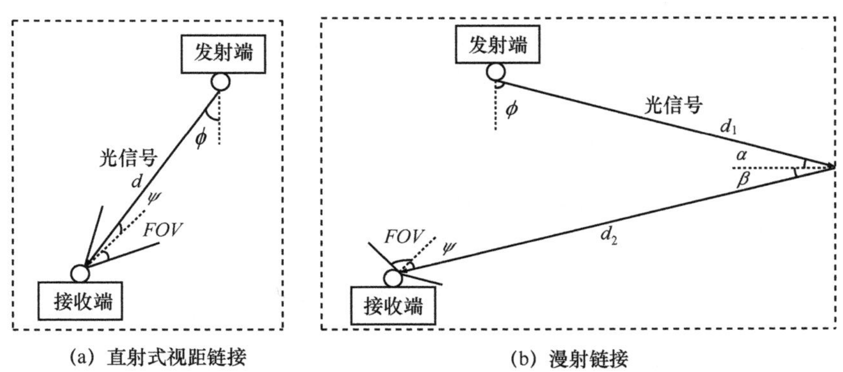

(a) 直射式视距链接　　(b) 漫射链接

图 3-9　可见光通信两种链接方式

3.3.2　可见光通信信道建模

1. 可见光通信信道特性

图 3-10 是室内可见光通信系统的线性基带传输模型，其中脉冲响应 $h(t)$反映了系统信道特性[1-5]。

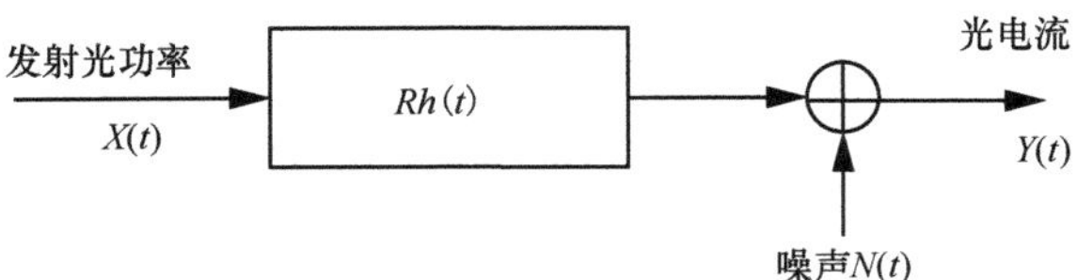

图 3-10　室内可见光通信的线性基带传输模型

在室内可见光通信系统中，发射机光源为白光 LED，发出经过强度调制的信号为 $X(t)$。接收机使用直接探测的光电二极管，接收到的光电流信号 $Y(t)$表示为

$$Y(t) = RX(t) \otimes h(t) + N(t) \tag{3-4}$$

其中，$\otimes$ 表示卷积，R 为光电二极管的光电转换效率，$X(t)$为发射光功率，$h(t)$为信道的冲激响应，$N(t)$为加性高斯白噪声。

2. **冲激响应的计算**

本文中介绍的冲激响应算法参考 BARRY 等提出的计算方法[2]和 CARRUTHERS 等在此基础上提出的改进算法[3]。

（1）光源和接收机的模型

光源一般可以由位置向量 $\boldsymbol{r}_S$，单位方向向量 $\boldsymbol{n}_S$，功率 P_S 和辐射强度模式函数 $R(\phi,\theta)$ 决定。$R(\phi,\theta)$ 定义为与 $\boldsymbol{n}_S$ 夹角 (ϕ,θ) 处单位立体角内光源发出的能量。当发射机的光源采用朗伯辐射模型时，光源的辐射强度可表示为

$$R(\phi) = \frac{n+1}{2\pi} P_S \cos^n(\phi), \phi \in \left[-\frac{\pi}{2}, \frac{\pi}{2}\right] \tag{3-5}$$

其中，n 称为朗伯辐射序数，其值与光源半功率强度角有关，具体关系为 $n = \dfrac{-\ln 2}{\ln(\cos\theta_{1/2})}$。光源 S 可以由一个三元组决定。

$$S = \{\boldsymbol{r}_S, \boldsymbol{n}_S, n\} \tag{3-6}$$

类似地，接收单元 R 的参数包括了其位置向量 $\boldsymbol{r}_R$，单位方向向量 $\boldsymbol{n}_R$，面积 A_R 和视场角 FOV。因此接收单元 R 可以由一个四元组决定。

$$R = \{\boldsymbol{r}_R, \boldsymbol{n}_R, A_R, FOV\} \tag{3-7}$$

图 3-11 所示为光源、接收机、反射面直接的位置关系。

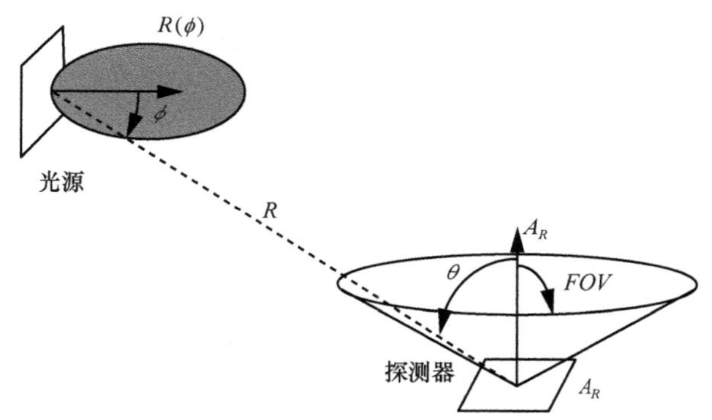

图 3-11　光源、接收机、反射面之间的位置关系

（2）反射面的模型

假设所有的发射面都是理想朗伯漫反射，辐射模式与光的入射角无关。对发生在具有面积 $\mathrm{d}A$ 和反射率 ρ 的微反射面上的反射建模，分为两步：第一步认为这个微反射面是一个面积为 $\mathrm{d}A$ 的接收器，计算它接收的光功率 $\mathrm{d}P$；第二步把这个微反射面当成功率为 $P=\rho\mathrm{d}P$ 和 n=1 的理想朗伯光源。

（3）冲激响应算法

对于某一特定的光源 S 和接收机 R，冲激响应由式（3-8）表示。

$$h(t;S,R)=\sum_{k=0}^{\infty}h^{(k)}(t;S,R) \tag{3-8}$$

其中，$h^{(k)}(t)$ 表示第 k 次反射的响应。

首先计算零次反射的冲激响应，它表示光从一点传到另一点未经过反射光功率的传递系数。

$$h^{(0)}(t;S,R)\approx\frac{n+1}{2\pi}\cos^{n}(\phi)\mathrm{d}\Omega rect\left(\frac{\theta}{FOV}\right)\delta\left(t-\frac{R}{c}\right) \tag{3-9}$$

其中，$\mathrm{d}\Omega$ 代表微反射面相对于光源的立体角，它由式（3-10）表示。

$$\mathrm{d}\Omega\approx\frac{\cos(\theta)A_R}{R^2} \tag{3-10}$$

其中，R 是光源和接收机的距离，它由式（3-11）表示。

$$R=\left\|\boldsymbol{r}_S-\boldsymbol{r}_R\right\| \tag{3-11}$$

其中，θ 是接收机的入射角，它由式（3-12）表示。

$$\cos(\theta)=\frac{\boldsymbol{n}_R(\boldsymbol{r}_S-\boldsymbol{r}_R)}{R} \tag{3-12}$$

其中，Φ 是光源发出的光线照到某一接收机时这条光线相对于光源轴的夹角，它由式（3-13）表示。

$$\cos(\phi)=\frac{\boldsymbol{n}_S(\boldsymbol{r}_R-\boldsymbol{r}_S)}{R} \tag{3-13}$$

矩形函数的定义由式（3-14）表示。

$$rect(x)=\begin{cases}1, & |x|\leqslant 1\\ 0, & |x|>1\end{cases} \tag{3-14}$$

第 k 次反射的冲激响应可通过式（3-15）中的第 $k-1$ 次反射的冲激响应来迭代。

$$h^{(k)}\left(t;S,R\right)=\int_S \rho_r h^{(0)}\left(t;S,\left\{\boldsymbol{r},\boldsymbol{n},\frac{\pi}{2},\mathrm{d}r^2\right\}\right)\otimes h^{(k-1)}\left(t;\{\boldsymbol{r},\boldsymbol{n},1\},R\right) \tag{3-15}$$

式（3-15）表示对 S 面上的所有微反射体进行积分，其中，$\boldsymbol{r}$ 是 S 上微反射体的位置向量，$\boldsymbol{n}$ 是 r 处微反射面的单位法向向量，ρ_r 是 r 处微反射面的反射率，$R=\|r-r_R\|$，$\cos(\phi)=\frac{\boldsymbol{n}_S(\boldsymbol{r}-\boldsymbol{r}_S)}{R}$，$\cos(\theta)=\frac{\boldsymbol{n}(\boldsymbol{r}_S-\boldsymbol{r})}{R}$。

3.3.3 可见光通信系统性能的基本分析

光源平均发射功率 P_t 定义为

$$P_t=\lim_{T\to\infty}\frac{1}{2T}\int_{-T}^{T}X(t)\mathrm{d}t \tag{3-16}$$

接收端功率 P_r 定义为

$$P_r=H(0)P_t \tag{3-17}$$

其中，$H(0)$为信道直流增益，在可见光通信中，信道直流增益是直视链路信道的一个重要的特征参数，可以通过 $H(0)=\int_{-\infty}^{\infty}h(t)\mathrm{d}t$ 得到。

在可见光通信系统中，接收信号的质量可以通过信噪比（SNR）来体现。SNR中的信号成分可表示为

$$S=\gamma^2 P_{r\mathrm{Signal}}^2 \tag{3-18}$$

其中，$P_{r\mathrm{Signal}}=\int_0^T\left[h(t)\otimes X(t)\right]\mathrm{d}t$，$T$ 为信号周期。

而噪声成分由散粒噪声、热噪声和码间干扰共同组成。

$$N = \sigma_{\text{shot}}^2 + \sigma_{\text{thermal}}^2 + \gamma^2 P_{r\text{ISI}}^2 \tag{3-19}$$

其中，

$$P_{r\text{ISI}} = \int_T^{\infty} \left[h(t) \otimes X(t) \right] \mathrm{d}t \tag{3-20}$$

$$\sigma_{\text{shot}}^2 = 2q\gamma \left(P_{r\text{Signal}} + P_{r\text{ISI}} \right) B + 2qI_{\text{bg}} I_2 B \tag{3-21}$$

$$\sigma_{\text{thermal}}^2 = \frac{8\pi k T_k}{G} \eta A I_2 B^2 + \frac{16\pi^2 k T_k \varGamma}{g_m} \eta^2 A^2 I_3 B^3 \tag{3-22}$$

其中，q 是电子的电量，B 是接收电路的等效噪声带宽，I_{bg} 是背景电流，噪声带宽因子 I_2=0.562，k 是玻尔兹曼常数，T_k 是绝对温度，G 是开环电压增益，η 是探测器单位面积的固定电容，$\varGamma$ 是 FET 沟道噪声因子，g_m 是 FET 的跨导，I_3=0.086 8[6-7]。

3.4　可见光大气湍流信道建模

与理想情况不同，现实生活中大气湍流会对可见光通信系统的性能造成较大的影响，因此可见光大气湍流信道建模是必要的。

3.4.1　大气湍流模型

湍流是一种具有强烈涡旋性的不规则运动，在黏性流体中，当流体的流速达到一定值时，流体的运动轨迹不再光滑，整个流体开始做无规则的随机运动。湍流使大气折射率不断改变，从而导致光束的折射率无规则起伏。室外可见光通信是以大气为信道进行传输的，所以它的传输特性会受到各种不同天气条件的影响，其中由雨、雪、雾霾等引起的大气衰减效应是影响可见光通信性能的关键因素。大气湍流效应是在大气的传输介质中，由于空间温度场分布的不均匀性以及空气压力的波动性引起折射率的变化所导致的。大气湍流往往会造成光强的闪烁以及光束中心的漂移，从而对系统的性能产生负面的影响。

有许多概率分布模型被用来描述大气湍流所带来的信道衰落大小，常用光强的衰落建模有 3 种：负指数（Negative Exponential）模型、对数正态（Log-Normal）模型以及 Gamma-Gamma 模型，其概率分布函数如图 3-12 所示。负指数模型对应强湍流状态，对数正态模型对应弱湍流状态，Gamma-Gamma 模型可以通过参数修改模拟从弱到强不同程度的湍流情况。

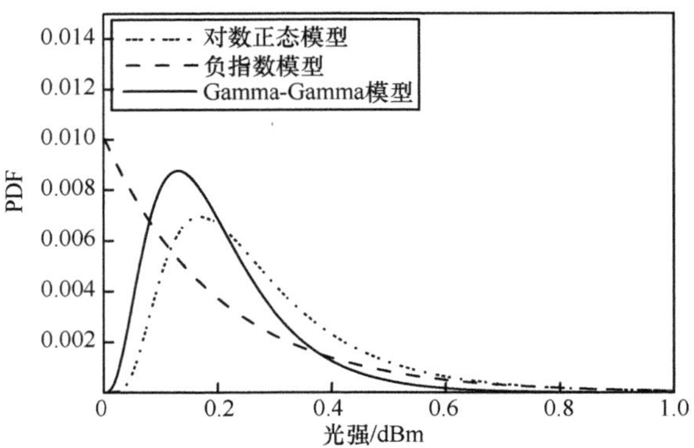

图 3-12　3 种大气湍流模型的概率分布曲线

1. 负指数模型

负指数模型是概率密度函数表达最简单的模型之一，但它仅仅适用于强湍流条件。通过实验可以证明，此时光波在通过湍流介质时幅度的波动服从瑞利分布（Rayleigh Distribution），而光强变化服从的统计模型则为负指数模型。其概率密度函数（Probability Density Function，PDF）满足式（3-23）。

$$f\left(I_{\mathrm{a}}\right)=\frac{\mathrm{e}^{-i_{\mathrm{a}}/I_0}}{I_0},i_{\mathrm{a}}\geqslant 0 \tag{3-23}$$

其中，I_0 为光强衰落的平均值，本文归一化 $I_0=E\left[I_{\mathrm{a}}\right]=1$。

2. 对数正态模型

对数正态分布的建模适用于弱湍流条件，其概率密度函数表达也并不复杂。假设发射机到接收端的路径增益为 A，A 服从对数正态分布，即若令 $X=\ln\left(A\right)$，则 X 是均值为 μ_X、方差为 $\sigma_X{}^2$ 的高斯随机变量。因此，A 服从的概率分布满足式(3-24)。

$$f_A\left(a\right)=\frac{1}{\sqrt{2\pi}\sigma_X a}\mathrm{e}^{-\frac{\left(\ln a-\mu_X\right)^2}{2\sigma_X{}^2}} \tag{3-24}$$

而光强衰落 I_{a} 与路径增益 A 的关系为

$$I_{\mathrm{a}}=A^2=\mathrm{e}^{2X}=I_0\mathrm{e}^{2X-2E(X)} \tag{3-25}$$

其中，$I_0 = e^{2E(X)} = e^{2\mu_X}$。把光强衰落的数学期望归一化为 1，则得到

$$E\left[I_a\right] = E\left[I_0 e^{2X-2E(X)}\right] = I_0 e^{2\sigma_X{}^2} = 1 \tag{3-26}$$

因此，$\mu_X = -\sigma_X{}^2$

$$f(I) = \frac{1}{2\sqrt{2\pi}I(S.I.)}\exp\left[-\frac{(\ln\frac{I}{I_0} + 2(S.I.)^2)^2}{8(S.I.)^2}\right] \tag{3-27}$$

其中，I 为接收光强，单位面积上等价为光功率；I_0 为 I 的均值；$S.I.$ 为大气闪烁指数，其计算方式同 Gamma-Gamma 模型。

3．Gamma-Gamma 模型

Gamma-Gamma 模型，是 Andrews 等通过对光闪烁理论的分析，而提出的一种更加精确的描述大气湍流中光强衰落的数学模型。在该理论中，光的场分布被定义为大范围及小范围的大气涡流效应所共同产生影响的扰动函数，归一化的光强衰落 I_a 可以表示为两个随机过程变量的乘积，即 $I_a = I_x I_y$，其中 I_x 和 I_y 分别表示大范围大气涡流和小范围大气涡流的影响，两者都服从 Gamma 分布。

Gamma-Gamma 模型下，光强衰落 I_a 服从的 PDF 为

$$f_{I_a}(i_a) = \frac{2(\alpha\beta)^{\frac{\alpha+\beta}{2}}}{\Gamma(\alpha)\Gamma(\beta)} i_a^{\frac{\alpha+\beta}{2}-1} K_{\alpha-\beta}\left(2\sqrt{\alpha\beta i_a}\right), i_a \geqslant 0 \tag{3-28}$$

其中，$\Gamma(x) = \int_0^{+\infty} t^{x-1}e^{-t}dt$ 是标准的伽马函数。

$K_n(x) = \dfrac{J_n(x)\cos(n\pi) - J_{-n}(x)}{\sin(n\pi)}$ 表示以 n 为阶数的第二类修正贝塞尔函数（Bessel Functions of the Second Kind）又称为诺依曼函数（Neumann Function），其中 $J_n(x) = \sum_{m=0}^{\infty}\dfrac{(-1)^m}{m!\Gamma(m+n+1)}\left(\dfrac{x}{2}\right)^{2m+n}$。

α 和 β 分别代表散射环境下大范围涡流和小范围涡流的有效因子，其计算表达式为

$$\alpha = \left\{\exp\left[\frac{0.49\sigma_R{}^2}{\left(1+0.18d^2+0.56\sigma_R{}^{12/5}\right)^{7/6}}\right]-1\right\}^{-1} \tag{3-29}$$

$$\beta=\left\{\exp\left[\frac{0.51\sigma_R{}^2\left(1+0.69\sigma_R{}^{12/5}\right)^{-5/6}}{\left(1+0.9d^2+0.62d^2\sigma_R{}^{12/5}\right)^{5/6}}\right]-1\right\}^{-1} \tag{3-30}$$

其中，$\sigma_R{}^2=0.5C_n^2\kappa^{7/6}L^{11/6}$ 是 Rytov 方差，是根据柯尔莫洛夫湍流理论得到的信道参数，它受大气折射率常数 C_n^2 、光载波波数 $\kappa=2\pi/\lambda$ 和通信距离 L 决定。C_n^2 表征湍流强弱，对于水平大气激光通信信道，取值为常数，通常在日间可近似为 $1.7\times10^{-14}\,\mathrm{m}^{-2/3}$ ，夜间近似为 $8.4\times10^{-15}\,\mathrm{m}^{-2/3}$ 。$d=\left[\kappa D^2/\left(4L\right)\right]^{1/2}$ 是几何因子（Geometry Factor）。

闪烁系数定义为

$$S.I.=\frac{1}{\alpha}+\frac{1}{\beta}+\frac{1}{\alpha\beta}(\alpha>0,\ \ \beta>0) \tag{3-31}$$

由式（3-31）可知，闪烁系数由 3 个参数决定：大气折射率常数 C_n^2 、波长 λ 和通信距离 L。在波长 λ 和通信距离 L 不变时，闪烁系数 $S.I.$ 随大气折射率常数 C_n^2 的增大而迅速增加，即强湍流下，闪烁程度高（ $S.I.>1$ ），相应衰减增大，严重影响通信质量。图 3-13 和图 3-14 所示为 $S.I.$和 Rytov 方差随通信距离的变化曲线。

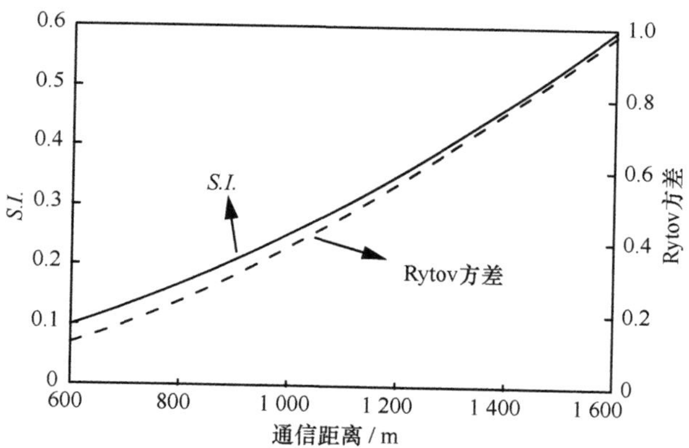

图 3-13　闪烁指数 *S.I.*和 Rytov 方差随通信距离的变化

结果显示，随着通信距离增加，闪烁系数呈指数增长（图 3-13）。在可见光波段，通信距离为 1 000 m 左右时大气湍流以弱湍流效应为主，闪烁系数随着波长缓慢增加并趋于平稳不变，随着载波波长的增大，当通信距离延长时，通信信道中的强湍流效应逐渐增强（如图 3-14 所示）。可见，大气湍流效应对远距离室外可见光通信系统影响很大，在实际系统中需要将大气湍流效应的影响减小，可以采用空间分集接收技术等抑制大气湍流造成的光强闪烁和光强衰减问题。

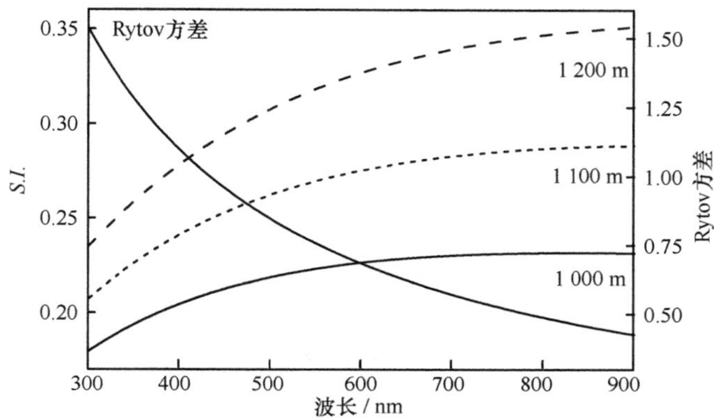

图 3-14　闪烁指数 *S.I.*和 Rytov 方差随波长的变化

3.4.2　背景干扰与噪声统计特性研究

背景光来源于太阳光、月（星）光和各种灯光，背景光对可见光系统性能的影响主要体现在系统的信噪比上。因此，从计算可见光通信系统的信噪比入手，分析和研究背景光噪声对可见光通信系统性能的影响。在可见光通信系统中，影响接收端接收性能的主要包括背景光噪声、量子噪声、暗电流噪声和热噪声等。一般情况下，量子噪声和暗电流噪声可以忽略，而当白天天气晴朗时，接收的背景光功率很大，热噪声对信噪比的影响也可以忽略。

大多数背景光源可以用黑体辐射模型来描述，其辐射谱由式（3-32）表示。

$$w(\lambda)=\frac{c^2h}{\lambda^5}\left[\frac{1}{\exp(hc/klT)-1}\right] \tag{3-32}$$

其中，c 为光速，c=299 792 458 m/s=299 792.458 km/s；

h 为普朗克常量，h=6.626 070 15×10^{-34} J·s；

k 为玻尔兹曼常数，k=1.380 648 8×10^{-23} J/K；

T 为辐射的开氏温度，等于 273+摄氏温度值，太阳表面温度约为 5 500℃。

MATLAB 仿真得到的黑体辐射曲线如图 3-15 所示，随着辐射体表面温度的增加，辐射能力更强，且峰值波长越来越短。

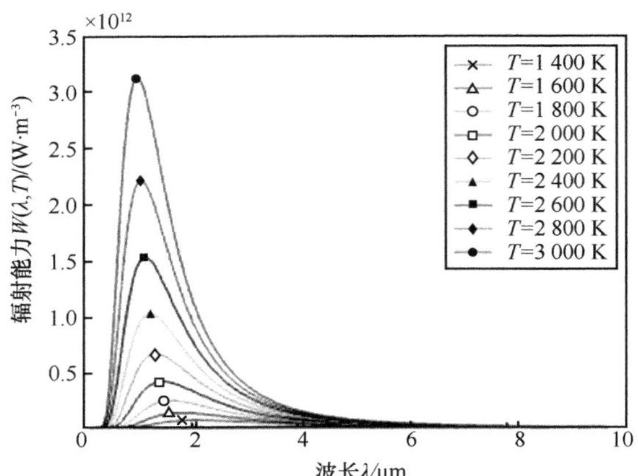

图 3-15　黑体辐射能力与波长的关系

太阳光是主要的背景光干扰源，利用黑体模型得到太阳光的辐射能力如图 3-16 所示，近似取表面温度为 6 000 K。可以看到太阳光的主要能量集中在可见光和红外区，对于日间室外白光通信系统，其敏感波长在 400～760 nm 之间，图 3-16 中阴影部分为可见光波长范围内太阳光辐射，对其积分即可得到总的太阳光噪声功率。

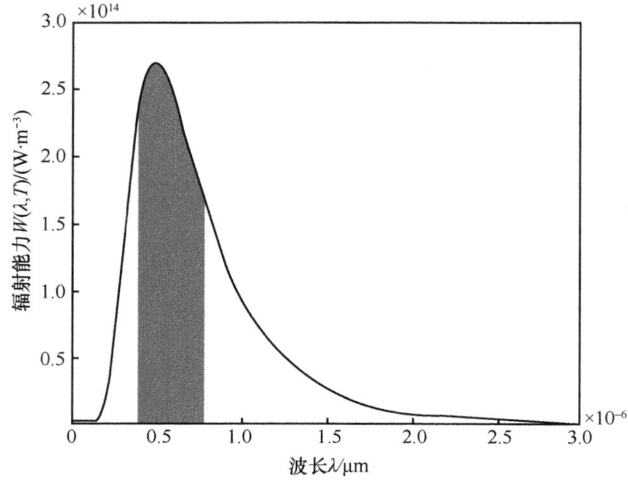

图 3-16　太阳光辐射能力与波长的关系

图 3-17 所示为不同接收视场角下，太阳光噪声功率与信号功率的比值随近地天空亮度的变化情况。当接收视场角小于 40 mrad 时，基本可以保证太阳光噪声功率与信号功率的比值低于 20 dB。

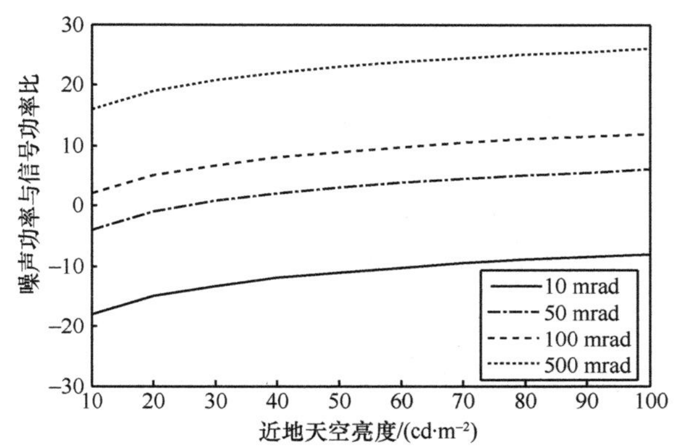

图 3-17　不同接收视场角下，太阳光噪声功率与信号功率的比值

滤光片可以有效过滤激发出来的照明用荧光和自然光等背景杂散光噪声，以保证信号接收的信噪比，降低误码率。图 3-18 所示为采用红光滤光片情况下，太阳光噪声功率与信号功率的比值随近地天空亮度的变化情况。通过与图 3-17 的比较发现，滤光片能有效滤出带外背景光功率，提升信噪比。

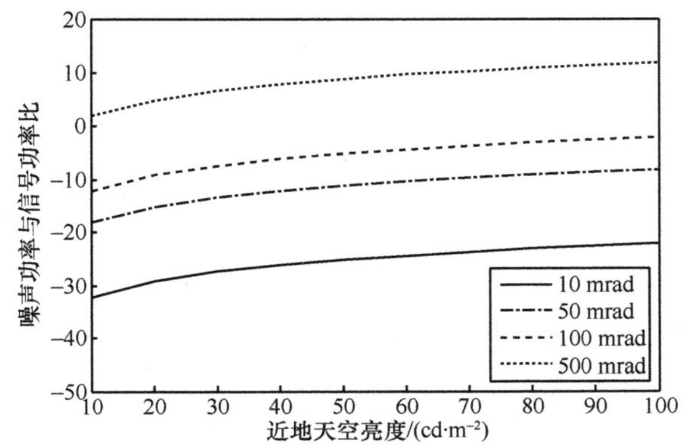

图 3-18　采用红光滤光片情况下，太阳光噪声功率与信号功率的比值

3.5 可见光系统中的非线性

3.5.1 LED 非线性

LED 的固有非线性是实现高速可见光通信的一大挑战。LED 非线性效应通过在大功率时的幅度失真和在开启电压（Turn-on Voltage，TOV）处较低峰值的削波来影响 OFDM 信号。LED 的 $I-V$ 曲线如图 3-19 所示，从图 3-19 中可以看出，LED 存在一个开启电压，当输入电压小于该开启电压时，LED 进入截止区，此时不工作，也不存在导通电流。为了保证 LED 能够正常工作，需要给它提供一个直流偏置。在开启电压以上，电流和光输出随电压（电流传导区）呈指数增长。然而当输入信号的幅度过大导致 LED 进入非线性区域，则会表现出非线性效应。另外，从图 3-19 中可以看出，LED 存在一个最大允许电流，该值的存在会限制输入信号的幅度，这就会使得具有高 PAPR 特性的 OFDM 系统很容易表现出非线性效应；LED 的线性工作区相对来说范围不大。除此之外，载流子密度响应和频率有关，在通带内不平坦的频率响应还会引入 LED 的记忆效应。

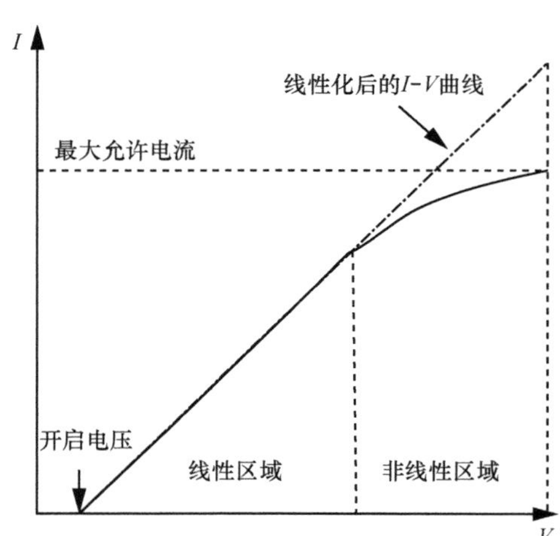

图 3-19　LED 转移特性非线性曲线和线性化后的曲线

非线性效应对系统的不良影响主要表现在恶化 VLC 系统的误差矢量幅度

（EVM）和误码率（BER）。除此之外，由于非线性对 OFDM 的影响，导致了明显的带外辐射、频谱效率的降低、带内失真等，造成载波间干扰。

3.5.2 抗非线性的方法

现有的解决非线性效应的方法包括规律性和算法性。这两种方法中包含了几种附加失真的方法。一般来说，附加失真有两种：一种是输入信号在对光源进行调制之前，人为地预先对信号进行失真处理，称为预失真补偿法；另一种是在接收机处添加一个线性化网络，对失真信号进行补偿，以达到恢复原始信号的目的，这种方法称为后失真补偿法。虽然两种方法出发的角度不同，但是在一定程度上都降低了系统中非线性所带来的不良影响。

1. **软削波**

当使用 LED 进行模拟强度调制时，特别是在双极光学正交频分复用信号的情况下，很容易因为 LED 的非线性特性导致信号的恶化。ELGALA 介绍了一种包含幅度失真和能够将上削波进行参数化控制的模型，将 OFDM 信号与 LED 的 I–V 曲线特性相结合，通过蒙特卡洛模拟，该模型可以用来优化系统的参数，例如确定最佳偏置点和优化 OFDM 信号功率[8]。他提出了上峰的软削波（Soft-clipping）的概念，实验也表明软削波是一个减少非线性失真和提升系统符号误差性能的有效方法[9]。

常用来描述 PA 非线性行为的模型是 SSPA 模型，通常也被称为 RAPPS 模型。该模型与输入、输出电压幅度有关，并且考虑放大器的线性和饱和区域之间的转变。表达式如式（3-33）所示。

$$V_R\left(V_{\text{in}}\right)=\frac{V_{\text{in}}}{\left(1+\left(\dfrac{V_{\text{in}}}{V_{\max}}\right)^2\right)^{1/2k}} \tag{3-33}$$

其中，$V_R(V_{\text{in}})$是 PA 输出电压，V_{in} 是 PA 输入电压，$V_{\max}$是最大输出电压（饱和电压/电平），k 被称为拐点因子，它控制从线性到饱和区域转变的平滑性。

基于式（3-33），模型中所要求的 LED 模型特性应该满足式（3-34）。

$$I_{\text{LED}}(v_{\text{LED}})=\begin{cases}h(v_{\text{LED}}),\ v_{\text{LED}}\geqslant 0\\ 0,\ v_{\text{LED}}<0\end{cases} \tag{3-34}$$

其中，$I_{\text{LED}}(v_{\text{LED}})$是经过 LED 的电流，$v_{\text{LED}}$ 是 LED 的电压，且

$$h(v_{\text{LED}})=\frac{f(v_{\text{LED}})}{\left(1+\left(\frac{f(v_{\text{LED}})}{i_{\max}}\right)^{2k}\right)^{1/2k}} \tag{3-35}$$

其中，$i_{\max}$ 是流过 LED 的最大可允许的脉冲电流，$f(v_{\text{LED}})$ 是 LED 数据手册所给出的 $I-V$ 曲线方程，k 用来设置硬削波还是软削波。

对于基于强度调制的光 OFDM 系统，OFDM 信号必须在 LED 调制之前进行调节，即限幅。该模型可以证明增加信号的功率不一定意味着性能的增强，通过调节参数 k（参数 k 越小越好）进行软削波能够增强系统的误符号率（Symbol Error Rate，SER）性能。这种方法不是利用一种方程式来平滑地削减 OFDM 上峰值，而是通过调节因子 k 来实现这个目标。

2. 迭代信号限幅法

在 PAPR 比较高的 OFDM 系统中，由于受限于 LED 的传输特性，如果信号电平达到 LED 的饱和状态，则信号幅度会受到削波的影响。MESLEH 提出了一种具有多个 LED 的迭代信号限幅（ISC）方法，来降低 LED 非线性所带来的系统性能下降[10]。

在图 3-20 所示的多带 LED 发射机的迭代信号剪切系统模型中的发射机处，先对信号进行反复限幅。削波后的信号先从第一个 LED 灯发送，超过第一个 LED 动态范围的信号部分从第二个 LED 灯发射，如此进行多次迭代重复，直到所有从 LED 发送出去的信号都在单独的 LED 的动态范围之内。实验结果表明，基于一定 LED 的数量，可以完全消除或者显著降低非线性带来的失真的影响。

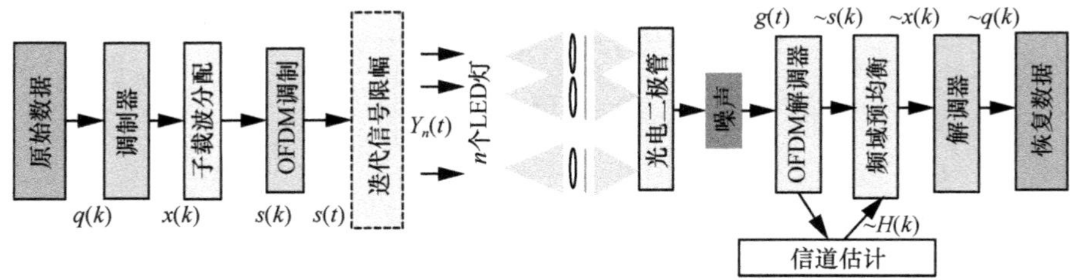

图 3-20　多带 LED 发射机的迭代信号剪切系统模型

信号从所有 LED 同时传输，光电二极管（PD）输入处的接收信号由式（3-36）给出。

$$g(t)=h_1(t)\otimes y_1(t)+h_2(t)\otimes y_2(t)+\cdots+h_n(t)\otimes y_n(t)+w(t) \tag{3-36}$$

其中，⊗是卷积，y_n是来自 LED$_i$的发射信号，$h_n(t)$是 LED$_i$和 PD 之间的时域信道脉冲响应，$w(t)$是加性高斯白噪声。

实验表明，基于这种方式，能够消除 LED 的非线性带来的削波失真，在该方法中输入的 OFDM 信号被强制迭代剪切，由多个 LED 进行剪切信号的传输，基于系统中 LED 的数量可以对信号功率进行不同程度地提升，增加信噪比、降低误比特率，优化系统的性能。

3. **线性频域补偿法**

低成本的谐振腔发光二极管（RC-LED）已经在聚合光纤通信中大量应用。PENG 以 RC-LED 作为研究对象，发现传输信号的高频部分产生了很大的衰减，因此所受到的非线性影响相对较小。相比之下，低频部分就更大程度地受到非线性的影响[11]，因此提出将 RC-LED 的低通特性引入 RC-LED 模型中，如图 3-21 所示。线性频域补偿法（FDC）可以容易地在任何多载波通信系统中实现。FDC DMT 调制的一个很大优势为在降低 PAPR 方面有更高的效率，在相同的实验条件和误码率水平下，与传统 DMT 相比，使用所提出的 FDC DMT 方法实现了更高的传输速率。

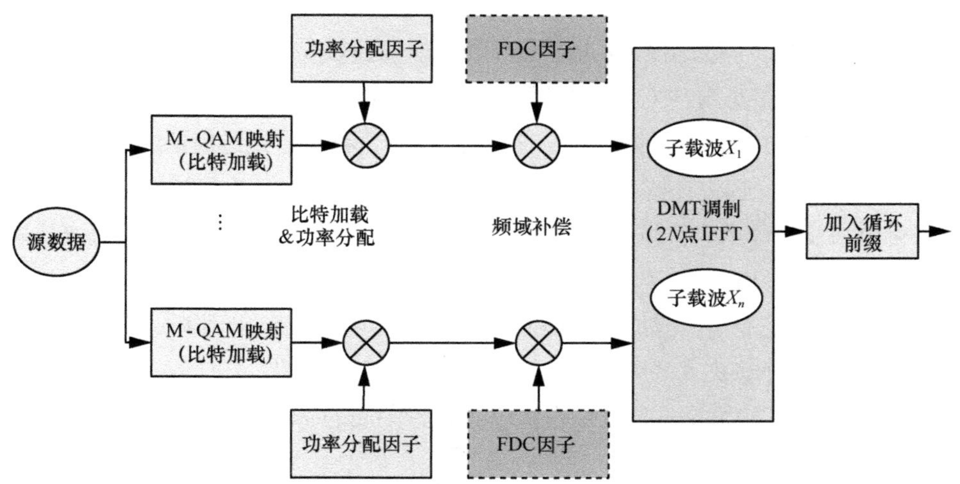

图 3-21　DMT 系统频域的 LED 预补偿

式（3-37）包含 RC-LED 响应和非线性多项式的 RC-LED 模型。

$$P_{\text{out}}(t)=\sum_{n=0}^{\infty}b_n\left[I_{\text{sig}}h_{\text{LED}}(t)-I_{\text{DC}}\right]^n \tag{3-37}$$

其中，$P_{\text{out}}(t)$是输出的光功率，I_{sig}是输入的信号电流，$h_{\text{LED}}(t)$是 RC-LED 的脉冲

响应，I_{DC} 是偏压电流，b_n 是 LED 非线性传递函数第 N 阶的系数，t 是时间。由于对所提出的模型进行数学优化并不容易，于是提出在原信号中进行预补偿，预补偿的 LED 模型为

$$P_{\mathrm{out}}(t)=\sum_{n=0}^{\infty} b_n\left[I_{\mathrm{sig}} h_{\mathrm{PD}} h_{\mathrm{LED}}(t)-I_{\mathrm{DC}}\right]^n \tag{3-38}$$

其中，h_{PD} 是预补偿函数。令 $h_{\mathrm{PD}}(f)=H_{\mathrm{LED}}^{-1}(f)$，则

$$P_{\mathrm{out}}(t)=\sum_{n=0}^{\infty} b_n\left[I_{\mathrm{sig}}'-I_{\mathrm{DC}}\right]^n \tag{3-39}$$

其中，$h_{\mathrm{PD}}(f)$ 是 $h_{\mathrm{LED}}(t)$ 的傅里叶变换，导出的方程只包含 LED 非线性多项式。

与时域的数字预失真方法不同，本文提出一种在 FDC DMT 之后直接进行数字的削波来提高功率效率的方法，这种方法能够极有效地缓解 DMT 系统中的非线性失真，同时也能应用在其他的 OFDM 系统中。

4. 基于切比雪夫多项式的自适应预失真补偿法

MITRA 和 BHATIA 提出了一种切比雪夫多项式自适应预失真器，这是一种使用线性自适应缩放参数的预失真器，为了校正非线性效应带来的不良影响，需要使用已知的归一化最小均方（NLMS）算法作为学习机制，通过学习输入电信号的展开多项式来校正 LED 的非线性特性，以减轻 LED 非线性。通过模拟仿真证明了该算法对现有自适应预失真技术（诸如基于 NLMS 的预失真和后失真技术）的性能[12]。

目前来看，学术界曾经提出一种非常简单的预失真方式，这种方式是查找表（Look Up-Table，LUT），它通过存储 LED 非线性的输入输出对，分配最近的进行预变换，然后发送信号。但是由于 LED 受到温度、老化等因素的影响，会改变 LED 特性。NLMS 用于预失真的缩放因子并跟踪 LED 特性的变化。切比雪夫多项式自适应预失真器与基于 Volterra 算法的自适应滤波器、Hammerstein 滤波器等相比有更好的抗非线性能力。

LED 的非线性曲线表述为

$$A(x)=b_0+b_1(x-0.5)+b_2(x-0.5)^2 \tag{3-40}$$

其中，b_0、b_1 和 b_2 是由 $b_0=\zeta$，$b_1=1$，$b_2=-4\zeta+2$ 参数化的多项式系数，其中 ζ 是控制非线性程度的参数。缩放因子假设是 r_k，与输入信号序列 l_k 相乘，通过 $A(x)$ 所代表的非线性信道，加上测量噪声 v_k 便形成了估计信号 l_k。利用 NLMS 算法更新 r_k。

$$r_{k+1} = r_k + \mu_k e_k x_k \tag{3-41}$$

其中，$\mu_k = \dfrac{\mu}{\sum_{\forall k} |x_k|^2}$ 是第 k 次迭代的 NLMS 算法的步长（μ 是一个小的正数），$e_k = \beta x_k - l_k$，其中，$l_k = A(r_k x_k) + v_k$。β 是 LED 增益项的常数。$\widehat{l_k} = A\left(\sum_{\forall i} r_k^{(i)} T_i(x_k) + Hvk\right)$，其中，$T_i(x_k)$ 是切比雪夫多项式的第 i 阶，该式是对输入信号的非线性变化，是区间[−1,1]内的正交基准多项式的和，与缩放因子相比。这种方法能够更逼近于 LED 非线性的倒数，通过该非线性函数能够更好地建模。切比雪夫多项式具有正交性、最小化期望多项式的最大最小误差以及对于平滑函数具有衰减系数等优点，可以确定最优多项式阶数来防止过拟合，所以在闭合区间[−1,1]内切比雪夫多项式是最好的选择。最小化成本函数 $J = \min_{r_k}^{(i)} E[(\beta x_k - \widehat{l_k})]^2$ 通过类似的随机梯度 NLMS 算法获得关于 $r_k^{(i)}$ 的 J 的导数来更新系数 $r_k^{(i)}$。

$$r_{k+1}^{(i)} = r_k^{(i)} + \mu_k e_k T_i(x_k) \tag{3-42}$$

该种算式的数据协方差矩阵是单位矩阵，这使得数据的本征值得到较大的扩展，从而能够实现快速的收敛。

图 3-22 所示为基于切比雪夫多项式自适应预失真法系统，经过一系列仿真，对比了在 PAM-4 调制下，NLMS 算法、LMS 算法、RLS 算法、基于切比雪夫多项式的自适应预失真法的传递效果，发现所提出算法可以更有效地降低非线性的影响。

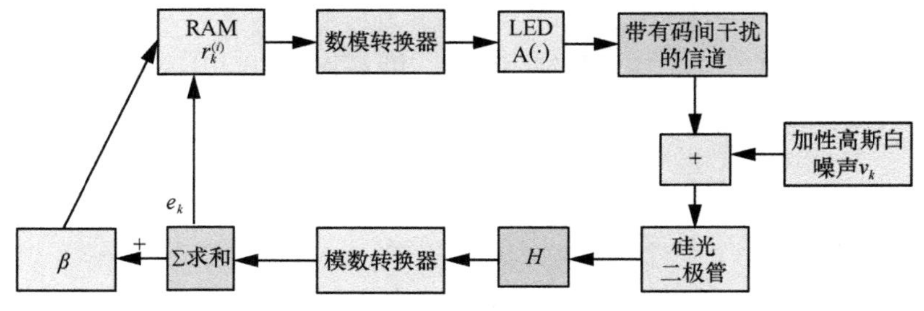

图 3-22　基于切比雪夫多项式自适应预失真法系统

5. 稀疏 KMSER 后失真法

MITRA 和 BHATIA 还提出一种稀疏 KMSER 后失真法系统，如图 3-23 所示，它具有更好地降低非线性效应的性能，相比 Volterra 等方法计算复杂度较低、具有更好或相似的 BER 性能[13]。从理论上分析了稀疏 KMSER 的收敛，发现模拟 MSE 行为与 MSE 理论推导的动力学方程近乎完全匹配。这表明所提出的稀疏 KMSER 后失真法是用于存在 LED 非线性的情况下的非线性室内 IEEE 802.15 PAN VLC 信道均衡的可行解决方案。

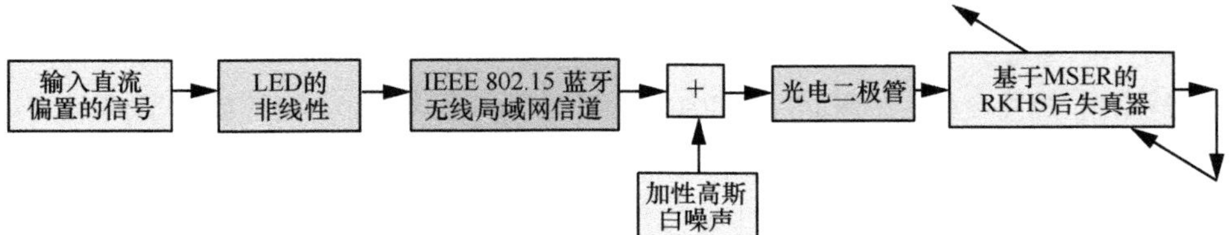

图 3-23　稀疏 KMSER 后失真法系统

在 KMSER 信道均衡器中，将非线性隐含特征映射 $\Phi(X_k)$ 应用于第 k 个时刻的观测数据（由 x_k 表示）。KMSER 是对归一化自适应最小误码率（NAMBER）递归的内核技巧的应用，如式（3-43）所示。

$$\Omega_k = \Omega_{k-1} - \mu I_k \frac{\Phi(x_k)^*}{\left\langle \Phi(x_k), \Phi(x_k) \right\rangle_H + T} \tag{3-43}$$

其中，$\Phi(\cdot)$ 是 $R^M \to H$ 的隐含特征图，*是复共轭的标志，μ 是步长大小，T 是一个很小的数，$\langle \cdot,\cdot \rangle_H$ 代表 RKHSH 内的内容，Ω_k 是在 k 时刻 RKHS 的隐含参数权重，$I_k = \tan h\left(\beta\left(y_k^R - s_{k-D}^R + 1\right)\right) + \tan h\left(\beta\left(y_k^R - s_{k-D}^R - 1\right)\right) + \mathrm{j}\left(\tan h\left(\beta\left(y_k' - s_{k-D}' + 1\right)\right) + \tan h\left(\beta\left(y_k' - s_{k-D}' - 1\right)\right)\right)$。

β 是一个固定的大的数来近似符号函数。第 k 个输出 y_k 表示为

$$y_k = -\mu \sum_{i=1}^{k-1} I_i \left\langle \Phi(x_i), \Phi(x_k) \right\rangle_H \tag{3-44}$$

利用 kernel 之后，y_k 变为

$$y_k = -\mu \sum_{i=1}^{k-1} I_i \kappa_{\gamma, C^d}(x_i, x_k) \tag{3-45}$$

其中，$\kappa_{\gamma, C^d}(x_i, x_{k+1}) = \exp\left(-\sum_{\forall q}\left(x_i^q - x_{k+1}^{q^*}\right)^2 \gamma\right)$。

稀疏 KMSER 在 KMSER 的基础上做了算法的改进。

① 初始化常数τ_1和τ_2，$D_1=\{x_1\},I_1=I_1,\mu$。

② 当$k\leqslant 10\,000$，则$y_k=-\mu\sum_{i=1}^{\left|D_k^{(i)}\right|} i_K^{(i)}\kappa_{\gamma,C^d}\left(D_k^{(i)},x_k\right)$。

③ $I_k=\tan h\left(\beta\left(y_k^R-s_{k-D}^R+1\right)\right)+\tan h\left(\beta\left(y_k^R-s_{k-D}^R-1\right)\right)+\mathrm{j}(\tan h(\beta(y_k'-s_{k-D}'+1))+\tan h(\beta(y_k'-s_{k-D}'-1)))$。

④ 如果$\min_i\left\|D_k^{(i)}-x_k\right\|\geqslant\tau_1$以及$\left|I_k\right|>\tau_2$，则$D_{k+1}=D_k\cup(x_k)$

⑤ $I_{k+1}=I_k\cup(l_k)$。

经过对比 linear DFE、volterra DFE、KLMS、KMSER 之后，可以看出 KMSER 在降低误码率和迭代次数上都有着优越的表现。

6. 单比特 Sigma–Delta 调制法

QIAN 等提出一种可以用在非线性可见光系统中的方法，如图 3-24 所示[14]。发送信号由一位 **Σ-Δ** 调制器（SDM）进行调制，这种方式与当前 LED 照明系统和 LED 驱动器兼容，一位 SDM 的输出等效于开关键控信号，因此不受系统非线性的影响。此外，LED 非线性对具有大 PAPR 的信号引入显著的失真。OOK 调制和可变脉冲位置调制（VPPM）是两级调制，可以避免非线性效应。另外，一比特 SDM 的输出可以像原始输入信号那样具有高的频谱效率，可以通过模拟滤波和数字信号处理在接收机处理带外量化噪声。模拟和实验结果验证了 SDM 可以显著提高 VLC 系统的性能。

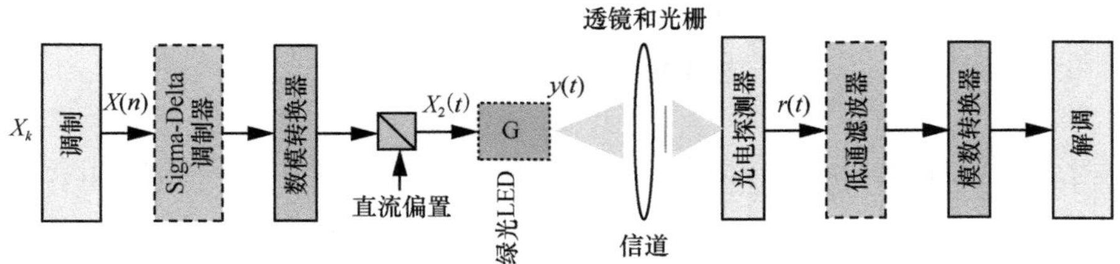

图 3-24　单比特 Sigma-Delta 调制法系统

LED 可以看成由无记忆非线性块和线性时变（LTI）块组成的 Hammerstein 系统。VLC 通道通常被认为是具有加性白高斯噪声（AWGN）的信道。发送接收机系统的基带等效模型可以写成

$$r(n)=\mathrm{LTI}f\left(x(n)\right)+v(n)=\sum_{d=0}^{D}\sum_{k=1}^{K}\alpha_d\beta_k x^k\left(n-d\right)+v(n) \tag{3-46}$$

其中，$r(n)$是接收的基带信号，$v(n)$是 AWGN，K 表示非线性的最高阶系数，D

表示 LTI 系统的延迟抽头的最大长度，β_k 是非线性特性系数，α_d 是 LTI 系统的系数。系统中输入的多电平信号用 SDM 量化为两电平输出信号。利用 SDM，单比特量化器的量化噪声被环路响应滤波器滤除，并且能使信号的 PAPR 降低。带内信号与量化噪声比率 SQNR 会随着噪声传递函数 *NTF* 的阶数 *K*、过采样率 *L* 和量化器精度的变大而增加。带内 SQNR 满足式（3-47）。

$$\mathrm{SQNR}=10.78-\mathrm{PAPR}-10\lg\left(\frac{\pi^{2K}}{2K+1}\right)+10(2K+1)\lg(L) \tag{3-47}$$

经过仿真实验研究，高阶 SDM 比低阶 SDM 能提供更好的带内 *SQNR*，LED 的频率响应可以抑制 SDM 的带外噪声。利用单比特 SDM 更适合一些 PAPR 较高的信号，VLC 系统也会呈现更好的 BER、EVM 等性能。

7. 利用 M-CMMA 更新非线性权重均衡法

WANG 等实现了利用 Volterra 级数的非线性均衡法来降低非线性效应对 WDM CAP64 可见光系统的影响，实现方式如图 3-25 所示。改进的级联多模态算法（M-CMMA）用来计算误码方程并且在不用训练符号的情况下更新非线性均衡的权重[15]。

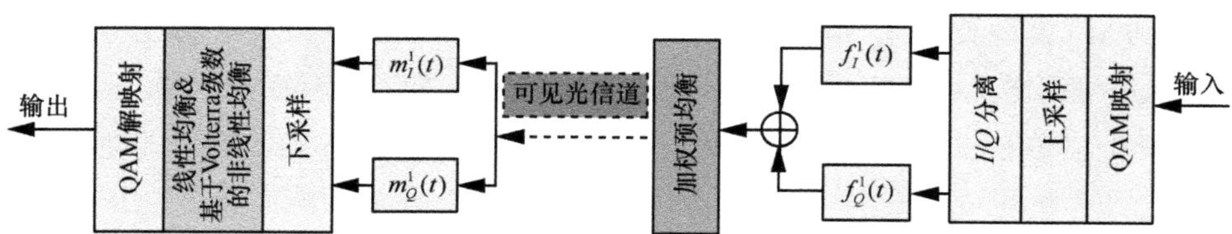

图 3-25　CAP64 可见光流程

考虑计算复杂度和均衡的效果，只考虑二阶，高阶的忽略。均衡器的输出表示为

$$y(n)=y_l(n)+y_{nl}(n)=\sum_{i=0}^{N-1}w_i(n)(n-i)+\sum_{k=0}^{NL-1}\sum_{l=k}^{NL-1}w_{kl}(n)(n-k)(n-l) \tag{3-48}$$

其中，$y_l(n)$ 是线性部分的输出，$y_{nl}(n)$ 是非线性部分的输出。*N* 和 *NL* 是线性和非线性均衡器的抽头数。$w_i(n)$ 和 $w_{kl}(n)$ 是线性和非线性的权重。在本文所实现的可见光系统中线性和非线性的抽头系数分别是 45 和 25。非线性均衡器的权重更新为

$$W_{kl_{11}}(n+1)=W_{kl_{11}}(n)+\mu\varepsilon_I M_I x_I(n-k)x_I(n-1) \tag{3-49}$$

$$W_{kl_{12}}(n+1)=W_{kl_{12}}(n)+\mu\varepsilon_I M_I x_Q(n-k)x_Q(n-1) \tag{3-50}$$

$$W_{kl_{21}}(n+1)=W_{kl_{21}}(n)+\mu\varepsilon_Q M_Q x_I(n-k)x_I(n-l) \tag{3-51}$$

$$W_{kl_{22}}(n+1)=W_{kl_{22}}(n)+\mu\varepsilon_Q M_Q x_Q(n-k)x_Q(n-l) \tag{3-52}$$

CAP 调制根升余弦滤波器滚降系数为 0.02，CAP 信号由任意波形发生器（AWG）产生，调制带宽为 250 MHz，产生的 CAP 信号先经过一个 T 桥硬件预均衡器实现高频部分的频谱补偿，T 偏置器决定直流偏压，3 个灯作为发射机。接收端采用商用 PIN 光电探测器（前面安装一个透镜来聚光、RGB 滤光器滤光），PIN 后加电放大器（Electrical Amplifier，EA）进行信号放大，数字存储示波器记录数据进行离线处理。离线处理的信号，首先进行 CAP 解调，其次后均衡使用线性均衡和基于 Volterra 级数的非线性均衡，M-CMMA 用来计算误差函数和更新线性和非线性的权重。最后由 QAM 解映射实现原始数据的恢复。

实验表明，该方法能够完成 2 m 的室内自由空间的传输，速率能够达到 4.5 Gbit/s，误码率能够降低在门限 3.8×10^{-3} 以下，加上非线性均衡器使得 Q 因子有 1.6 dB 的提升。

8. 无记忆功率级数非线性预失真法

ZHOU 等提出了一种新的无记忆功率级数（MPS）的自适应非线性预失真方案（如图 3-26 所示），以减轻端到端 VLC 系统的非线性损伤。该方法与基于 Volterra 级数均衡法相比，大幅度地降低了计算复杂度。通过实验验证了基于 MPS 的预失真器可以提高系统性能[16]。

实验不考虑记忆深度的情况，基于 MPS 的预失真器的适应性是基于训练符号实现的。经过 IFFT 的发射信号为 $x(n)$，未经过预失真的接收信号为 $y(n)$，K 表示信道非线性的阶数。利用训练序列进行估计信道的多项式系数，用来进行预失真。D_k 由式（3-53）得到。

$$x(n)=D_1 y_s(n)\,|\,y_s(n)\,|+\cdots+D_{k-1}y_s(n)\,|\,y_s(n)\,|^{k-1}=\sum_{k=0}^{K-1}D_k y_s(n)\,|\,y_s(n)\,|^{k} \tag{3-53}$$

一旦得到该系数之后就不再发生改变，信号的产生、传递、接收与处理同 WANG 等所做的实验相类似，此处不再赘述。

最后，通过实验证明了利用基于 MPS 的预失真器的 16QAM-OFDM VLC 系统速率可达到 1.6 Gbit/s，验证了该方案的可行性。随后观察了 EVM，当 K 值改变时 EVM 也会发生改变，实验发现 K 为 7 时效果最好，并不是 K 越大越好。

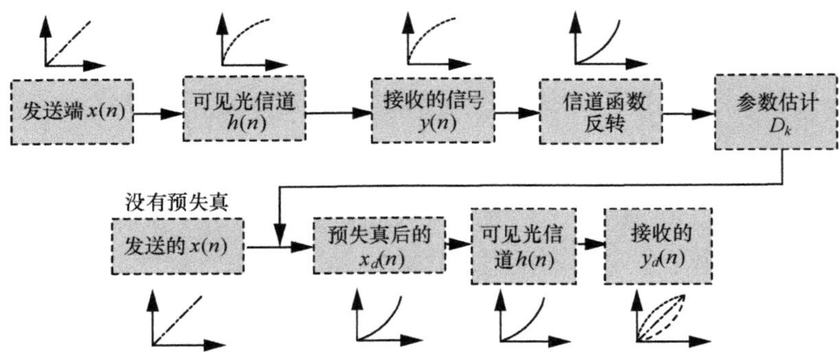

图 3-26　MPS 的预失真算法

9. 抗非线性方法总结

上文介绍了现有几种比较常见的解决 LED 非线性影响的方法，有些方法是不需要外加器件的，有些需要借助其他的一些器件来实现，但是最终都会带来非线性效应的降低，改善 VLC 系统的性能。将上述讨论的技术进行比较，见表 3-1。

表 3-1　可见光通信中解决 LED 非线性影响的常见方法比较

方法	位置	额外物理电路	记忆性	计算复杂度	频域/时域
软削波法	发射端	无	无	低	频域
迭代信号限幅法	发射端	有	无	无	无
线性频域补偿法	发射端	无	无	低	频域
基于切比雪夫多项式的自适应预失真补偿法	发射端	有	有	中等	时域
稀疏 KMSER 后失真法	接收端	无	无	中等	时域
单比特 Sigma-Delta 调制法	发射端	有	无	低	时域
利用 M-CMMA 更新非线性权重均衡法	接收端	无	有	中等	频域
无记忆功率级数非线性预失真法	发射端	无	有	低	频域

3.6　本章小结

本章首先对通用 LED 的频率响应模型进行了建模分析，其次介绍了实验常用的几种 LED 的物理特性与调制带宽，并对室内外可见光通信的通信链路进行了建模分析。最后简要阐述了可见光通信系统中 LED 的非线性效应，并对目前可行的抗非线性算法进行了介绍总结。

参考文献

[1] MINH H L, O'BRIEN D, FAULKNER G, et al. 100 Mbit/s NRZ visible light communications using a post equalized white LED[J]. IEEE Photonics Technology Letters, 2009, 21(15): 1063-1065.

[2] BARRY J R, KAHN J M. Simulation of multipath impulse response for indoor wireless optical channels [J]. IEEE Journal on Selected Areas in Communications, 1993, 11(3): 367-379.

[3] KAHN J M, BARRY J R. Wireless infrared communications[J]. Proceedings of the IEEE, 1997, 85(2): 265-298.

[4] CARRUTHERS J B, KANNAN P. Iterative site-based modeling for wireless infrared channels[J]. IEEE Transactions on Antennas and Propagation, 2002, 50(5): 759-765.

[5] CARRUTHERS J B, CARROLL S M, KANNAN P. Propagation modelling for indoor optical wireless communications using fast multi-receiver channel estimation[J]. IEEE Proceedings on Optoelectronics, 2003, 150(5): 473-481.

[6] TRONGHOP D, HWANG J, JUNG S, et al. Modeling and analysis of the wireless channel formed by LED angle in visible light communication[C]//2012 International Conference on Information Networking (ICOIN), February 1-3, 2012, Bali, Piscataway: IEEE Press, 2012: 354-357.

[7] NAKAGAWA M. Fundamental analysis for visible-light communication system using LED Lights[J]. IEEE Transactions on Consumer Electronics, 2004,50(1): 100-107.

[8] ELGALA H, MESLEH R, HASS H. An LED model for intensity-modulated optical communication systems[J]. IEEE Photonics Technology Letters, 2010, 22(11): 835-837.

[9] ELGALA H, MESLEH R, HASS H. Non-linearity effects predistortion in optical OFDM wireless transmission using LEDs[J]. International Journal of Ultra Wideband Communications & Systems, 2009, 1(2): 143-150.

[10] MESLEH R, ELGALA H, LITTLE T D C. A novel method to mitigate LED nonlinearity distortions in optical wireless OFDM systems[C]//Optical Fiber Communication Conference and Exposition and the National Fiber Optic Engineers Conference, March 17-21, 2013, Anaheim, Piscataway: IEEE Press, 2013: 1-3.

[11] PENG L, HAESE S, HELARD M. Frequency domain LED compensation for nonlinearity mitigation in DMT systems[J]. IEEE Photonics Technology Letters，2013，25(20): 2022-2025.

[12] MITRA R, BHATIA V. Chebyshev polynomial-based adaptive predistorter for nonlinear LED compensation in VLC[J]. IEEE Photonics Technology Letters, 2016, 28(10): 1053-1056.

[13] MITRA R, BHATIA V. Adaptive sparse dictionary based kernel minimum symbol error rate post-distortion for nonlinear LEDs in visible light communications[J]. IEEE Photonics Journal, 2016, 8(4): 1.

[14] QIAN H, CHEN J, YAO S, et al. One-bit sigma-delta modulator for nonlinear visible light communication systems[J]. IEEE Photonics Technology Letters, 2015, 27(4): 419-422.

[15] WANG Y, TAO L, HUANG X, et al. Enhanced performance of a high-speed WDM CAP64 VLC system employing volterra series-based nonlinear equalizer[J]. IEEE Photonics Journal, 2015, 7(3): 1-7.

[16] ZHOU Y J, ZHANG J W, WANG C, et al. A novel memoryless power series based adaptive nonlinear pre-distortion scheme in high seed visible light communication[C]//Optical Fiber Communication Conference 2017, March 19-23, 2017, Los Angeles, Piscataway: IEEE Press, 2017.

第 4 章 VLC 系统先进调制技术

可见光通信系统中 LED 调制带宽非常有限，目前商用 LED 的 3 dB 带宽只有几 MHz。为了提升系统的传输速率，除了从 LED 结构、驱动电路设计上拓展其带宽之外，采用高谱效率的先进调制技术也是重要途径之一。本章将重点阐述 OOK、PPM、PMW、PAM、DMT、OFDM、CAP 和 DFT-SOFDM 这几种调制技术的原理、实现以及各自的优缺点[1-18]。

4.1 通断键控调制技术

通断键控是通信系统中最基础最常见的调制技术，通常以单极性不归零码序列来控制正弦载波的开启与关闭。在 OOK 中，载波的幅度只有两种变化状态，分别对应二进制信息“0”或者“1”。

即当发送码元“1”时，正弦载波的振幅为 A，当发送码元“0”时，载波振幅为 0[3]。

$$e_{\text{OOK}}(t)=\begin{cases}A\cos\omega_c t, & \text{以概率}P\text{发送“1”时}\\ 0, & \text{以概率}1-P\text{发送“0”时}\end{cases} \tag{4-1}$$

OOK 信号的波形如图 4-1 所示，信号载波在二进制基带信号 $s(t)$控制下通断变化。

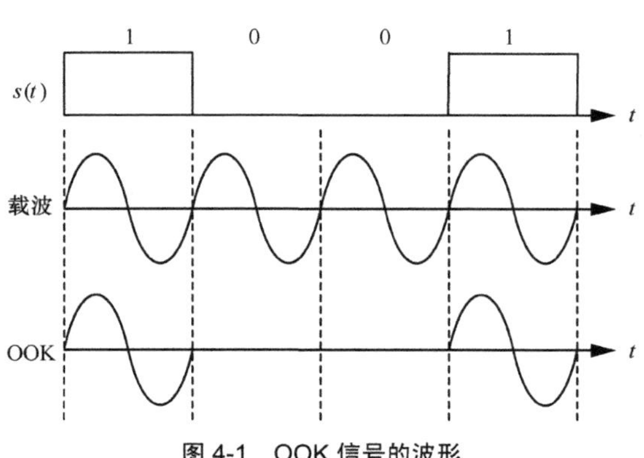

图 4-1　OOK 信号的波形

OOK 信号的一般表达式为

$$e_{\mathrm{OOK}}(t)=s(t)\cos\omega_c t \tag{4-2}$$

其中，$s(t)=\sum_n a_n g(t-nT_s)$，为二进制单极性基带信号。通常假设 $g(t)$是高度为 1、宽度为 T_s 的矩形脉冲，a_n 为二进制码元序列，取值为 1 或者 0。

OOK 调制技术的最大特点就是系统实现非常简单、成本低，因此早期的可见光通信系统普遍采用了 OOK 作为调制方式实现可见光传输。如牛津大学 O'BRIEN 教授在 2008 年就利用 OOK 信号实现了 40 Mbit/s 和 80 Mbit/s 的可见光传输。随着均衡技术的发展，基于 OOK 调制的可见光通信系统传输速率也在不断提升，日本的 FUJIMOTO 等利用预均衡电路在 2014 年实现了 OOK 信号的 662 Mbit/s 可见光传输[4]。

4.2　脉冲位置调制和脉冲宽度调制技术

脉冲位置调制最早由 PIERCE 提出，并且应用到空间通信中[6]。PPM 通过改变信号在发送时域周期中的位置，从而实现信号调制。对于一个二进制的 n 位发送数据，发射端首先将信号周期 T 分成 $N=2^n$ 个时隙，每个时隙宽度为 T/N。然后将数据分别映射到不同时隙的单脉冲信号上。若将 n 位数据组成集合 $M=(m_1,m_2,\cdots,m_n)$，将时隙位置记为 K，则 PPM 的映射编码关系为

$$K=m_1+2m_2+\cdots+2^{n-1}m_n, K\in\left\{0,1,\cdots,2^n-1\right\} \tag{4-3}$$

对于一个 4-PPM，信号“00”所对应的位置为 0 时隙，“10”对应的位置为 1 时隙，“01”对应的位置为 2 时隙，“11”对应的位置为 3 时隙，如图 4-2 所示。

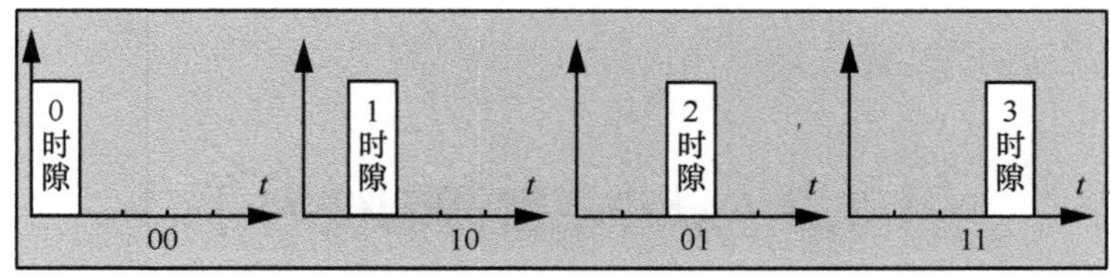

图 4-2　4-PPM

与 OOK 调制类似，PPM 也具有实现简单、成本低的特点，同时和 OOK 相比 PPM

避免了直流和频谱的低频分量，因此具有更高的功率效率。但是 PPM 带来了信号频谱的展宽，不利于在带宽严重受限的可见光通信系统中应用。此外在接收机端 PPM 信号需要更复杂的符号与时隙同步过程，也不利于系统的实现。2011 年，RUFO 等利用 PPM 和差分 PPM 技术实现了 2 Mbit/s 的视频可见光信号传输[14]。

脉冲宽度调制（Pulse Width Modulation，PWM）主要通过改变信号矩形波的占空比来实现调制。占空比大小决定了信号发送的平均功率，因此 PWM 在可见光通信中常被用作 LED 的调光和功率控制，且 PWM 可以通过数字处理方式实现，不需要复杂的模拟电路。图 4-3（a）～图 4-3（c）所示的是 10%、50%和 75% 3 种不同占空比的 PWM 信号波形。

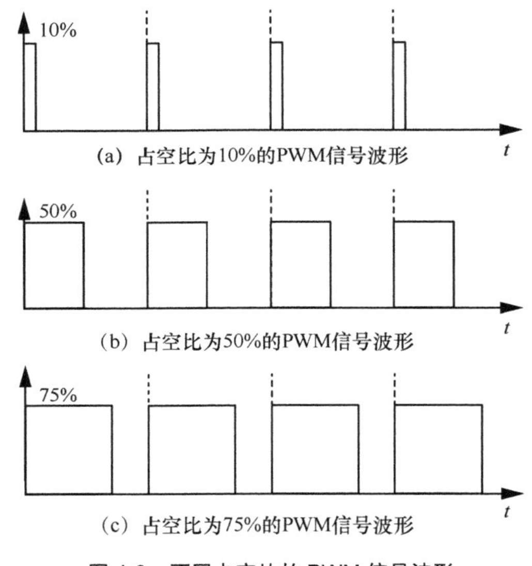

图 4-3　不同占空比的 PWM 信号波形

日本的 SUGIYAMA 等在 2007 年已经提出了采用 PWM 技术同时实现可见光调光、照明无线通信的功能。

4.3　脉冲幅度调制技术

脉冲幅度调制是一种简单灵活的一维多阶调制技术，它仅对信号的强度进行调制，即只生成实信号。可见光通信系统中 PAM 技术原理如图 4-4 所示[15]。

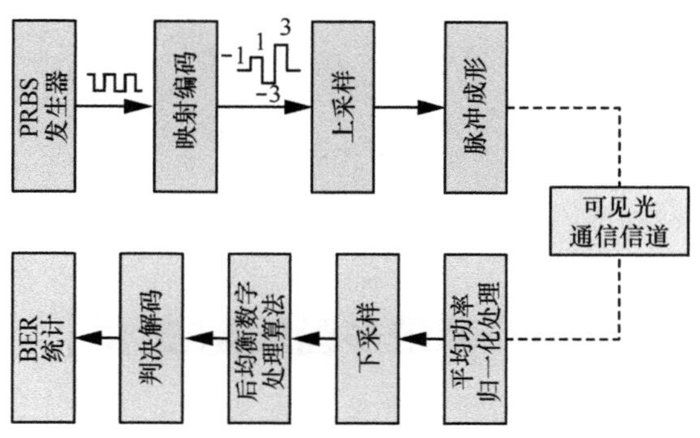

图 4-4　基于可见光通信系统的 PAM 技术原理

在发射端，首先产生原始的数据比特流，即 0101…01 的二进制随机序列，然后对其进行 PAM 符号的映射编码。对于 PAM-4，将每两个数据比特编成一位码，每个码间的符号间隔为 2。其中，00 对应−3，01 对应−1，10 对应 1，11 对应 3。相应地，对于 M 阶 PAM，将每 $\text{lb}M$ 数据比特编成一位码，相应的符号电平为$-(M-1)\sim M-1$，相邻符号的间隔为 2。若一个信号的符号电平数为 M，期望的比特率为 R，则符号速率 D 可降低为原来的 $\frac{1}{\text{lb}M}$，即

$$D=\frac{R}{\text{lb}M} \tag{4-4}$$

PAM 编码后，将输出的信号进行 N 倍上采样，即对于一个数据用相同的 N 个数据表示或者在相邻数据之间插入 $N-1$ 个零。上采样的目的是实现频谱的 N 次周期延拓。上采样后将进行脉冲成形以生成时域波形，常用的脉冲成形有矩形脉冲成形，升余弦（RC）脉冲成形，均方根升余弦（RRC）脉冲成形等。脉冲成形后的时域信号将通过 LED 发射到自由空间中进行光信号的传输[17]。

由于信号在传输过程中幅度受到衰减，在接收端首先需要对接收信号进行平均功率归一化处理，即将接收信号乘以接收信号平均功率和发射信号平均功率的比值。然后，对归一化的信号进行 N 倍下采样，并加入后均衡的数字处理算法，以补偿信号在传输过程中的衰减与失真。最后通过一个解码器进行判决解码即可得到原始的数据比特。对于 M 阶的 PAM 信号，解码时设定 $M-1$ 个判决门限，每个判决门限为两个相邻符号的平均值。

PAM 信号的表达式如式（4-5）和式（4-6）所示。

$$s(t)=\sum_{n=0}^{M-1}a_nP(t-nT) \tag{4-5}$$

$$a_n=-M+1,\ -M+3,\ \cdots,M-3,\ M-1 \tag{4-6}$$

其中，M为编码阶数，a_n为编码后的符号，T为采样间隔，$P(t)$为时域脉冲响应。

4.4 离散多音调制技术

离散多音调制，也称直接检测-正交频分复用（Direct Detection Orthogonal Frequency Division Multiplexing，DD-OFDM）调制，是OFDM技术中的一种[22]。它主要利用快速傅里叶反变换（IFFT）将复数信号转换为实数信号进行时域信号的传输，其系统如图4-5所示。DMT是一种多载波调制技术，具有较高的频谱效率和灵活的编码阶数。它最大的优点在于将频谱分割为多个互相正交的子频段，实现了频谱的高效复用。此外，正交的子带还具有很强的抗衰落与抗窄带干扰能力，减轻了信号的码间干扰[9]。

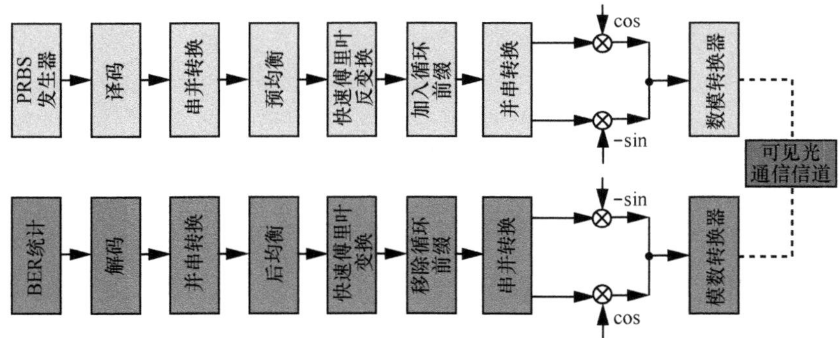

图4-5 DMT系统

但DMT系统也存在一些缺陷，其中最主要的问题是多载波调制带来的PAPR，使得信号抗非线性失真的性能很差。同时，较高的PAPR也会增加模数转换器和数模转换器的复杂性。因而，相比于单载波系统，DMT调制系统对放大器的线性范围有更高的要求，降低了放大器的效率和系统的动态范围。另一个影响系统性能的因素是多载波间干扰（ICI）引入的频偏，且由于采样模块的晶振不稳定导致的采样频偏也会影响系统的性能。采样频偏会导致接收信号的副载波网格不匹配，从而引起信号变形。由于在接收端需要对信号进行 FFT，一个副载波信号的变形经过 FFT 后分布到整个频带上，从而导致整个频带信号的失真。

4.5 正交频分复用调制技术

正交频分复用是一种新型高效的编码技术，是多载波调制的一种。它能有效地抵抗多径干扰，使受干扰的信号仍能可靠地接收，而且信号的频带利用率也大大提高。1971 年，WEINSTEIN 和 EBEN 提出使用离散傅里叶变换实现 OFDM 系统中全部调制和解调功能的方案，简化了振荡器阵列以及相关接收机中本地载波之间严格同步的问题，为实现 OFDM 的全数字化方案奠定了理论上的基础。20 世纪 80 年代以后，随着数字信号处理（DSP）技术的发展和对高速数据通信需求的增长，OFDM 技术再一次成为研究热点。OFDM 技术之所以越来越受关注，是因为它有很多独特的优点[13]。

① 频谱利用率很高，频谱效率比串行系统高近一倍。这一点在频谱资源有限的无线环境中很重要。

② 抗多径干扰与频率选择性衰落能力强。由于 OFDM 系统把数据分散到许多个子载波上，大大降低了各子载波的符号速率，从而减弱多径传播的影响，若再采用加入循环前缀作为保护间隔的方法，甚至可以完全消除由多径引起的符号间干扰。

③ 采用动态子载波分配技术能使系统达到最大比特率。通过选取各子信道，每个符号的比特数以及分配给各子信道的功率使系统总比特率最大。

④ 通过各子载波的联合编码，可使其具有很强的抗衰落能力。OFDM 技术本身已经利用了信道的频率分集。再通过将各个信道联合编码，可以使系统性能得到进一步提高。

⑤ 基于离散傅里叶变换（DFT）的 OFDM 有快速算法，OFDM 采用 IFFT 和 FFT 来实现调制和解调，易用 DSP 实现。

OFDM 技术的基本思想是将高速串行数据变换成多路相对低速的并行数据调制到每个子载波上进行传输[10]。这种并行传输技术大大扩展了符号的脉冲宽度，提高了抗多径衰落的性能。正交信号可以通过在接收端采用相关技术分开，减少子载波间的相互干扰。每个子载波上的信号带宽小于信道的相关带宽，因此每个子载波上可以看成平坦性衰落，从而消除符号间干扰。传统的频分复用方法中各个子载波的频谱是互不重叠的，需要使用大量的发送滤波器和接收滤波器，这样就大大增加了系统的复杂度和成本。同时，为了减小各个子载波间的相互串扰，各子载波间必须保持足够的频率间隔，这样会降低系统的频谱利用率。而现代 OFDM 系统采用数字信号处理技术，各子载波的产生和接收都由数字信号处理算法完成，极大地简化了系统的结构[11]。同时为了提高频谱利用率，使各子载波上的频谱相互重叠，但这些频谱在整个符号周期内满足正交性，从而保证接收端可以不失真地复原信号。

OFDM 产生和探测的流程如图 4-6 所示[12]。发射端包括 QAM 映射、快速傅里叶反变换、加入循环前缀和并串转换；接收端和发射端流程相反。在发射端，信息序列经过串并转换变成 N 个并行符号，并在每个支路进行单独调制。调制后的并行符号经过快速傅里叶反变换变成 N 个不同子载波的集合，然后再加上保护间隔。这样 OFDM 信号就产生了。产生的 OFDM 信号通过功率放大器放大后，再通过直流偏置，使信号工作在 LED 的工作区。信号经过 LED 变成光强度信号被发射出去。在接收端，经过光电探测器（Photoelectric Detector，PD）光强度信号转换为电流信号，这样就接收了 OFDM 已调制信号，经过 OFDM 解调之后，原始信号被还原出来。循环前缀的作用是避免多径干扰产生的时延[5]。

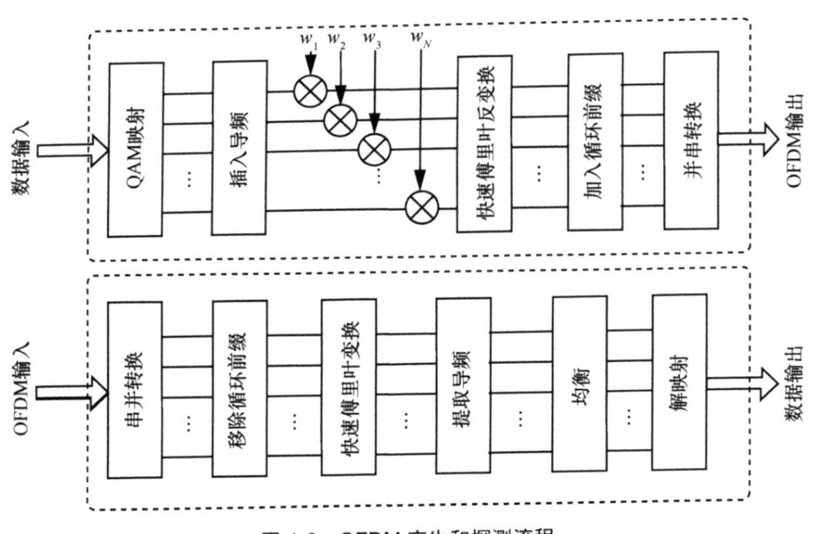

图 4-6　OFDM 产生和探测流程

OFDM 调制技术目前已经广泛应用在可见光通信中，包括离线系统和实时系统。但是 OFDM 也有一些缺点，主要包括两点：PAPR 值很大，对频偏特别敏感。

4.6　无载波幅度相位调制技术

无载波幅度相位调制方式是一种多维多阶的调制技术，在 20 世纪 70 年代首先由贝尔实验室提出[7]。采用这种调制技术，可以在有限带宽的条件下实现高频谱效率的高速传输。和传统的 QAM 与 OFDM 调制方式相比，CAP 调制采用了两个相互正交的数字滤波器。这样做的优点在于 CAP 调制不再需要电或者光的复数信号到实数信号的转换，这种转化通常需要一个混频器、射频源或者一个光 IQ 调制器来实现[8]。与此同时，相比于 OFDM 调制，CAP 调制也不再需要采用离散傅里叶变换，从而极大减少了计算复杂度和系统的结构。因此 CAP 调制适用于需要低复杂度的系统中，如 PON、VLC。

典型的 CAP 调制系统发射机与接收机结构如图 4-7 和图 4-8 所示[19]。

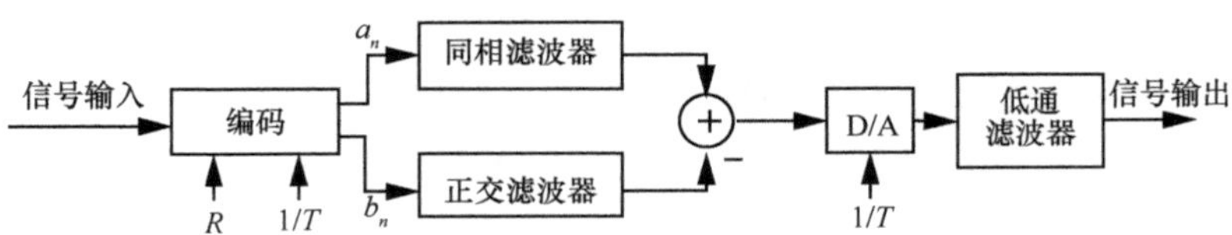

图 4-7　CAP 调制系统发射机结构

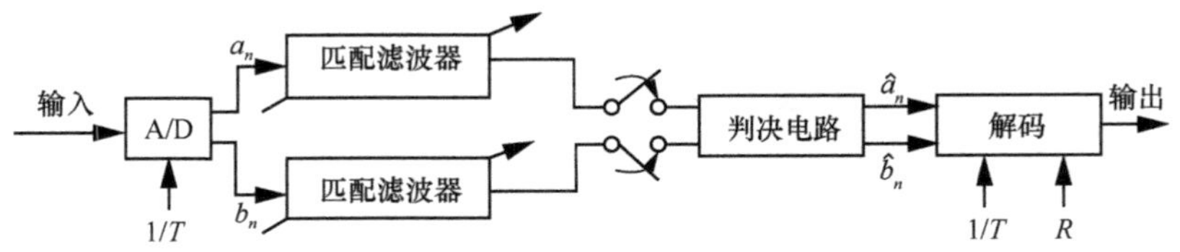

图 4-8　CAP 调制系统接收机结构

从图 4-7 可以看出，CAP 调制在发射端采用了两个相互正交的滤波器，通过控制成型滤波器的系数与阶数产生信号，进行高阶调制，占有的频带宽度窄，且不需要混频器；而在接收机端通过自适应滤波器进行恢复，结构比较简单。

CAP 调制信号可以如下表示[20]。

$$s(t) = a(t) \otimes f_1(t) - b(t) \otimes f_2(t) \tag{4-7}$$

其中，$a(t)$和 $b(t)$是 I 路和 Q 路的原始比特序列经过编码和上采样之后的信号。$f_1(t)=g(t)\cos(2\pi f_c t)$ 和 $f_2(t)=g(t)\sin(2\pi f_c t)$ 是对应的成型滤波器的时域函数，它们形成一对希尔伯特变换对。

假设传输信道是理想的，在接收机端两个匹配滤波器的输出可以表示如下[12]。

$$\begin{aligned} r_i(t)=s(t)\otimes m_1(t)=(a(t)\otimes f_1(t)-b(t)\otimes f_2(t))\otimes m_1(t) \\ r_q(t)=s(t)\otimes m_2(t)=(a(t)\otimes f_1(t)-b(t)\otimes f_2(t))\otimes m_2(t) \end{aligned} \tag{4-8}$$

其中，$m_1(t)=f_1(-t)$ 和 $m_2(t)=f_2(-t)$ 是对应的匹配滤波器的脉冲响应。利用对应的匹配滤波器在接收端就可以解调出原始信号。

CAP 调制由于其结构简单、计算复杂度较低的特点，在可见光通信中具有很大的应用价值[21]。

4.7 离散傅里叶扩频的正交频分复用调制技术

离散傅里叶扩频的正交频分复用（Discrete Fourier Transform-Spread OFDM，DFT-S OFDM）是一种新提出的降低 OFDM 系统中 PAPR 的方法。该方法是在 OFDM 的基础上，在发射端做正常的 OFDM 之前先做一次离散傅里叶变换（DFT），接收端再相应地做相反的操作，即离散傅里叶反变换（IDFT）。发射端的 DFT 操作，可以有效地避免 OFDM 中出现的时域子载波同时达到最高值，叠加之后产生较高峰值的问题，从而降低系统的 PAPR。

图 4-9 和图 4-10 所示为 DFT-S OFDM 的原理及信号变化简要流程。首先，将原始信号如 M-QAM 信号分成 M 组，每组包含 N 个点。以 M=2 为例，即将原始 QAM 信号分成 Set 1，Set 2。然后将 M 个组的数据分别进行 N 点的 DFT，将信号变到频域对应数据块 DFT-S 1 和 DFT-S 2。然后进行数据块分配，将 DFT-S 1 和 DFT-S 2 这两个数据块按一定规律重新组合之后得到 2N 点的 DFT-S ALL。这里的 DFT-S ALL 和 OFDM 结构中的频域数据对应。随后对 DFT-S ALL 整体做 2N 点的 IDFT，将频域数据变换到时域，进行时域传输（时域传输时，复数信号需要做上变频并加入循环前缀）。接收端解调时，做相反操作即可。对时域数据下变频，移除循环前缀后，对数据做整体的 2N 点的 DFT 变换到频域。所得的频域信号再进行频带的划分，分成两个 Set。Set 1 和 Set 2 分别做 N 点的 IDFT 即可恢复到原始的发射序列。

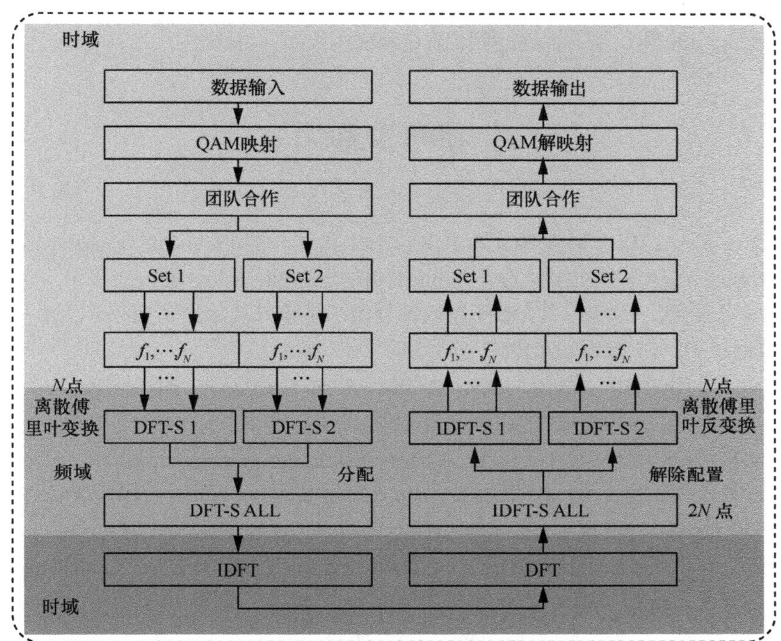

图 4-9 DFT-S OFDM 原理

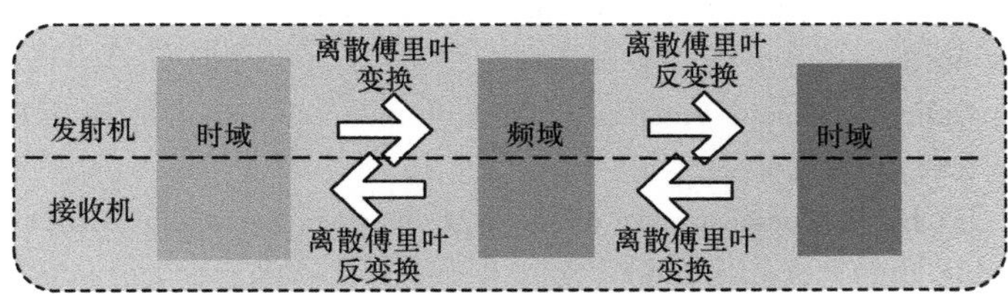

图 4-10 DFT-S OFDM 信号变化简要流程

简而言之，DFT-S OFDM 就是在 OFDM 上多了一对 DFT 和 IDFT 的变换。这样的结构可以有效降低 PAPR。这是因为先做一次 DFT 可以让原始数据变换到时域后避免子载波时域数据同时达到最高值。

4.8 本章小结

本章围绕可见光通信系统信号调制技术进行了阐述，介绍了 OOK、PPM、PWM 等几种传统调制技术以及 PAM、DMT、OFDM、CAP 和 DFT-S OFDM 等几种先进高阶调制技术的原理、实现以及各自的优缺点。

参考文献

[1] COSSU G, KHALID A M, CHOUDHURY P, et al. 3.4 Gbit/s visible optical wireless transmission based on RGB LED[J]. Opt. Express, 2012, 20(26): B501-B506.

[2] 李荣玲, 汤婵娟, 王源泉, 等. 基于副载波复用的多输入单输出正交频分复用 LED 可见光通信系统[J]. 中国激光, 2012(11): 49-53.

[3] KOMINE T, HARUYAMA S, NAKAGAWA M. Bidirectional visible-light communication using corner cube modulator[J]. IEIC Tech., 2003, 102: 41-46.

[4] FUJIMOTO N, YAMAMOTO S. The fastest visible light transmissions of 662 Mbit/s by a blue LED, 600 Mbit/s by a red LED, and 520 Mbit/s by a green LED based on simple OOK-NRZ modulation of a commercially available RGB-type white LED using pre-emphasis and post-equalizing techniques[C]//2014 The European Conference on Optical Communication (ECOC), sept. 21-25, 2014, Cannes, Piscataway: IEEE Press, 2014: 1-3.

[5] WANG Y Q. 875 Mbit/s asynchronous Bi-directional 64QAM-OFDM SCM-WDM transmission over RGB-LED-based visible light communication system[C]//Optical Fiber Communication Conference, Optical Society of America, March 17-21, 2013, Anaheim, Piscataway: IEEE Press, 2013.

[6] PIERCE J. Optical channels: Practical limits with photo counting[J]. IEEE Transactions on Communications, 1978, 26(12): 1819-1821.

[7] WANG Y Q, CHI N. Demonstration of high-speed 2×2 non-imaging MIMO Nyquist single carrier visible light communication with frequency domain equalization[J]. Journal of Lightwave Technology, 2013, 32(11): 2087-2093.

[8] WANG Y Q, SHI J Y, YANG C, et al. Integrated 10 Gbit/s multilevel multiband passive optical network and 500 Mbit/s indoor visible light communication system based on Nyquist single carrier frequency domain equalization modulation[J]. Optics Letters, 2014, 39(9): 2567-2579.

[9] WANG Y Q, YANG C, WANG Y G, et al. Gigabit polarization division multiplexing in visible light communication[J]. Optics Letters, 2014, 39(7): 1823-1826.

[10] WANG Y Q, CHI N. Asynchronous multiple access using flexible bandwidth allocation scheme in SCM-based 32/64QAM-OFDM VLC system[J]. Photonic Network Communications, 2014, 27(2): 57-64.

[11] CHI N, WANG Y Q, WANG Y G, et al. Ultra-high speed single RGB LED based visible light communication system utilizing the advanced modulation formats[J]. Chinese Optics Letters, 2014, 12(1): 010605.

[12] WANG Y Q, LI R L, WANG Y G, et al. 3.25 Gbit/s visible light communication system based

on single carrier frequency domain equalization utilizing an RGB LED[C]//Optical Fiber Communication Conference 2014, March 9-13, 2014, San Francisco, Piscataway: IEEE Press, 2014.

[13] WANG Y Q, CHI N, WANG Y G, et al. High-speed quasi-balanced detection OFDM in visible light communication[J]. Opt. Express, 2013, 21(23): 27558-27564.

[14] RUFO J, QUINTANA C, DELGADO F, et al. Considerations on modulations and protocols suitable for visible light communications (VLC) channels low and medium baud rate indoor visible ligth communications links[C]//2nd IEEE CCNC Research Student Workshop, Jan. 9-12, 2011, Las Vegas, Piscataway: IEEE Press, 2011.

[15] STEPNIAK G, MAKSYMIUK L, SIUZDAK J. 1.1 Gbit/s white lighting LED-based visible light link with pulse amplitude modulation and Volterra DFE equalization[J]. Microwave and Optical Technology Letters, 2015, 57(7): 1620-1622.

[16] GRZEGORZ S, MAKSYMIUK L, SIUZDAK J. Experimental comparison of PAM, CAP, and DMT modulations in phosphorescent white LED transmission link[J]. IEEE Photonics Journal, 2015, 7(3): 1-8.

[17] CHI N, ZHANG M, ZHOU Y J, et al. 3.375 Gbit/s RGB-LED based WDM visible light communication system employing PAM-8 modulation with phase shifted Manchester coding[J]. Optics Express, 2016, 24(19): 21663-21673.

[18] WANG Y G, HUANG X X, TAO L, et al. 4.5 Gbit/s RGB-LED based WDM visible light communication system employing CAP modulation and RLS based adaptive equalization[J]. Optics Express, 2015, 23(10): 13626-13633.

[19] WANG Y G, TAO L, HUANG X X, et al. 8 Gbit/s RGBY LED-based WDM VLC system employing high-order CAP modulation and hybrid post equalizer[J]. IEEE Photonics Journal, 2015, 7(6): 1-7.

[20] WU F M, LIN C T, WEI C C, et al. 1.1 Gbit/s white-LED-based visible light communication employing carrier-less amplitude and phase modulation[J]. IEEE Photonics Technology Letters, 2012, 24(19): 1730-1732.

[21] WU F M, LIN C T, WEI C C, et al. 3.22 Gbit/s WDM visible light communication of a single RGB LED employing carrier-less amplitude and phase modulation[C]//Optical Fiber Communication Conference, March 17-21, 2013, Anaheim, Piscataway: IEEE Press, 2013.

[22] ZHU X, WANG F M, SHI M, et al. 10.72 Gbit/s visible light communication system based on single packaged RGBYC LED utilizing QAM-DMT modulation with hardware pre-equalization[C]//Optical Fiber Communication Conference, Optical Society of America, March 11-15, 2018, San Diego, U.S.: OSA, 2018.

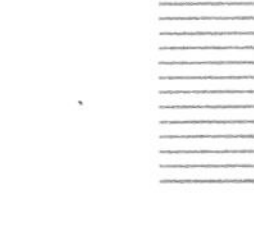

第5章 可见光通信预均衡技术

预均衡技术主要用来补偿可见光通信系统中的信道频率衰落。在可见光通信系统中，多载波传输系统是传输高速数据的主要手段，而硬件预均衡电路也只适合于传统的 OOK 调制方式。在实验中使用任意波形发生器、电放大器时，均衡器在很宽频带范围内的阻抗特性不可忽略，因此在设计均衡器时需要认真考虑其性能要求。

| 5.1 预均衡原理 |

在本节中，我们将介绍一种适用于高速可见光系统的单级桥 T 型幅度均衡器。该均衡器具有优异的线性度和阻抗匹配性能，在实际应用中可以满足性能要求，实现高速可见光通信数据传输。

在采用预均衡技术的条件下，荧光粉 LED 的 3 dB 调制带宽可以由 2 MHz 扩展到 25 MHz；将蓝光过滤与多谐振预均衡技术相结合，则可以进一步将调制带宽提高到 45 MHz。于是在此系统中，以 NRZ-OOK 调制方式就可以实现 80 Mbit/s 的传输速率。图 5-1 所示为采用多谐振预均衡技术的可见光通信系统。

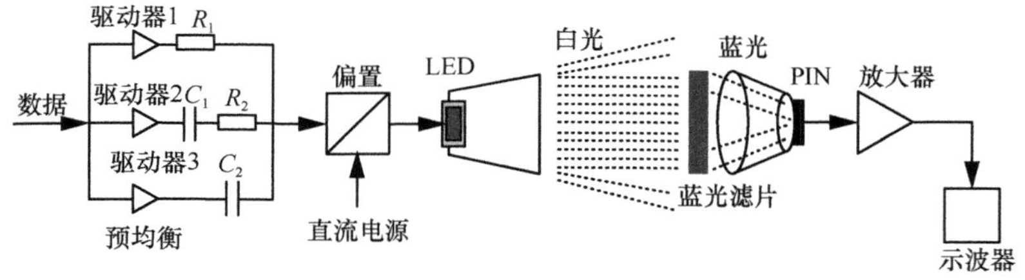

图 5-1 采用多谐振预均衡技术的可见光通信系统

此系统采用商用的荧光粉 LED 作为 VLC 发射机。LED 由直流（DC）电源驱动，以获得所需要的亮度。原始的数据经过驱动器 1～3（BUFF634T）预均衡之后，再通过偏置与直流信号合为一路信号。其中直流电流为 200 mA，在保证照明条件的同时，确保器件工作在线性区域。VLC 接收机由一个蓝光滤片、一个聚焦透镜、一个光电探测器（PIN 型）和低噪放大器组成。

由 LED 和驱动电路引入的串联电感为 330 nH，LED 的内部电阻为 0.9 Ω。谐振驱动技术在谐振频率 $f = 1/(2\pi\sqrt{LC})$ 点上可以消除电感的影响，从而使驱动电流最大化。预均衡器利用 3 个并行的驱动器来均衡蓝光分量的频率响应。驱动器 1、驱动器 2、驱动器 3 分别均衡蓝光的低频、中频、高频范围的频率响应。均衡后的带宽由高频段的谐振频率 f_2 确定。其中 $f_2 = 1/(2\pi\sqrt{LC_2})$，驱动器 3 中的 C_2 决定了谐振频率。而在由 C_1 定义的中频段，驱动器 2 中包含了一个附加电阻 R_2，其作用如下：① 减少流向 LED 的电流，以降低其相比于高频段更高的频率响应；② 平坦中频段的频率响应，因为给电感串联一个电阻将会降低谐振的 Q 值。低频段的频率响应对应中高频段的频率响应，通过调节 R_1 来限制驱动器 1 的驱动电流，实现均衡。

研究者测量了采用均衡之后的 LED 的频率响应，如图 5-2 所示。图 5-2 所示为使用单个驱动器的频率响应，以及同时使用 3 个驱动器的频率响应。采用预均衡技术之后，荧光粉 LED 的带宽可以扩展到 45 MHz，在此带宽之上，采用 NRZ-OOK 能够实现 80 Mbit/s 的数据传输，并且 BER< 10^{-6}。

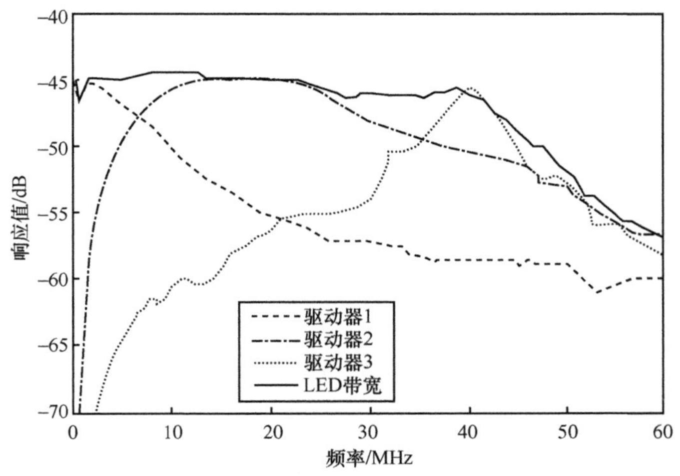

图 5-2　均衡之后的 LED 频率响应曲线

5.2 频域软件预均衡

正如前文介绍，现有的均衡方案大多采用传统的模拟电路实现，虽然这种方法在一定程度上能够增加系统的带宽，但是仍然存在很大的局限性。

① 传输速度受限。模拟电路存在时间抖动、抗干扰能力弱、带宽受限等缺点，不适用于高速率信号的传输。

② 缺乏灵活性。可见光信道受环境噪声影响较大，对均衡器调节的灵活性有较高的要求。而模拟电路不便于根据实际信道的需要随时进行调试与改进。

软件均衡技术则可以根据系统需求灵活调节，具有一系列的优点。在这一节中，我们将对基于软件的均衡技术进行研究，包括基于 FIR 滤波器的预均衡技术和基于 OFDM 调制的预均衡技术。

5.2.1 时域均衡器

均衡可分为频域均衡和时域均衡。所谓频域均衡，是从校正系统的频率特性出发，使包括均衡器在内的基带系统的总特性满足无失真传输条件；所谓时域均衡，是利用均衡器产生的时间响应去直接校正已畸变的波形，使包括均衡器在内的整个系统的冲激响应满足无码间干扰（Inter-Symbol Interference，ISI）条件。

频域均衡信道特性不变，且在传输低速数据时适用；而时域均衡可以根据信道特性的变化进行调整，从而有效地减小码间干扰，因此时域均衡在高速数据传输中得以广泛应用。

图 5-3 所示的就是一种时域均衡器。该网络由无限多的按横向排列的迟延单元和抽头系数组成，因此被称为横向滤波器。横向滤波器的功能是将输入端（即接收滤波器输出端）抽样时刻上有码间干扰的响应波形变换成抽样时刻上无码间干扰的响应波形。由于横向滤波器的均衡原理是建立在响应波形上的，故称这种均衡为时域均衡。

从以上分析可知，横向滤波器可以实现时域均衡。无限长的横向滤波器在理论上可以完全消除抽样时刻上的码间干扰，然而因为均衡器的长度受经济条件和各系数调整准确度的限制，实际中不可实现。如果系数调整准确度无法得到保证，那么即使增加均衡器长度，也无法获得预期的效果。

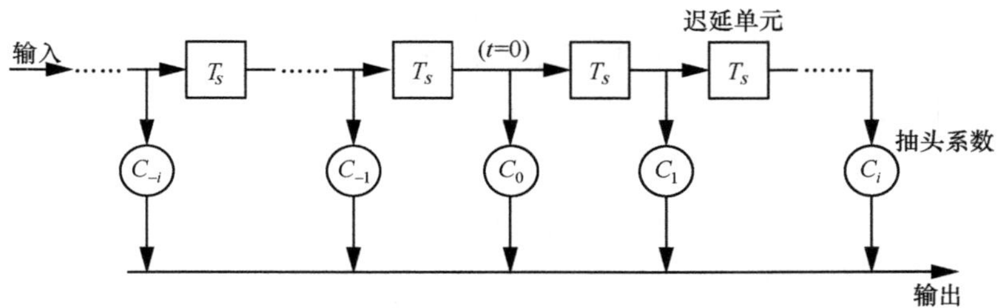

图 5-3　横向滤波器

而基于有限长单位冲激响应（Finite Impulse Response，FIR）滤波器的设计原理，不仅可以实现有限长的横向滤波器，还能够确定每个抽头的系数，使得横向滤波器的实用性得以加强。

下面将首先介绍 FIR 滤波器原理，其次介绍 VLC 系统中 FIR 滤波器的设计方法，最后基于 VLC 系统进行预均衡仿真，希望读者对软件均衡方法有一个整体的了解。

5.2.2　FIR 滤波器原理

FIR 滤波器是数字信号系统中最基本的元件。FIR 滤波器的系统输入输出差分方程为

$$y[n]=\sum_{k=0}^{N-1}h(k)x(n-k) \tag{5-1}$$

FIR 滤波器的系统函数为

$$H(z)=\frac{Y(z)}{X(z)}=\sum_{n=0}^{N-1}h(n)z^{-n} \tag{5-2}$$

FIR 滤波器的单位脉冲响应 $h(n)$是一个有限长序列，$H(z)$是 Z^{-1} 的 $N-1$ 次多项式，它在 Z 平面上有 $N-1$ 个零点，同时在原点有 $N-1$ 阶重极点，因此，$H(z)$永远稳定。FIR 滤波器设计的任务是选择有限长度的 $h(n)$，使传输函数 $H(\mathrm{e}^{\mathrm{j}\omega})$ 满足一定的幅度特性和线性相位要求。FIR 滤波器很容易实现严格的线性相位，因此 FIR 数字滤波器设计的核心思想是求出有限的脉冲响应逼近给定的频率响应。

FIR 滤波器设计主要采用窗函数设计法和频率抽样设计法，其中较为常用的是窗函数法。使用窗函数法设计 FIR 滤波器的过程如下。

① 给定要设计的滤波器频率响应函数 $H(e^{j\omega})$；

② 求出滤波器单位脉冲响应 $h(n)=\mathrm{IFFT}[H(e^{j\omega})]$；

③ 选定窗函数 $w(n)$ 及窗口大小（即滤波器阶数）N，常用的窗函数有矩形窗、角窗、Hamming 窗、Hanning 窗、Kaiser 窗等；

④ 求所设计的 FIR 滤波器的单位抽样响应 $h_d(n)=h(n)w(n)$；

⑤ 得到 FIR 滤波器的频率响应函数 $H_d(e^{j\omega})=\mathrm{FFT}[h(n)]$，并检验是否满足设计要求。

同时，FIR 滤波器有以下优点：① 可以有任意的幅频特性；② 严格的线性相位；③ 单位抽样响应有限长，因而滤波器系统稳定；④ 总能用因果系统实现（因为只要经过一定的时延，任何非因果有限长序列都能变成因果有限长序列）；⑤ 单位冲激响应有限长，可以用 FFT 频偏补偿算法实现，提高运算效率；⑥ 避免类似于模拟滤波器的时间抖动。由于上述的众多优点，FIR 滤波器在通信、图像处理、模式识别等领域都有着广泛的应用。

5.2.3 基于 FIR 滤波器的预均衡器设计

图 5-4 所示为基于 FIR 滤波器的预均衡器在 VLC 系统中的应用。

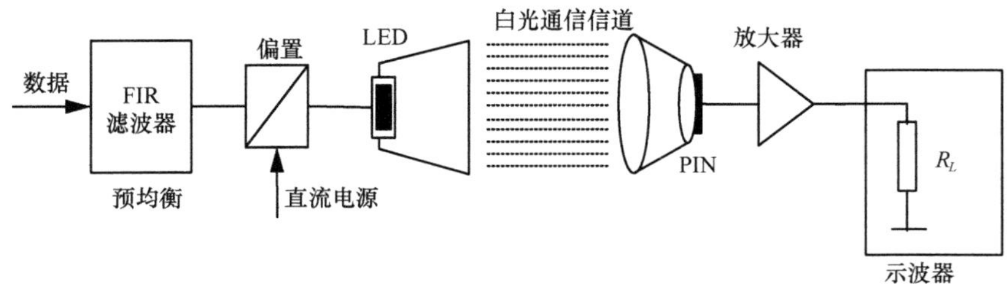

图 5-4 使用 FIR 滤波器作为预均衡器的 VLC 系统

在对白光 LED 的频率响应曲线进行建模分析后，得出的理想滤波器的频率响应特性曲线如图 5-5（a）所示。其分段斜率为

$$s=\begin{cases}1.02\ \mathrm{dB/MHz},\ 0\leqslant\omega\leqslant 10\ \mathrm{MHz}\\0.42\ \mathrm{dB/MHz},\ 10\ \mathrm{MHz}\leqslant\omega\leqslant 60\ \mathrm{MHz}\end{cases}\tag{5-3}$$

将频率响应曲线离散化，然后利用 MATLAB 软件进行 IFFT 处理，得到相应的时域冲激响应如图 5-5（b）所示。

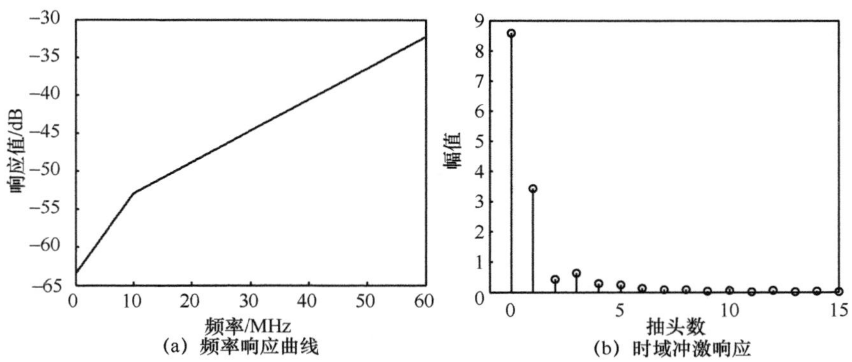

图 5-5　理想滤波器的频率响应曲线与时域冲激响应

FIR 滤波器的设计原理就是对图 5-5（b）的时域冲激响应进行加窗截断，以获取与理想滤波器近似的频率响应曲线。本文使用 Kaiser 窗函数。图 5-6～图 5-9 分别为 FIR 滤波器阶数为 2～5 阶时对应的时域冲激响应和频率响应曲线。由于理想滤波器的时域冲激响应的有效值主要集中在 N=0 与 N=1，所以 2 阶 FIR 滤波器已经可以大致接近理想滤波器。当然，阶数越高，设计的 FIR 滤波器就越接近于理想滤波器。但是滤波器阶数与模块的复杂性是成正比的，所以在实际的设计过程中，要平衡滤波器性能与复杂度之间关系，选择合适的滤波器阶数。

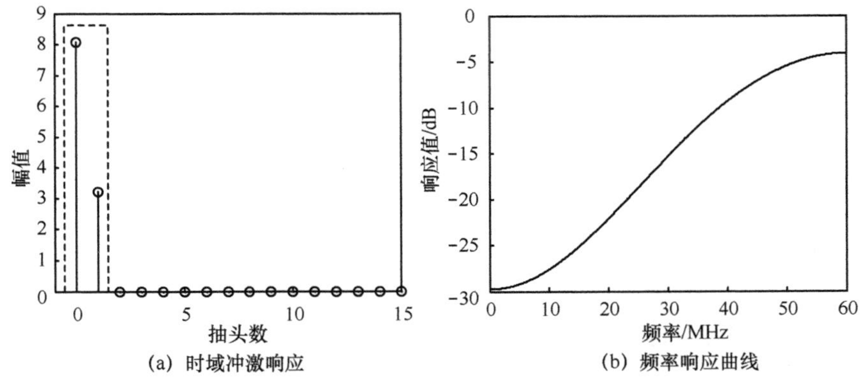

图 5-6　FIR 滤波器的时域冲激响应与频率响应曲线（2 阶）

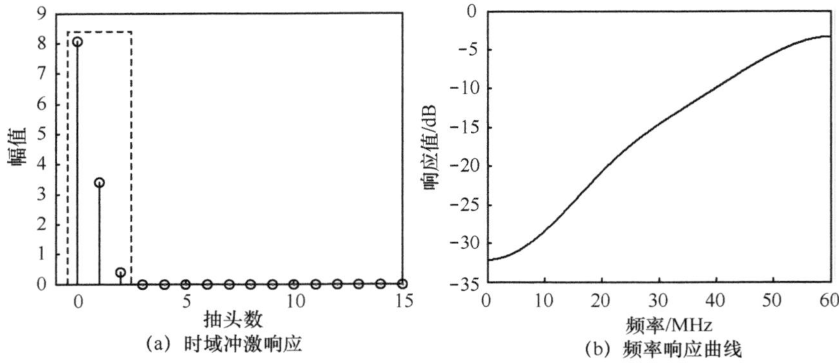

(a) 时域冲激响应 (b) 频率响应曲线

图 5-7 FIR 滤波器的时域冲激响应与频率响应曲线（3 阶）

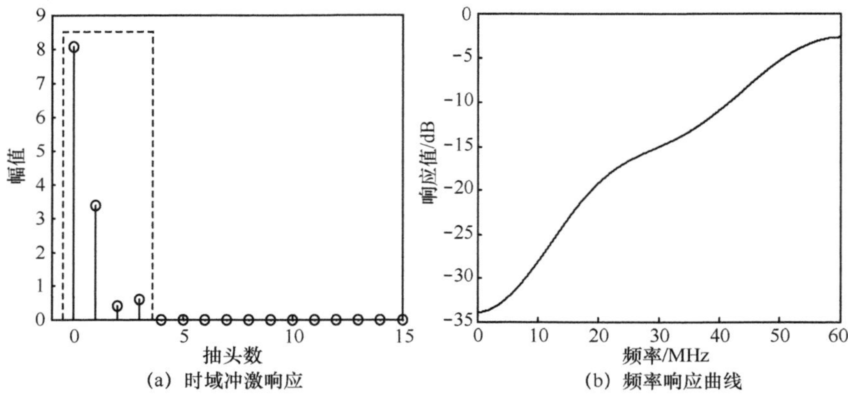

(a) 时域冲激响应 (b) 频率响应曲线

图 5-8 FIR 滤波器的时域冲激响应与频率响应曲线（4 阶）

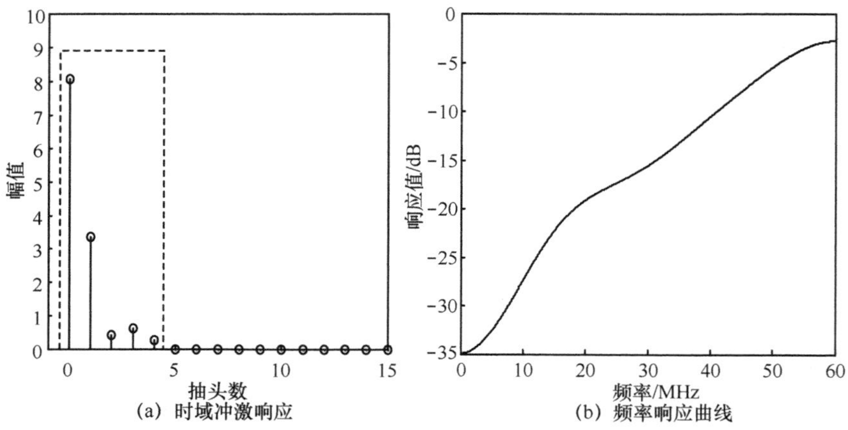

(a) 时域冲激响应 (b) 频率响应曲线

图 5-9 FIR 滤波器的时域冲激响应与频率响应曲线（5 阶）

图 5-10 所示为使用窗函数法设计且符合式（5-3）的 FIR 滤波器的仿真结果，仿真使用的窗函数为 Kaiser 窗。如图 5-10 所示，随着滤波器阶数的增加，系统响应带宽增加。没有进行预均衡的情况下，系统带宽仅为 2.5 MHz 左右，而使用 4 阶 FIR 滤波器均衡后，系统 3 dB 带宽可达到 60 MHz，说明使用 FIR 滤波器可以有效提高 VLC 系统的带宽。

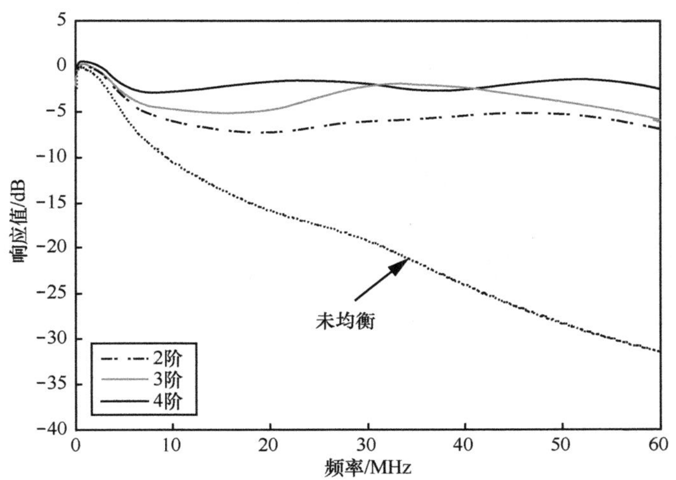

图 5-10　使用 2 阶、3 阶、4 阶 FIR 滤波器时系统的频率响应

为验证 FIR 滤波器的均衡效果，采用 16QAM-OFDM 信号进行仿真。OFDM 信号具有抗选择性衰落、频谱利用率高等优点，已广泛应用于可见光系统，实验室搭建的可见光通信平台也多基于 OFDM 调制技术，因此基于 OFDM 信号的仿真具有现实意义。

设定 SNR=20 dB，采用不同阶数的 FIR 滤波器均衡后的信号频谱与星座图如图 5-11 和图 5-12 所示。可以看出，即使 OFDM 技术有较好的抗选择性衰落性能，然而由于白光 LED 的频率响应曲线衰减十分严重（负指数衰减），接收信号的星座图十分模糊。经过 FIR 滤波器均衡后，星座点可以较好地收敛在标准点附近。并且随着滤波器阶数增加，OFDM 信号频谱更加平坦，星座图上点的收敛性也得以改善。

图 5-13 所示为在不同滤波器阶数下系统的 BER 和 EVM 性能。可以看出，对于 OFDM 信号，随着滤波器阶数增加，系统对噪声的容忍度增加，抗噪声性能增强。其中 5 阶 FIR 滤波器的噪声容忍度在 FEC 下可达到 15 dB。

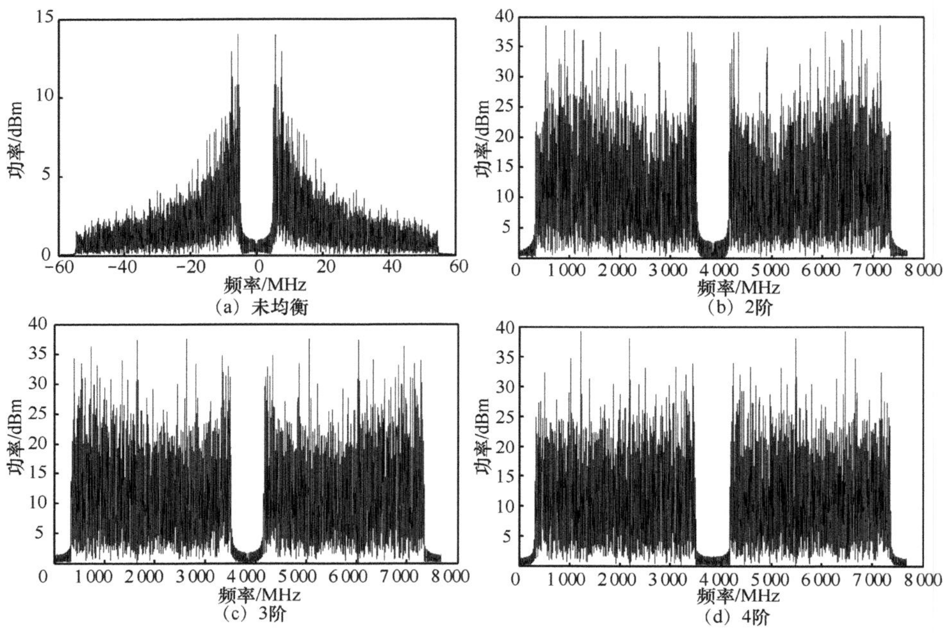

图 5-11 OFDM 信号 FIR 滤波器均衡后信号频谱（SNR=20 dB）

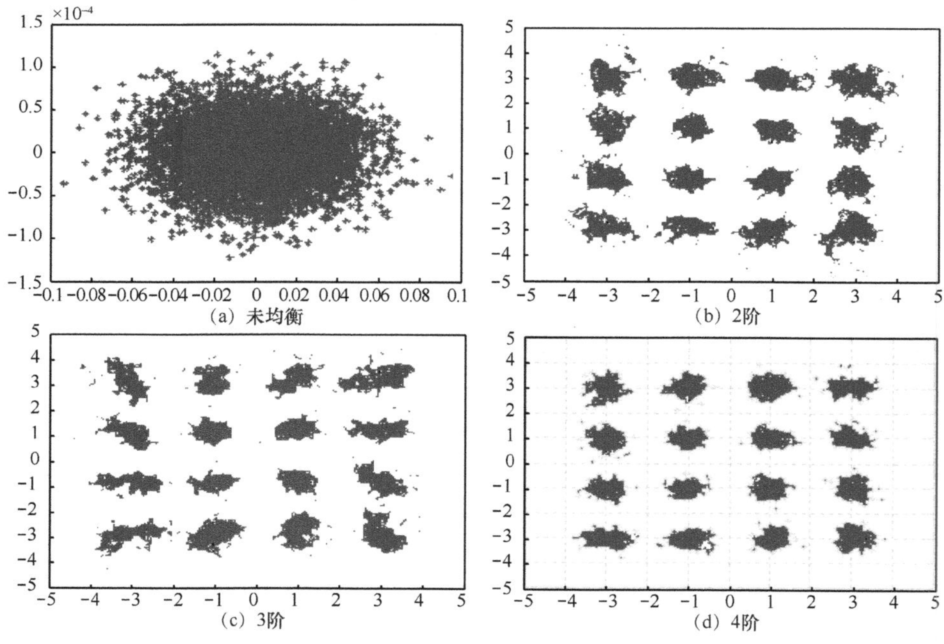

图 5-12 OFDM 信号 FIR 滤波器均衡后星座图（SNR=20 dB）

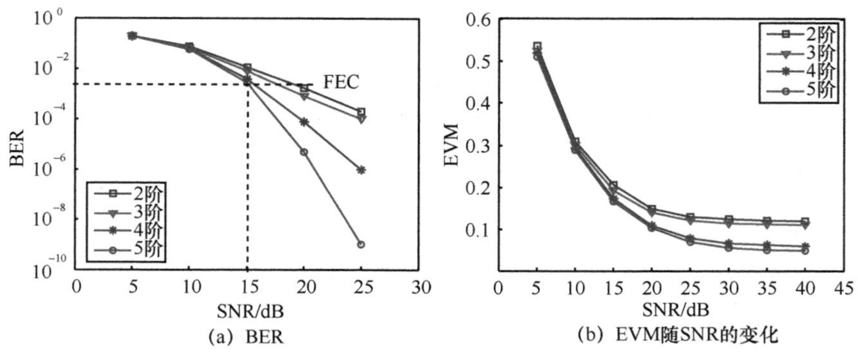

(a) BER　　(b) EVM随SNR的变化

图 5-13　16QAM-OFDM 信号

接下来探究 FIR 滤波器的阶数与信号调制格式的关系。

图 5-14 所示为 512QAM 信号经不同阶 FIR 滤波器均衡后的星座图。可以看出，随着 FIR 滤波器阶数的增加，均衡效果越好。这是因为 FIR 滤波器阶数越高，其频响特性就越接近理想滤波器。

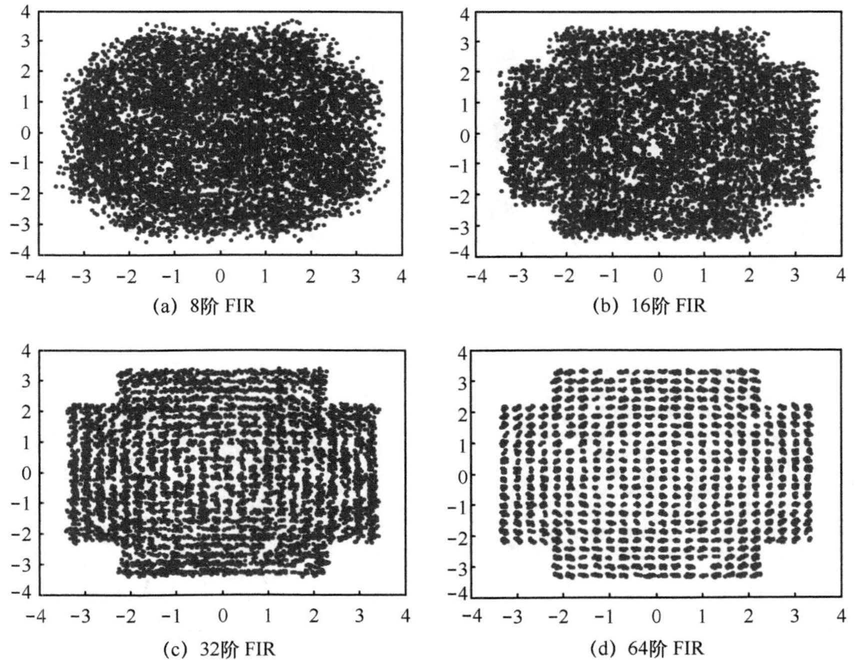
(a) 8阶 FIR　　(b) 16阶 FIR

(c) 32阶 FIR　　(d) 64阶 FIR

图 5-14　512QAM 信号经不同阶 FIR 滤波器均衡后的星座图

图 5-15 所示为 32 阶 FIR 滤波器对不同调制格式信号均衡后的星座图。可以看出，对于同一阶滤波器而言，信号调制越复杂，其均衡效果越差。这是因为高阶调制信号的星座点欧几里得距离更近，对均衡器的要求也更高，需要高阶的 FIR 滤波器才能达到较好的均衡效果。

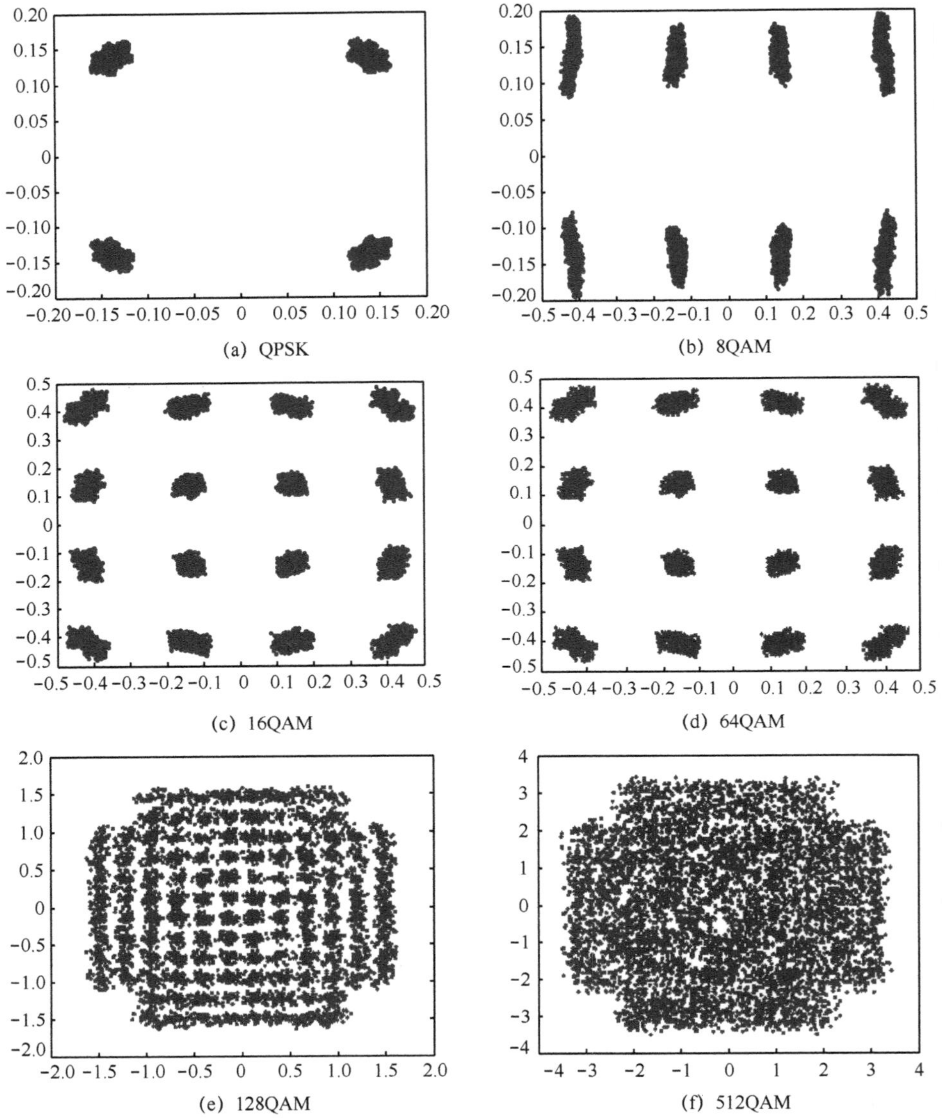

(a) QPSK

(b) 8QAM

(c) 16QAM

(d) 64QAM

(e) 128QAM

(f) 512QAM

图 5-15　32 阶 FIR 滤波器对不同调制格式信号均衡后的星座图

5.2.4 基于 OFDM 的软件预均衡技术

根据采用了 OFDM 系统的荧光粉 LED 的蓝光频率响应曲线，可以估计出系统对于任何 OFDM 子载波的频率响应。针对不同衰减程度的子载波，可以很容易地通过对应的频域预均衡技术来改善信道响应，从而提高系统性能。具体来说，预均衡技术可以用来提高高频信号增益或者降低低频信号增益，从而获得平坦的信道响应。

基于 OFDM 调制的频域预均衡实现原理如图 5-16 所示，由 QAM 映射、插入导频、快速傅里叶反变换、加入循环前缀和并串转换 5 个部分组成。在 IFFT 变换之前，加入均衡器，通过对不同 OFDM 子载波乘以不同的均衡系数，实现子载波幅度的均衡。OFDM 信号包含 N 个子载波，用 $X=\left(x_1,x_2,\cdots,x_N\right)$ 表示，接收的频域信号表示为 $Y=\left(y_1,y_2,\cdots,y_N\right)$，每个子载波的均衡系数用 $W=\left(w_1,w_2,\cdots,w_N\right)$ 表示，三者之间的关系见式（5-4）。因此，在获得到达接收端信号的频域信息之后，可以计算出均衡系数如式（5-5）所示。得到均衡矩阵之后，将子载波与对应的均衡系数相乘，最终得到均衡之后的信号，如式（5-6）所示。利用此均衡技术，可以得到一个平坦的子载波间频率响应，虽然并不能克服子载波带内的不均衡增益，但是对系统的性能还是有明显的提高。

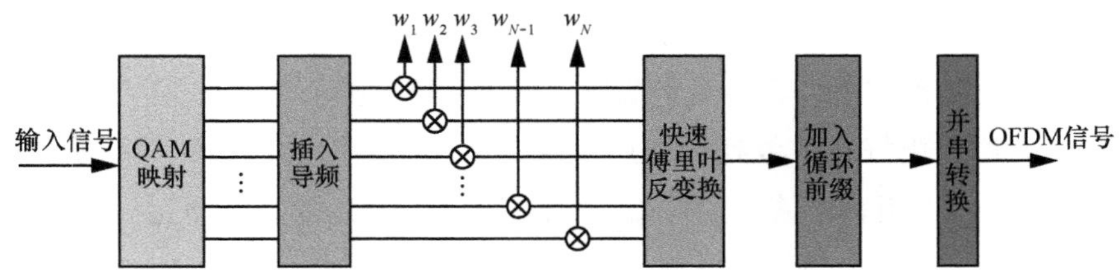

图 5-16 基于 OFDM 调制的频域预均衡技术原理

$$\begin{pmatrix} x_1 \\ x_2 \\ \vdots \\ x_N \end{pmatrix} = \begin{pmatrix} y_1 & 0 & \cdots & 0 \\ 0 & y_2 & \cdots & 0 \\ \vdots & \vdots & & \vdots \\ 0 & 0 & \cdots & y_N \end{pmatrix} \begin{pmatrix} w_1 \\ w_2 \\ \vdots \\ w_N \end{pmatrix} \tag{5-4}$$

$$W=\begin{pmatrix}w_1\\w_2\\\vdots\\w_N\end{pmatrix}=\begin{pmatrix}y_1&0&\cdots&0\\0&y_2&\cdots&0\\\vdots&\vdots&&\vdots\\0&0&\cdots&y_N\end{pmatrix}^{-1}\begin{pmatrix}x_1\\x_2\\\vdots\\x_N\end{pmatrix}=\begin{pmatrix}\dfrac{x_1}{y_1}\\\dfrac{x_2}{y_2}\\\vdots\\\dfrac{x_N}{y_N}\end{pmatrix}\tag{5-5}$$

$$X_{\text{pre}}=\left(w_1x_1,w_2x_2,\cdots,w_Nx_N\right)\tag{5-6}$$

5.2.5 软件预均衡技术仿真

上一节对软件均衡技术的原理进行了详细介绍，这一节将对其性能进行仿真分析。

利用 MATLAB 搭建了一个 VLC 系统传输的仿真实验平台，验证预均衡技术在系统中的应用性能。此仿真系统采用后均衡技术对白光信道中的相位噪声、频率偏移进行了补偿，相当于只考虑了白光信道对信号的衰减作用，验证预均衡技术在均衡信道增益方面的作用。在仿真中，采用 16QAM-OFDM 调制格式，信号调制带宽为 100 MHz，利用 5%的训练序列做后均衡。使用和不使用均衡技术接收到的信号频谱和星座图分别如图 5-17 和图 5-18 所示。可以看出，尽管 OFDM 具有良好的抗衰落性能，但是由于白光信道的增益不平坦，在没有预均衡的情况下，接收信号的高频信号衰减非常严重，导致星座图比较模糊，星座点之间难以区分，而在应用预均衡之后，由于抵抗了信道衰落，接收信号的频谱变得平坦，因而星座点可以更好地收敛到标准点附近，从而使传输的信息能够高质量被提取。我们同时对使用和不使用预均衡技术的系统的 BER 随 SNR 的变化进行了对比，仿真结果如图 5-19 所示。从图 5-19 可以看出，使用预均衡技术之后，系统的 BER 性能明显得到了提高。

5.3 准线性预均衡技术

预均衡技术的目标是衰减器件的低频响应并放大高频响应来获得平坦的全域频谱，且得到更好的系统性能。迫零预均衡技术为最传统的技术。迫零均衡在 VLC

系统中的应用如图 5-20 所示。尽管迫零均衡可以在理论上得到最平坦的接收频谱，但在一个使用比特加载和功率加载的 OFDM VLC 实验系统中，它并不是一个最适合的软件预均衡方法。VLC 系统中的实验设备有很大的限制，任意波形发生器有输出功率的限制，因此输出信号的幅度不能很高。发射信号加载到一个磷光体的白光 LED 上并且让信号工作在 LED 的线性区。电放大器也有输出最大功率的限制。此外，如果接收信号的幅值超过 PIN 接收的动态范围，则 PIN 的接收器不能线性地探测接收信号。因此，接收 VLC 系统是一个全功率和峰值功率受限系统。使用比特加载和功率加载的 OFDM 调制技术成为速率最大化（RM）的一个瓶颈。由于系统不再是理想化的情况，迫零均衡也不再适合实验用 VLC 系统。

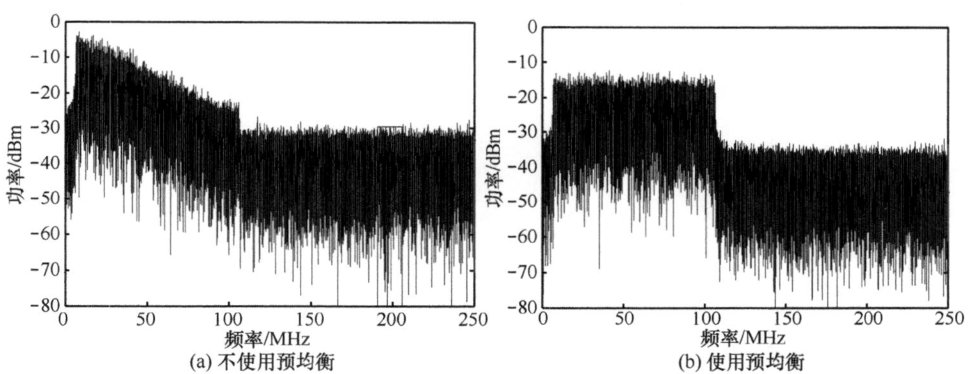

图 5-17　OFDM 信号经过信道传输后的频谱

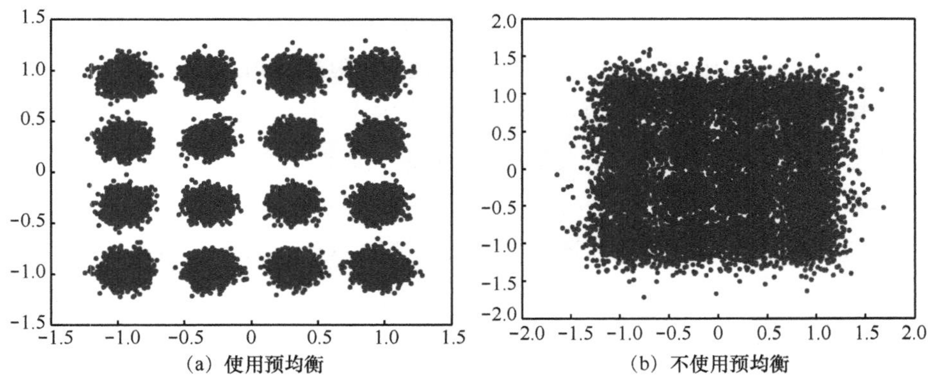

图 5-18　SNR 为 13 dB 时，16QAM OFDM 信号经过信道传输后的星座图

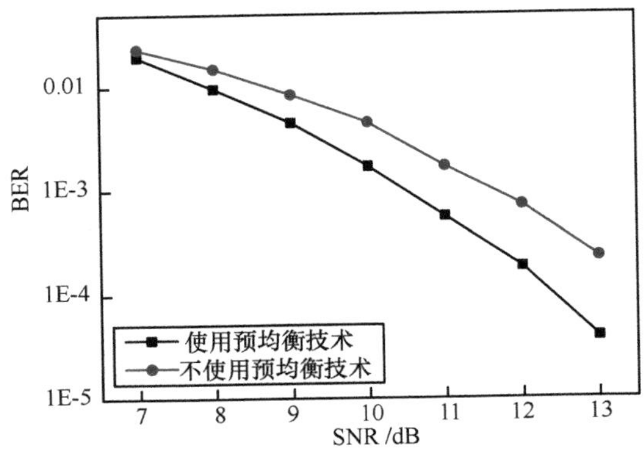

图 5-19 使用和不使用预均衡技术时系统 BER 随 SNR 的变化曲线

考虑该系统的限制，如图 5-20 所示，提出了 3 种准线性软件预均衡方法，包括线性预均衡、凹预均衡和凸预均衡。该系统使用 512 个子载波。凹预均衡和凸预均衡都有倾斜的部分和线性的部分，使用 k 来表示倾斜部分和线性部分的斜率。

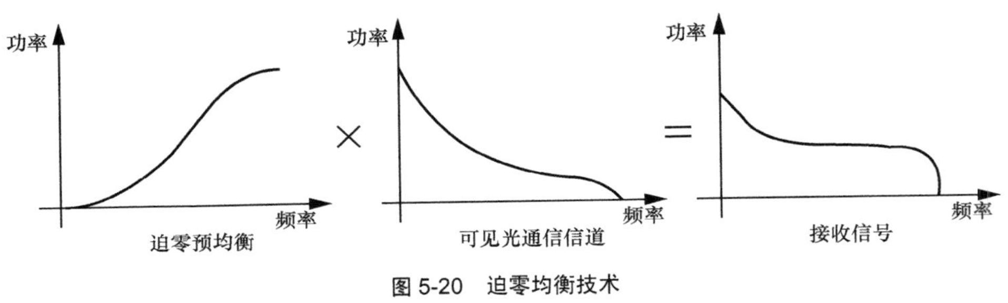

图 5-20 迫零均衡技术

为了测试系统性能，使用不同的软件预均衡方法进行仿真和实验，仿真曲线如图 5-21 所示。为了简化问题，仅考虑 EA 的峰值功率限制和 PIN 接收机的动态范围。如果传输的信号超过 EA 的峰值功率限制或者 PIN 的动态接收范围，预均衡曲线的 k 值动态改变以达到最大的数据传输速率。最后完成整个仿真过程并得到最适合实验的参数。

仿真流程如图 5-22 所示，通过仿真和实验测试，验证不同准线性预均衡曲线的性能。图 5-23（a）、（b）、（d）、（f）、（h）分别为 VLC 系统在不使用预均衡以及使用迫零预均衡、线性预均衡、凸预均衡和凹预均衡下的发射频谱（频谱仪型号：HP8562A）。图 5-23（c）、（e）、（g）、（i）分别为 VLC 系统使用迫零预均衡、线性预均衡、凸预均衡和凹预均衡下的接收频谱。V_{pp} 值为 0.7 V，磷光粉白光 LED 的驱动电流是 94 mA。通过图 5-23 可以看出，准线性软件预均衡器衰减器件的低频响应并放大器件的高频响应，获得了比迫零预均衡更大的增益区域。在这 3 种准线性预均衡器中，凸预均衡拥有最大的高增益范围。

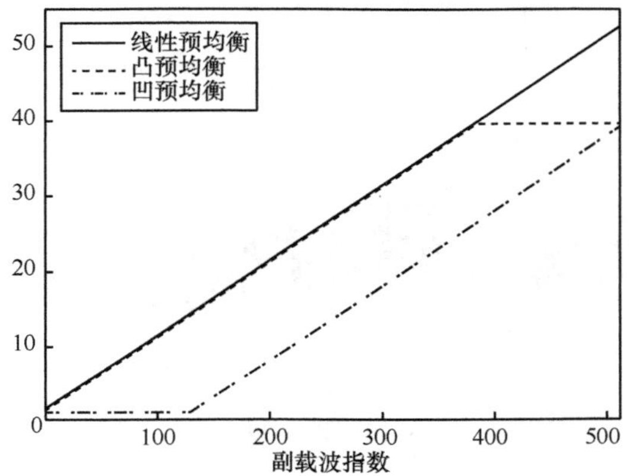

图 5-21　准线性预均衡曲线

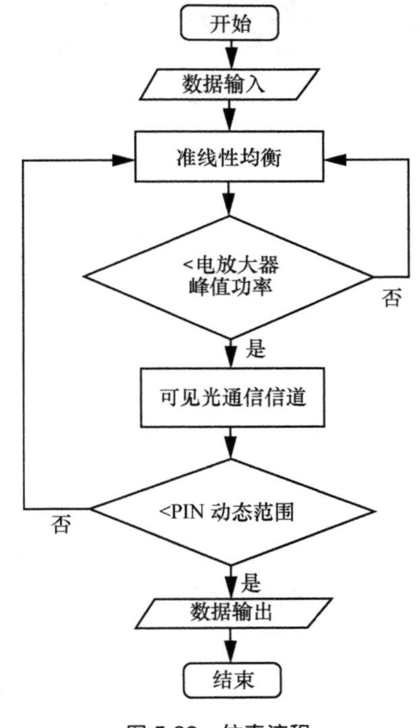

图 5-22　仿真流程

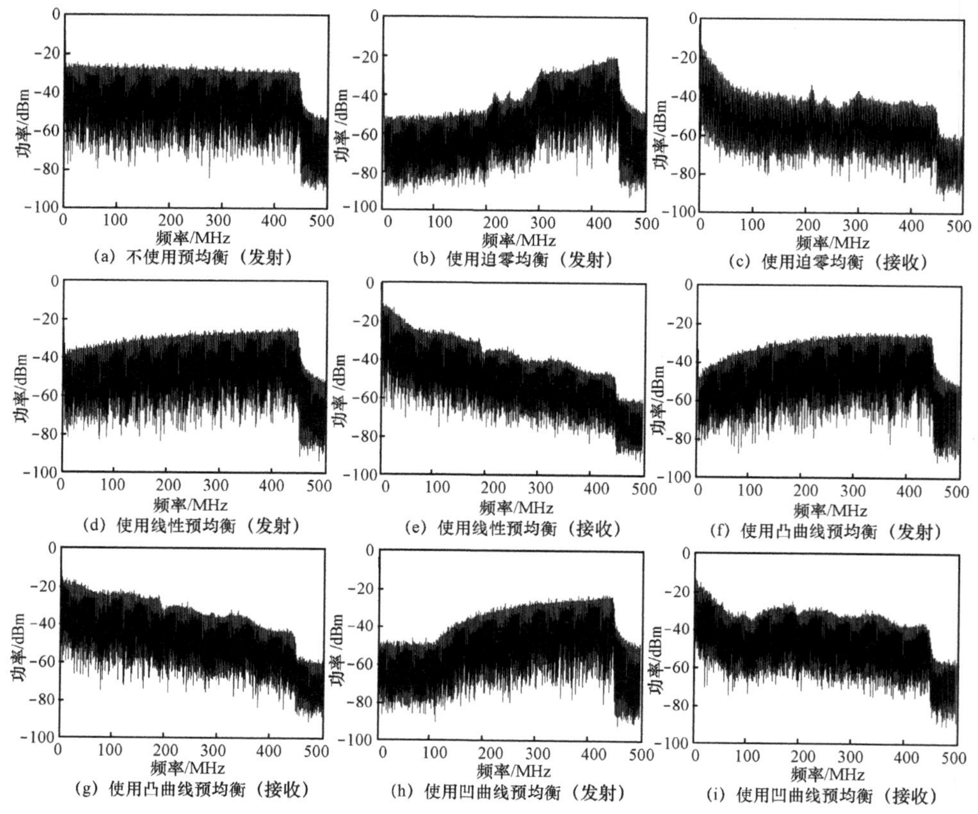

(a) 不使用预均衡（发射） (b) 使用迫零均衡（发射） (c) 使用迫零均衡（接收）

(d) 使用线性预均衡（发射） (e) 使用线性预均衡（接收） (f) 使用凸曲线预均衡（发射）

(g) 使用凸曲线预均衡（接收） (h) 使用凹曲线预均衡（发射） (i) 使用凹曲线预均衡（接收）

图 5-23 进入 VLC 系统前测量得到的电谱（a、b、d、f、h）以及通过 VLC 系统后接收的光谱（c、e、g、i）

图 5-24 所示为使用不同准线性预均衡技术的仿真数据速率和实验数据速率。仿真结果通过不同曲线显示，实验结果通过块标记。在 k=0.01，0.1 和 1 的条件下测试不同均衡曲线的性能。如图 5-24 所示，仿真结果和实验结果相匹配。迫零均衡只能得到 0.5 Gbit/s 的数据传输速率。随着 k 的增大，凹预均衡的性能先变好再变差。当 k 很小的时候，线性预均衡的性能比凹预均衡和凸预均衡要优。但当 k 增大时，凸预均衡的性能接近线性预均衡。凸预均衡在 k=0.1，传输距离为 1 m 时可以在误码率小于 3.8×10^{-3} 的情况下达到 2.32 Gbit/s 的数据传输速率。我们认为这是基于磷光的白光 LED VLC 系统的最高数据传输速率。该结果同样证明迫零预均衡由于实验器件的限制并不适合 VLC 系统。

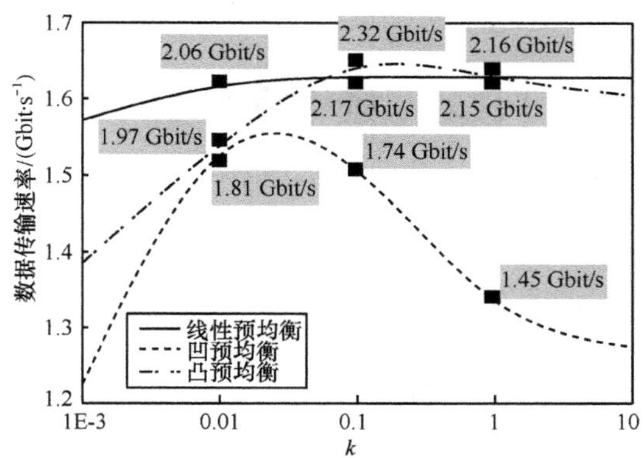

图 5-24　使用不同准线性预均衡算法的数据传输速率仿真和实验结果

使用比特分配的凸预均衡在 k=0.1 时的仿真实验曲线如图 5-25 所示。在比特数和 M-ary QAM 之间有一个映射关系，比如 1 个比特代表 BPSK，2 个比特代表 QPSK，3 个比特代表 8QAM，4 个比特代表 16QAM 等。相关的 M-ary QAM 系统星座图如图 5-25 所示。整个系统的误码率为 3.8×10^{-3} 在前向纠错门限（FEC）下。

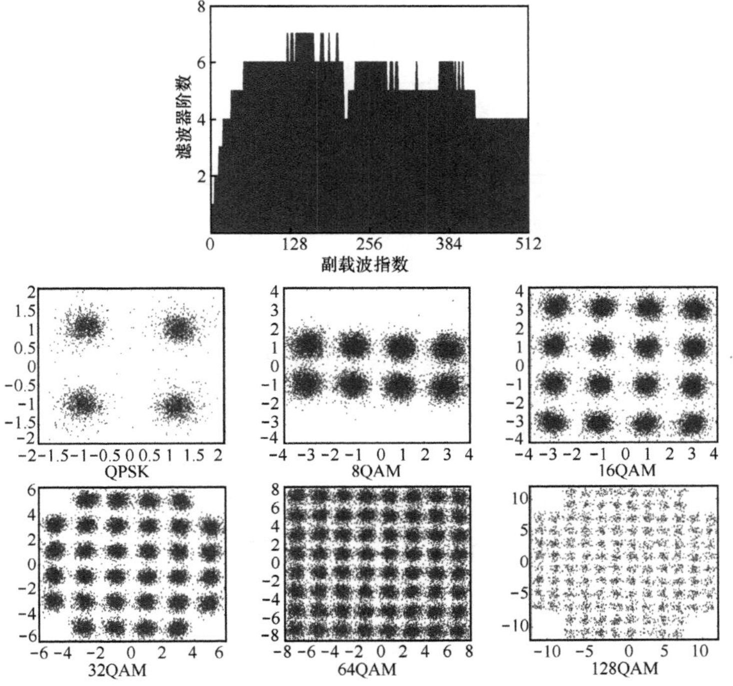

图 5-25　k=0.1，512 个子载波使用凸预均衡的比特分配实验结果

5.4 硬件预均衡

本节将介绍单级桥 T 型幅度均衡器、双级联桥 T 型幅度均衡器两种预均衡器，并给出仿真及硬件实验的结果。

5.4.1 单级桥 T 型幅度均衡器

图 5-26 是在 VLC 系统中使用的单级桥 T 型幅度均衡器。在该均衡器中 Z_{11} 是由电阻 R_1、电容 C_1 和电感 L_1 组成的 RLC 网络 1 的等效阻抗，Z_{22} 由电阻 R_4、电容 C_2 和电感 L_2 组成的 RLC 网络 2 的等效阻抗，电路中的电阻 R_2 和 R_3 都等于 R_0。

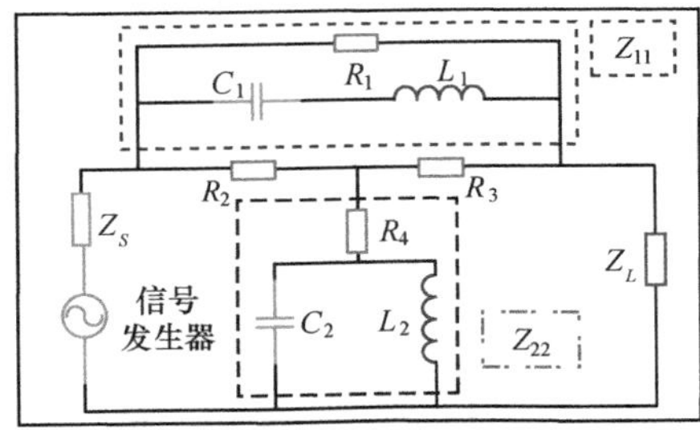

图 5-26 单级桥 T 型幅度均衡器原理

对于输入输出阻抗为 50Ω 的设备或者器件，选择式（5-7）。

$$R_2 = R_3 = R_0 = 50\ \Omega \tag{5-7}$$

Z_{11} 表示 C_1 和 L_1 串联之后再与 R_1 并联后的等效阻抗。

$$Z_{11} = \frac{R_1 \times \left(\dfrac{1}{jwC_1} + jwL_1\right)}{R_1 + \dfrac{1}{jwC_1} + jwL_1} \tag{5-8}$$

Z_{22} 表示 C_2 和 L_2 串联之后再与 R_4 并联后的等效阻抗。

$$Z_{22}=\frac{\frac{1}{\mathrm{j}wC_2}\times \mathrm{j}wL_2}{\frac{1}{\mathrm{j}wC_2}+\mathrm{j}wL_2}+R_4 \tag{5-9}$$

对于单级桥 T 型幅度均衡器，Z_{11} 和 Z_{22} 的乘积应该等于常数，即 $R_2\times R_3$

$$Z_{11}\times Z_{22}=R_2\times R_3 \tag{5-10}$$

$$\frac{R_1\times\left(\frac{1}{\mathrm{j}wC_1}+\mathrm{j}wL_1\right)}{R_1+\frac{1}{\mathrm{j}wC_1}+\mathrm{j}wL_1}\times\left(\frac{\frac{1}{\mathrm{j}wC_2}\times \mathrm{j}wL_2}{\frac{1}{\mathrm{j}wC_2}+\mathrm{j}wL_2}+R_4\right)=R_2\times R_3 \tag{5-11}$$

$$\frac{R_1\times\left(1-w^2C_1L_1\right)}{1-w^2C_1L_1+\mathrm{j}wR_1C_1}\times\frac{R_4-w^2R_4C_2L_2+\mathrm{j}wL_2}{1-w^2C_2L_2}=R_2\times R_3 \tag{5-12}$$

$$R_1\times R_4\times\frac{1-w^2C_1L_1}{1-w^2C_1L_1+\mathrm{j}wR_1C_1}\times\frac{1-w^2C_2L_2+\mathrm{j}\frac{wL_2}{R_4}}{1-w^2C_2L_2}=R_2\times R_3 \tag{5-13}$$

$$R_1\times R_4\times\frac{1-w^2C_1L_1}{1-w^2C_2L_2}\times\frac{1-w^2C_2L_2+\mathrm{j}\frac{wL_2}{R_4}}{1-w^2C_1L_1+\mathrm{j}wR_1C_1}=R_2\times R_3 \tag{5-14}$$

为使任意 ω 频率下都满足式（5-13），从式（5-14）可以得到

$$\frac{1-w^2C_2L_2}{1-w^2C_1L_1}=\frac{\mathrm{j}\frac{wL_2}{R_4}}{\mathrm{j}wR_1C_1}=k \tag{5-15}$$

其中，k 为常数。

式（5-15）化简为

$$R_1\times R_4=R_2\times R_3 \tag{5-16}$$

为使任意 ω 频率下都满足式（5-15）可以得到

$$k=1 \tag{5-17}$$

$$C_2L_2=C_1L_1 \tag{5-18}$$

$$\frac{\frac{L_2}{R_4}}{R_1C_1}=\frac{L_2}{R_1R_4C_1}=k=1 \tag{5-19}$$

由式（5-17）、式（5-18）和式（5-19）得到

$$\frac{L_1}{C_2}=\frac{L_2}{C_1}=R_1R_4=R_2R_3 \tag{5-20}$$

为便于分析，取$L_1=L_2$，$C_1=C_2$，对于输入输出阻抗为50 Ω的设备或者器件（AWG输出阻抗50 Ω，微型电路输入阻抗50 Ω）有

$$\frac{L_1}{C_2}=\frac{L_2}{C_1}=2\,500\ \Omega^2 \tag{5-21}$$

当$R_S=R_L=R_0$，前向传输增益$S_{21}=2\times V_{out}/V_{in}=2\times H_{channel}$，其中$V_{out}$为负载输出电压，$V_{in}$为信号源输出电压，$H_{channel}$为信道响应。

$$H_{channel}=0.5\times\frac{1}{1+\dfrac{R_L}{R_4+\dfrac{j\omega L_1}{1-\omega^2C_1L_1}}} \tag{5-22}$$

前向传输增益S_{21}表示为

$$S_{21}=\frac{1}{1+\dfrac{R_L}{R_4+\dfrac{j\omega L_1}{1-\omega^2C_1L_1}}} \tag{5-23}$$

当$1-\omega^2C_1L_1$趋向于0时，S_{21}和$H_{channel}$取最大值。令$1-\omega^2C_1L_1=0$，得到

$$1-\omega_0^2C_1L_1=0 \tag{5-24}$$

$$\omega_0=\frac{1}{\sqrt{C_1L_1}} \tag{5-25}$$

ω为角频率，则谐振频率f_0为

$$f_0=\frac{\omega_0}{2\pi}=\frac{1}{2\pi\sqrt{C_1L_1}} \tag{5-26}$$

① 在频率范围（0，f_0），S_{21}和$H_{channel}$随频率f的增加而增加，之后随频率增加而减小。

② 在频率f趋向于0，即频率相对较低时

$$\lim_{f\to 0}S_{21}=\frac{1}{1+\dfrac{R_L}{R_4}} \tag{5-27}$$

由式（5-27）可以得到，负载在R_L一定的情况下，R_4决定S_{21}和$H_{channel}$低频的特性。

① R_4越小，S_{21}和 $H_{channel}$低频响应相对越低；

② R_4越大，S_{21}和 $H_{channel}$低频响应相对越高。

5.4.2　双级联桥 T 型幅度均衡器

可见光通信系统信道是一种复杂而且强非线性的指数衰落信道，由于单级幅度均衡器的动态均衡幅度有限，不能很好地补偿可见光通信系统，因此本小节引入双级联桥 T 型幅度均衡器，更好地优化可见光通信系统的信道。双级联桥 T 型幅度均衡器可以分为两个相同的单级幅度均衡器（双级联同构幅度均衡器，如图 5-27 所示）和两个不同的幅度均衡器（双级联异构幅度均衡器，如图 5-28 所示）。

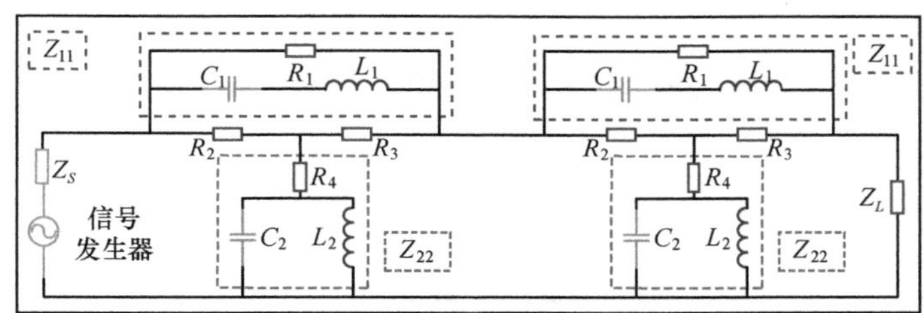

图 5-27　双级联同构幅度均衡器

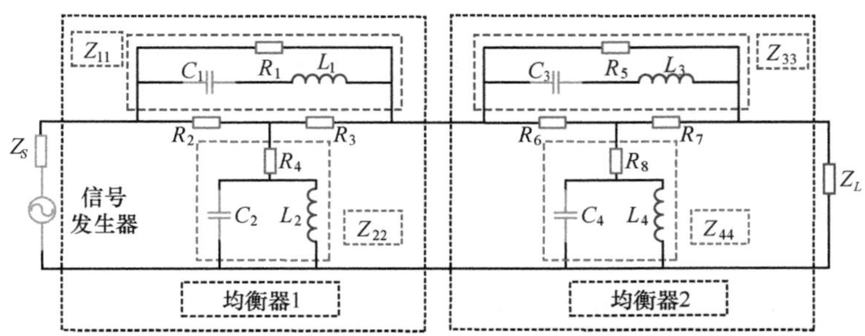

图 5-28　双级联异构幅度均衡器

单个均衡器网络的前向传输增益 $S_{21single}$ 为

$$S_{21\text{single}} = \frac{1}{1+\dfrac{R_L}{R_4+\dfrac{\text{j}\omega L_1}{1-\omega^2 C_1 L_1}}} \tag{5-28}$$

对于双级联同构幅度均衡器网络，前向传输增益 S_{21} 为

$$S_{21}=S_{21\text{single}}^{2}=\frac{1}{\left(1+\dfrac{R_L}{R_4+\dfrac{\text{j}\omega L_1}{1-\omega^2 C_1 L_1}}\right)^2} \tag{5-29}$$

双级联同构幅度均衡器和单级幅度均衡器特性相同，同样，在 $L_1=L_2$、$C_1=C_2$ 确定以及负载 R_L 一定的情况下，R_4 决定 S_{21} 和 H_{channel} 低频的特性，并且由于双级联均衡器的低频衰落更大，它对于可见光信道的补偿作用更强。

若双级联同构幅度均衡器设计采用相同的单级幅度均衡器，会使其受限于可以调节参数的个数，而采用不同的单级幅度均衡器设计，双级联异构幅度均衡器具有更多的调节参数，可以更好地匹配和补偿可见光信道，所设计的整个可见光通信系统信道带宽更宽。

对于双级联异构幅度均衡器网络，前向传输增益 S_{21} 为

$$S_{21}=\frac{1}{\left(1+\dfrac{R_L}{R_4+\text{j}\omega L_1/\left(1-\omega^2 C_1 L_1\right)}\right)\left(1+\dfrac{R_L}{R_8+\text{j}\omega L_3/\left(1-\omega^2 C_3 L_3\right)}\right)} \tag{5-30}$$

对于双级联异构幅度均衡器，在 $L_1=L_2$，$C_1=C_2$，$L_3=L_4$ 和 $C_3=C_4$ 确定及负载 R_L 一定的情况下，S_{21} 和 H_{channel} 低频特性由电阻 R_4 和 R_8 决定。与同构均衡器相比，异构均衡器可调参数更多，可以根据可见光系统的信道特性，选择不同的参数组合进行补偿，因此可以更好地补偿可见光系统的信道。

5.4.3 硬件预均衡电路仿真结果

根据所推导的公式结论，可以设计不同均衡幅度和均衡带宽的硬件均衡器，以满足不同条件下可见光通信系统的需求。根据公式推导，电路需要满足式（5-7），以及推导出的电感与电容之间的关系式（5-21），而在实际设计电路时，需要考虑电阻、电容和电感的值是否满足上述关系，在尽量满足式（5-7）和式（5-21）的条件下，可以最大化实现硬件预均衡电路输入和输出阻抗匹配。

根据不同可见光通信系统的设计需要，采用不同的参数设计了以下预均衡电路。

单级预均衡电路参数为

（a）f_0 = 143 MHz，R_1=249 Ω，R_2=R_3=49.9 Ω，R_4=10 Ω，C_1=C_2=22 pF，L_1=L_2=56 nH。

（b）f_0 = 173 MHz，R_1=249 Ω，R_2=R_3=49.9 Ω，R_4=10 Ω，C_1=C_2=18 pF，L_1=L_2=47 nH。

（c）f_0 = 368 MHz，R_1=499 Ω，R_2=R_3=49.9 Ω，R_4=5 Ω，C_1=C_2=8.5 pF，L_1=L_2=22 nH。

（d）f_0 = 368 MHz，R_1=249 Ω，R_2=R_3=49.9 Ω，R_4=10 Ω，C_1=C_2=8.5 pF，L_1=L_2=22 nH。

双级联同构预均衡电路参数为

（e）f_0 = 368.0 MHz，R_1=R_5=499 Ω，R_2=R_3=R_6=R_7=49.9 Ω，R_4=R_8=5 Ω，C_1=C_2=C_3=C_4= 8.5 pF，L_1=L_2=L_3=L_4=22 nH。

双级联异构预均衡电路参数为

（f）f_0 = 368.0 MHz，R_1=249 Ω，R_2=R_3=R_6=R_7=49.9 Ω，R_4=10 Ω，R_5=499 Ω，R_8=5 Ω，C_1=C_2=C_3=C_4=8.5 pF，L_1=L_2=L_3=L_4=22 nH。

采用 ADS 软件对所设计的单级幅度均衡器进行仿真，仿真电路如图 5-29 所示，仿真参数为 R_1=249 Ω，R_2= R_3=49.9 Ω，R_4=10 Ω，C_1= C_2=22 pF，L_1= L_2=56 nH。改变参数对单级预均衡电路条件（a）、（b）、（c）和（d）进行仿真。仿真结果如图 5-30 所示，图中 dB(S(2, 1))，dB(S(4, 3))，dB(S(6, 5))和 dB(S(8, 7))分别对应单级预均衡电路（a）、（b）、（c）和（d）中的参数条件。

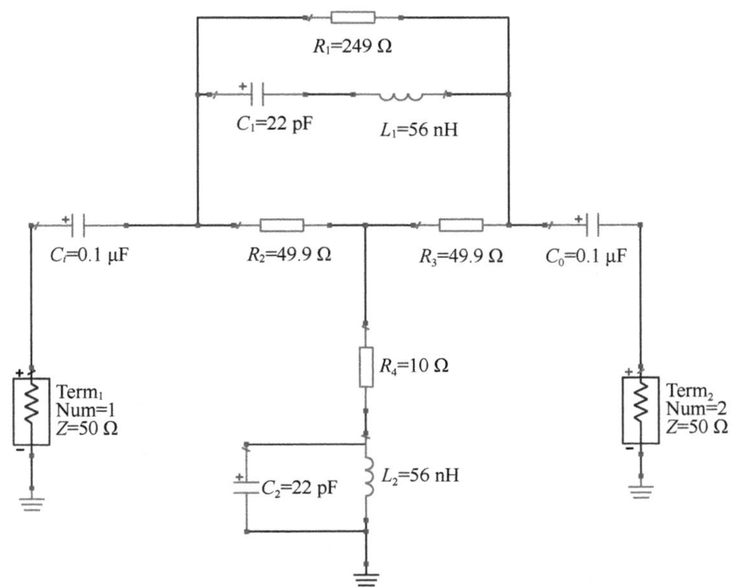

图 5-29　单级幅度均衡器仿真电路

对双级联幅度均衡器进行仿真，原理如图 5-31 所示，根据双级联同构幅度均衡器条件（e）和双级联异构幅度均衡器条件（f）中的参数进行仿真。仿真结果如图 5-32 所示，图中 dB(S(2, 1))和 dB(S(4, 3))，分别对应条件（e）和（f）中的参数。

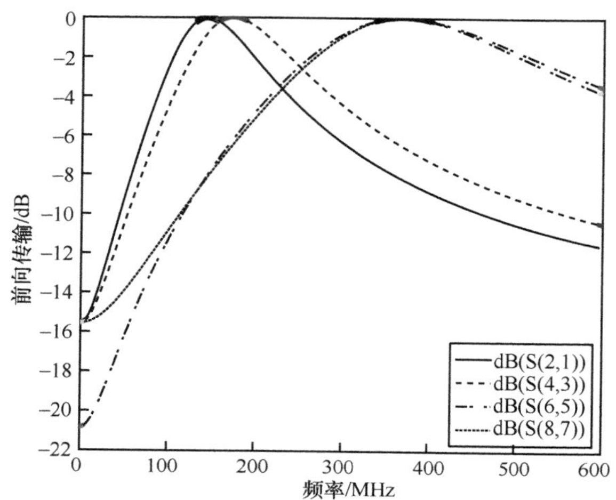

图 5-30　单级幅度均衡器仿真结果

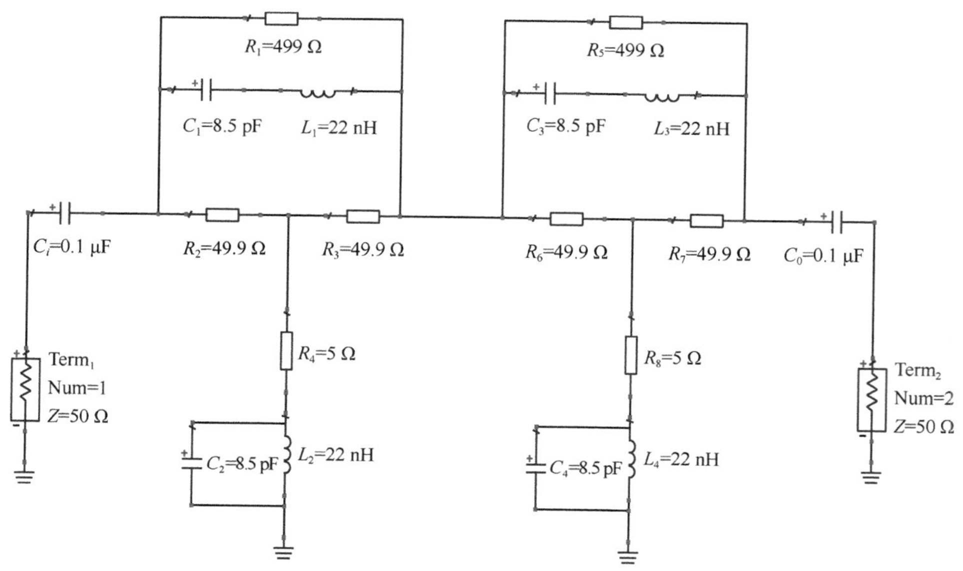

图 5-31　双级联幅度均衡器仿真电路

由图 5-30 可以看出，当频率 f 趋向于零时，最低均衡幅度由电阻 R_4 决定，R_4

越小，则最小均衡幅度越低，相对应的整个均衡器网络的动态均衡范围越大。当最低频率为 1 MHz 时，条件（a）、（b）和（d）的动态均衡范围均约为 15.6 dB，条件（c）约为 20.8 dB。当最低频率设置为 10 MHz 时，条件（a）、（b）、（c）和（d）的动态均衡范围分别约为 15.1 dB、15.2 dB、15.5 dB 和 20.5 dB，近似于最小频率等于 1 MHz。最高均衡幅度对应的频点由 C_1 或者 L_1 决定，条件（a）和（b）最高均衡幅度对应的频率为 143 MHz 和 173 MHz，条件（c）和（d）最高均衡幅度对应的频率均为 368 MHz。以上与理论分析的一致。

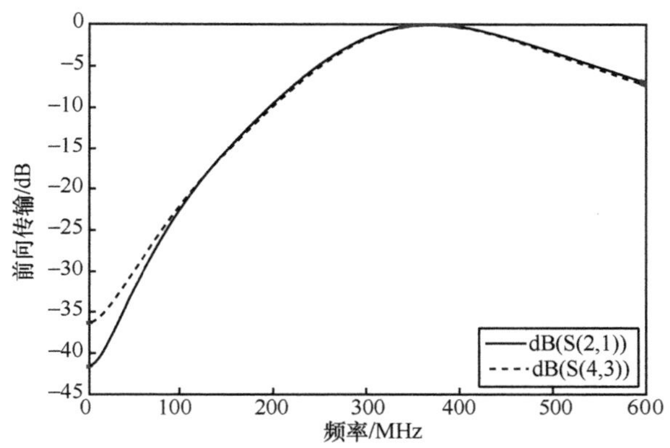

图 5-32　双级联幅度均衡器仿真结果

根据双级联同构幅度均衡器条件（e）和双级联异构幅度均衡器条件（f）的仿真结果，如图 5-32 所示，对比仿真结果图 5-30 的 dB(S(6, 5)和 dB(S(8, 7)，由于 4 种条件（c）、（d）、（e）和（f）下，C_1 或者 L_1 都相等，最高均衡幅度对应的频率均相等，为 368 MHz。由于采用级联，条件（e）和（f）的动态均衡范围更宽，当最低频率设置为 10 MHz 时分别为 36.4 dB 和 41.6 dB。

5.4.4　硬件预均衡电路测试结果

根据硬件预均衡仿真原理，并按照均衡器条件（a）、（b）、（c）、（d）、（e）和（f）进行实际 PCB 电路板设计和实物焊接，得到这几种条件下的硬件实物电路板。

采用微波网络分析仪（Agilent，N5230C，工作频率 10 MHz～40 GHz）对均衡器的参数 S 进行测试。图 5-33～图 5-36 是单级幅度均衡器测试结果，图 5-37 和图 5-38 分别是双级联同构和双级联异构幅度均衡器测试结果，每个图中加入了对应的仿真结果，并与测试的结果进行对比。

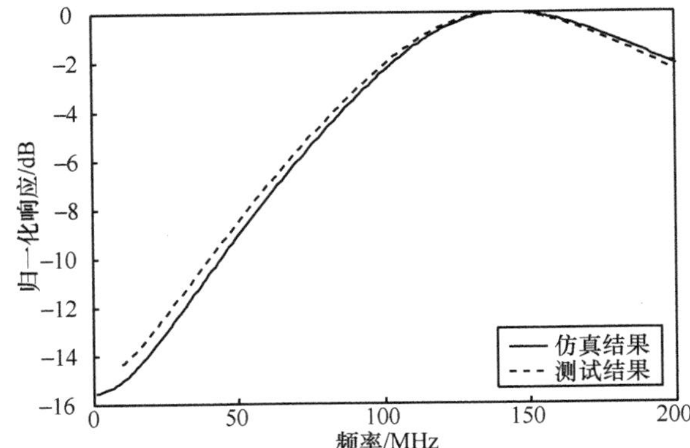

图 5-33　单级幅度均衡器仿真和测试结果（（a）f_0 = 143 MHz）

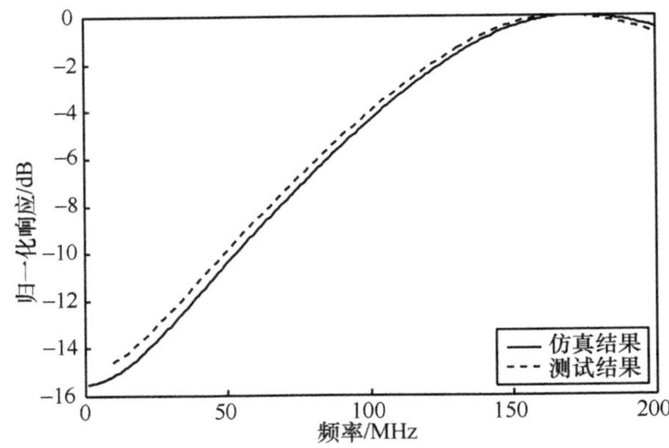

图 5-34　单级幅度均衡器仿真和测试结果（（b）f_0 = 173 MHz）

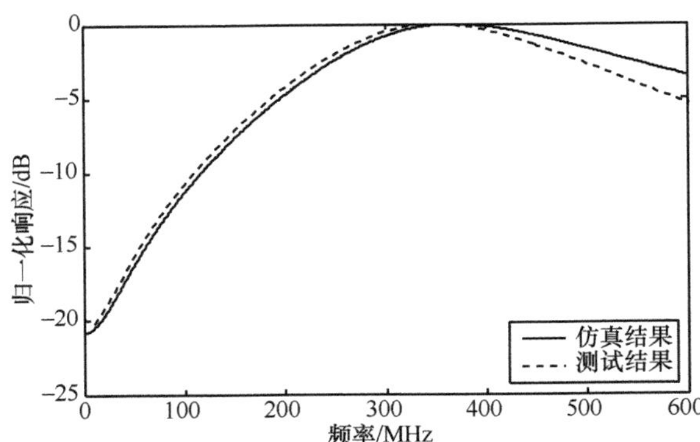

图 5-35　单级幅度均衡器仿真和测试结果（（c）f_0 = 368 MHz）

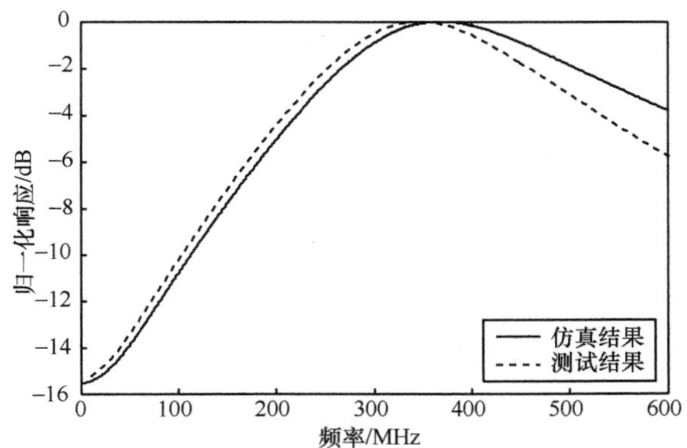

图 5-36　单级幅度均衡器仿真和测试结果（（d）f_0 = 368 MHz）

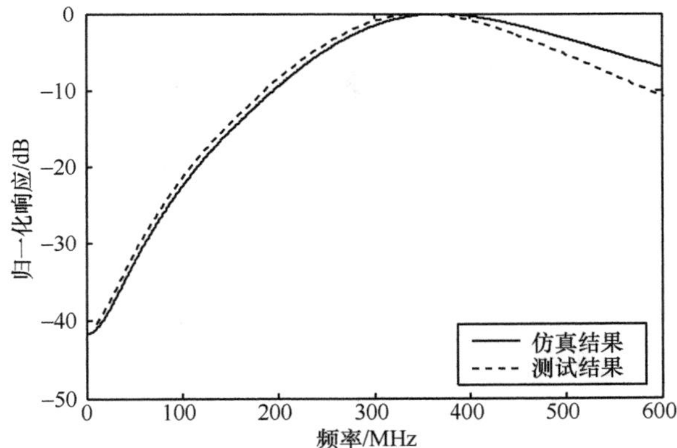

图 5-37　双级联同构幅度均衡器仿真和测试结果（（e）f_0 = 368 MHz）

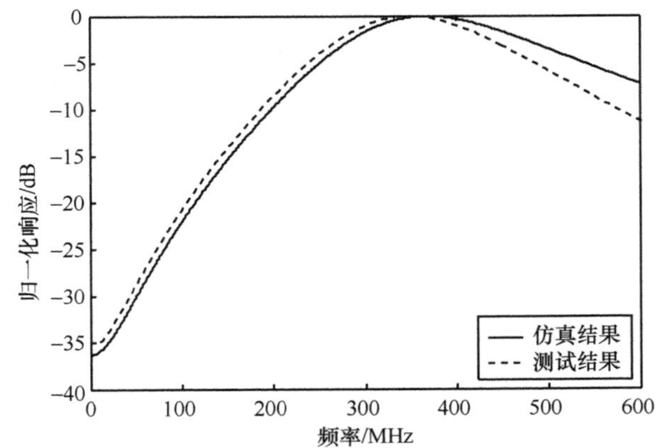

图 5-38　双级联异构幅度均衡器仿真和测试结果（（f）f_0 = 368 MHz）

根据各种均衡器的测试结果，各种条件（a）f_0 = 143 MHz，（b）f_0 = 173 MHz，（c）f_0 = 368 MHz，（d）f_0 = 368 MHz，（e）f_0 = 368 MHz 和（f）f_0 = 368 MHz 测试结果得到的最高频率响应对应的频率分别为（a）$f_{0\text{ measured}}$ = 141.1 MHz，（b）$f_{0\text{ measured}}$= 169.6 MHz，（c）$f_{0\text{ measured}}$ = 351.6 MHz，（d）$f_{0\text{ measured}}$ = 351.6 MHz，（e）$f_{0\text{ measured}}$= 351.6 MHz 和（f）$f_{0\text{ measured}}$ = 351.6 MHz，其与仿真结果有一定的差异，频率越高，差异越大，这是由实际所用电阻、电容和电感决定的，实际器件都需要考虑阻抗特性，而仿真结果没有考虑这些因素。

对于测试结果频率响应趋势，在 $f_{0\text{ measured}}$ 之前，实际测得的曲线和仿真曲线具有很好的一致性，而在 $f_{0\text{ measured}}$ 之后，实际测得的曲线的衰减较大。因此，针对这一特性，数据传输试验中需要考虑合适的数据传输带宽。

5.5 本章小结

本章重点介绍了两种预均衡技术：软件预均衡和硬件预均衡，并且分别对其进行了仿真实验，同时研究了两种软件均衡技术：ACO-OFDM 和时域加窗技术，并介绍了它们涉及技术的原理、常用的算法以及相应的实验。可见光的均衡技术对高速可见光通信系统有着重要的作用，它可以有效减小信号子载波间的干扰，提升系统的最大传输速率。

第6章 可见光通信后均衡技术

在可见光通信系统中，LED发射机发出的光信号经过自由空间的传输还会引入多种原因导致信号畸变。相应地在接收端就延伸了一系列数字信号恢复算法，针对传输中带来的各种损耗分别进行估计与补偿，进而完成对原始发射信号的再生与恢复，这是实现高速可见光通信必不可少的步骤。本章将围绕可见光通信系统接收端信号恢复处理的主要流程，详细介绍涉及的后均衡算法并做性能对比，最后对可见光通信系统信号恢复的整体实现做简要总结。

6.1 时域均衡算法

对于可见光通信系统传输的高速信号而言，在可见光信道存在较为严重的频率衰落特性，所以信号高频部分会被抑制，而从时域信号来看，频域的压缩会导致时域的扩展，从而导致相邻码元之间发生 ISI，同时在空间传输中也存在多径效应，同样会加剧 ISI 的影响。带有较大 ISI 的信号在接收端是无法正确解调和恢复的。因此可见光通信系统中，对接收信号进行时钟恢复和频偏相偏纠正后，需要将信号送入后端的均衡器，对信号进一步处理，消除 ISI 带来的影响。目前常用的后端均衡算法主要分为频域均衡和时域均衡两大类。所谓频域均衡，是从校正系统的频率特性出发，使包括均衡器在内的基带系统的总特性满足无失真传输条件；所谓时域均衡，是利用均衡器产生的时间响应去直接校正已畸变的波形，使包括均衡器在内整个系统的冲激响应满足无码间干扰条件。频域均衡在信道特性不变、传输低速数据时适用。而时域均衡可以根据信道特性的变化进行调整，能够有效地减小码间干扰，因此在高速数据传输中被广泛应用。当前主流的时域均衡算法都是基于 FIR 滤波器来设计的，因此本节将对主流的几种先进时域均衡算法如 CMA、CMMA、M-CMMA 和 DD-LMS 进行详细的介绍。

6.1.1 CMA 算法

恒模（CMA）算法是 Godard 最早提出的基于 Bussgang 类盲均衡算法中最常用的一种。该算法的提出主要应用于数字相干系统的偏振模色散（PMD）补偿[1-2]，CMA 算法在盲均衡时不需要已知的训练序列，不会受限于有限的信号失真与变形。其是一种高效的、低计算复杂度的优秀盲均衡算法。由于 CMA 算法的代价函数是下凹的曲线，因此同时可以作为补偿 ISI 的时域均衡算法。CMA 算法流程如图 6-1 所示。

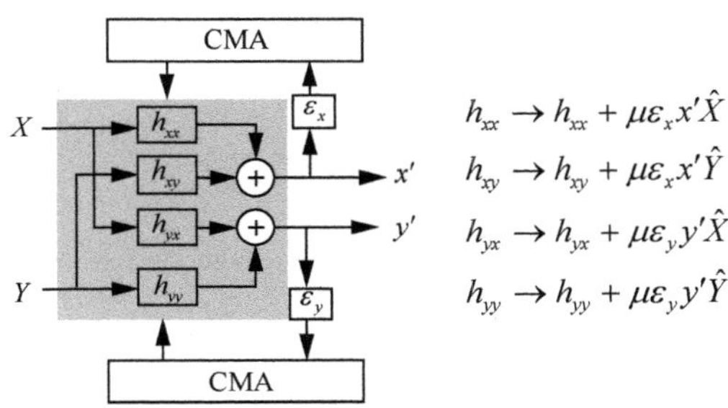

图 6-1　CMA 算法流程

对于 CMA 这样的横向均衡器，其均衡器的输出可以表示为

$$y(n) = x^{\mathrm{T}}(n)w(n) \tag{6-1}$$

这样，CMA 算法的代价函数可以表示为

$$D^{(p)} = E\left[|\,y(n)\,|^p - R_p\right]^2 \tag{6-2}$$

其中，R_p 是正实常数。对于这样一个代价函数，其发送信号的功率可以是恒定的，而均衡器输出信号的功率也可以是恒定的。$D^{(p)}$ 的最小值，可以按照最陡下降法递推。

$$w(n+1) = w(n) - \mu_p \frac{\partial D^{(p)}}{\partial w(n)} \tag{6-3}$$

其中，μ_p 是步长参数，一般取值足够小。由式（6-1）可知

$$\frac{\partial\left|y(n)\right|}{\partial w(n)} = \frac{\partial}{\partial w(n)}\left|x^{\mathrm{T}}(n)w(n)\right| = x^{*}(n)x^{\mathrm{T}}(n)w(n)\left|x^{\mathrm{T}}(n)w(n)\right|^{-1} \tag{6-4}$$

则由式（6-4）和式（6-2），可以得到

$$\frac{\partial D^{(p)}}{\partial w(n)}=2pE[x^*(n)x^{\mathrm{T}}(n)w(n)\left|x^{\mathrm{T}}(n)w(n)\right|^{p-2}(\left|x^{\mathrm{T}}(n)w(n)\right|^{p}-R_p)]= \\ 2pE[x^*(n)y(n)\left|y(n)\right|^{p-2}(\left|y(n)\right|^{p}-R_p)] \tag{6-5}$$

将式（6-5）代入式（6-3），得到

$$w(n+1)=w(n)+\mu_p 2pE[x^*(n)y(n)\left|y(n)\right|^{p-2}(\left|y(n)\right|^{p}-R_p)]= \\ w(n)+\mu E[x^*(n)y(n)\left|y(n)\right|^{p-2}(\left|y(n)\right|^{p}-R_p)] \tag{6-6}$$

用瞬时估计值 $x^*(n)y(n)\left|y(n)\right|^{p-2}(y(n)-R_p)$ 代替式（6-6）中的统计平均值得到

$$w(n+1)=w(n)+\mu x^*(n)y(n)\left|y(n)\right|^{p-2}(\left|y(n)\right|^{p}-R_p) \tag{6-7}$$

当均衡器完全平衡时，其输出为

$$y(n)=d(n)\mathrm{e}^{\mathrm{j}(\psi+2\pi\Delta f nT_s)} \tag{6-8}$$

其中，$d(n)$ 为发送的信号，ψ 为固定时延，Δf 为频率漂移。此外，均衡器接收的信号表示为

$$x(t)=\sum_n d(n)h(t-nT_s)\mathrm{e}^{\mathrm{j}\varphi(t)}+n(t) \tag{6-9}$$

其中，$h(t)$ 表示从发送端、信道到接收端的等效单位冲激响应，$n(t)$ 为加性高斯白噪声，则得到

$$R_p=\frac{E\left|d(n)\right|^{2p}}{E\left|d(n)\right|^{p}} \tag{6-10}$$

式（6-1）、式（6-7）和式（6-10）组成了完整的 CMA 算法，特别的，通常取 p=2，得到

$$R_2=\frac{E\left|d(n)\right|^{4}}{E\left|d(n)\right|^{2}} \tag{6-11}$$

对应的反馈误差通常表示为

$$\varepsilon(n)=y(n)-R_2 \tag{6-12}$$

从上面的推导也可以看到，对于 CMA 算法，其抽头系数的更新过程只与接收信号和发送信号的统计特性有关，而与误差无关，因此，CMA 算法在迭代的过程中并不需要已知的训练序列。图 6-2 所示为 CMA 算法均衡前后的星座图。

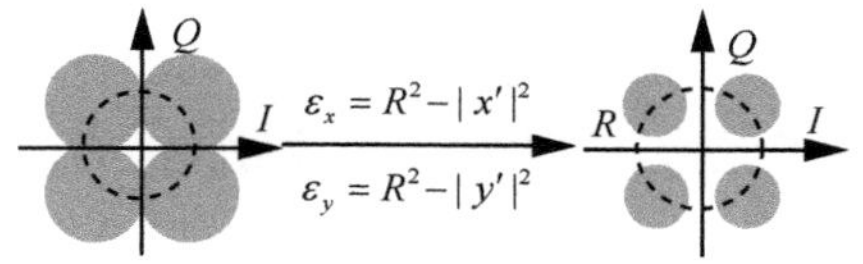

图 6-2　CMA 算法均衡前后的星座图

CMA 算法尤其适用于恒定幅度的调制格式，如 M 阶相移键控，通常也是唯一的均衡算法。但是对幅度不恒定的调制格式，如高阶正交幅度调制，算法的时间平均误差无法被减小到 0，因此均衡之后会引入额外的噪声。

6.1.2　CMMA 算法

针对 CMA 算法对 QAM 信号的收敛稳态误差不为零的情况，ZHOU 等引入了一种级联多模（CMMA）算法[3-4]。在此算法中，通过级联方式引入多个参考圆环，得到了趋近于 0 的最终误码率。由随机梯度算法可得出相应滤波器抽头权重系数更新方程，如式（6-13）所示。

$$\begin{aligned}
h_{xx}(k) &\to h_{xx}(k) + \mu\varepsilon_x(i)e_x(i)\hat{x}(i-k) \\
h_{xy}(k) &\to h_{xy}(k) + \mu\varepsilon_x(i)e_x(i)\hat{y}(i-k) \\
h_{yx}(k) &\to h_{yx}(k) + \mu\varepsilon_y(i)e_y(i)\hat{x}(i-k) \\
h_{yy}(k) &\to h_{yy}(k) + \mu\varepsilon_y(i)e_y(i)\hat{y}(i-k)
\end{aligned} \tag{6-13}$$

8QAM, $e_{x,y}(i)$ 由下式得出

$$e_{x,y}(i) = \mathrm{sgn}(Z_{x,y}(i) - A_1)\mathrm{sgn}(Z_{x,y}(i)) \tag{6-14}$$

16QAM, $e_{x,y}(i)$ 由下式得出

$$\begin{aligned}
e_{x,y}(i) &= \mathrm{sgn}(C_{x,y}(i))\mathrm{sgn}(B_{x,y}(i))\mathrm{sgn}(Z_{x,y}(i)) \\
B_{x,y}(i) &= \left|Z_{x,y}(i) - A_1\right| \\
C_{x,y}(i) &= \left|B_{x,y}(i) - A_2\right|
\end{aligned} \tag{6-15}$$

在以上方程中，sgn(x)是符号函数，可表示为 $\frac{x}{|x|}$，μ 为收敛参数。

在 8QAM 和 16QAM 调制格式下，多模算法相比于 CMA 算法对 SNR 性能有显著提高，但是也降低了滤波器收敛过程的稳健性。这是由于 CMMA 算法依赖对发射信号半径的正确判断。QAM 信号在不同环之间的间隔比最小符号间隔小，所以

当存在大量噪声或者严重信号失真时对环半径的判断会有大量错误。一种解决方案是在开始阶段使用 CMA 算法进行预收敛。预收敛完成后，系统再用多模算法进行处理。由于多模算法对单环的恒模算法向后兼容，在开始阶段增加一个 CMA 过程并不会引起实现复杂度的提升。对高阶 QAM，如 32QAM 和 64QAM，使用多模算法进行偏振解复用的复杂度会很高。我们可以通过只选择 2 个或者 3 个内环进行误差反馈计算降低复杂度。由于 QAM 内环之间的半径差通常比外环的半径差大一些，这同样可以增加收敛的稳健性。

6.1.3 M-CMMA 算法

基于经典 CMA 算法的线性均衡器在后端时域均衡中得到了广泛的应用，但是该算法对于多阶调制信号的效果不是非常显著，在多阶调制系统中信号的码元幅度不恒定，并且均衡后星座点会发生旋转，需要加入额外的相偏纠正步骤，因此提出了基于改进的级联多恒模（M-CMMA）算法的均衡器来恢复多阶信号。主要原理是将均衡器的误差函数分成正交和同相两个分量，从而更精确地对高阶信号进行均衡。

为了适应多阶编码调制，可以利用多模级联的方式进行误差计算，这里以 4 阶编码信号为例，其误差函数表达式为

$$e_x = \left|\left|\left|Z_x(i)\right| - A_1\right| - A_2\right| - A_3 \tag{6-16}$$

$$e_y = \left|\left|\left|Z_y(i)\right| - A_1\right| - A_2\right| - A_3 \tag{6-17}$$

式（6-16）和式（6-17）中 A_1、A_2、A_3 由编码信号星座图中的半径计算得到，然后对传递函数系数进行更新。

6.1.4 DD-LMS 算法

另一种提高均衡器 SNR 性能的方法是在开始阶段使用 CMA 进行预收敛，然后使用判决辅助最小均方（Decision-Directed Least Mean Square, DD-LMS）算法进行误差计算。判决辅助最小均方算法的误差计算式为

$$\varepsilon_{x,y}(i) = Z_{x,y}(i) - d_{x,y}(i) \tag{6-18}$$

其中，$d_{x,y}(i)$ 是在载波频率和相位恢复之后进行基于最佳 QAM 判决边界判决的最终信号。滤波器抽头系数更新基于式（6-19）。

$$\begin{aligned} h_{xx}(k) &\to h_{xx}(k) + \mu\varepsilon_x(i)\hat{x}(i-k) \\ h_{xy}(k) &\to h_{xy}(k) + \mu\varepsilon_x(i)\hat{y}(i-k) \\ h_{yx}(k) &\to h_{yx}(k) + \mu\varepsilon_y(i)\hat{x}(i-k) \\ h_{yy}(k) &\to h_{yy}(k) + \mu\varepsilon_y(i)\hat{y}(i-k) \end{aligned} \tag{6-19}$$

不同于均衡和载波恢复分别使用不同的功能模块独立实现的 CMA/CMMA 算法，CMA/DD-LMS 算法需要将均衡和载波恢复以及判决在一个功能模块/循环中实现。由于需要在自适应滤波之前进行初始频偏和符号相位的估计，CMA 预均衡引起的残余相位噪声较大，会导致标准 DD-LMS 算法失败。为了克服这个问题，对 DD-LMS 算法进行了一些改进。改进的算法使用与相位无关的误差信号计算。

$$\varepsilon_{x,y}(i) = \left|Z_{x,y}(i)\right|^2 - \left|d_{x,y}(i)\right|^2 \tag{6-20}$$

由式（6-20）可知，误差信号的计算仅基于半径信息。改进 DD-LMS 算法是在载波频率和相位恢复之后基于最佳 QAM 判决边界进行半径判断。而 QAM 中环之间的间隔要比最小符号间隔小，DD-LMS 算法可以实现比 CMMA 算法更好的 SNR 性能。研究表明 8QAM 和 16QAM 的性能差距相对较小，但是随着调制阶数的增加，性能差距随之增长。

6.2　频域均衡算法

上一节中介绍了几种主要的时域均衡算法，与之相对应的是将后端频域均衡，也即从校正系统的频率特性出发，使包括均衡器在内基带系统的总特性满足无失真传输条件。与时域均衡相比，频域均衡具有较低的复杂度，能够降低系统成本，适用于信道相对稳定的系统。目前常用的频域均衡主要有 3 种，一种是针对 OFDM 信号的导频辅助信道估计，另一种是针对单载波信号的单载波频域均衡，最后一种是做信道平滑的 ISFA 算法。本节将对这 3 种方法进行详细介绍[5-6]。

6.2.1　导频辅助信道估计算法

通常我们认为在 OFDM 系统中，信道响应在一个符号内保持不变，并且在设计系统时，可以保证循环前缀的长度大于信道的最大多径延迟，因此，每个子载波的单复抽头结构的均衡就是其最佳的均衡器。当循环前缀的长度大于信道的最大多径延迟时，频域均衡器的本质在于通过加入循环前缀和移除循环前缀的操作，将发送信号经历的信道响应变为循环矩阵，接收端傅里叶变换后的频域信号严格等于发送的频域信号与频域信道响应的乘积，因此直接在频域上对信道进行补偿，即可恢复发送的频域信号。

基于导频的信道估计是指在数据部分插入一定比例导频的估计方法，其结构简单、算法复杂度小，但需要插入导频信息。对于基于导频符号辅助的信道估计而言，如何选择合适的导频插入方式以及如何运用最少的导频得到最准确的信道响应是需要考虑的问题。典型的导频插入方案为块状导频、梳状导频和离散导频，分别如图 6-3 和图 6-4 所示。其中块状导频适用于慢衰落信道中，梳状导频适用于较快变信道中，离散导频有上述两者导频的优点，而且能最大限度地节省导频的开销。

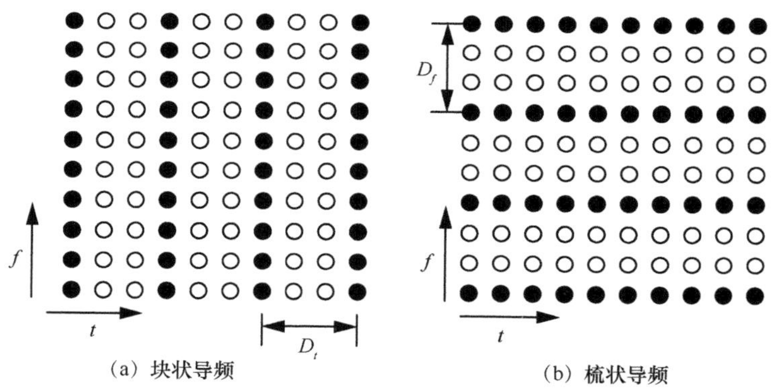

(a) 块状导频　　(b) 梳状导频

图 6-3　导频

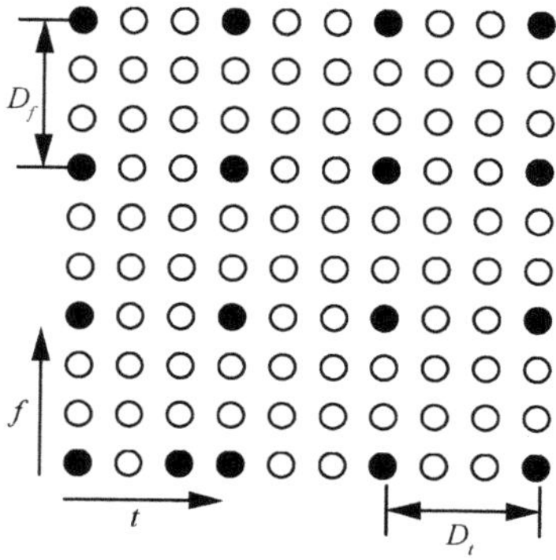

图 6-4　离散导频

导频位置的信道估计常用的方法有两种，基于最小二乘（LS）信道估计和基于最小均方误差（MMSE）信道估计。

基于 LS 信道估计导频位置处的响应为

$$\hat{\boldsymbol{H}}_p = \boldsymbol{X}_p^{-1}\boldsymbol{Y}_P \tag{6-21}$$

从式（6-21）可以看出，需要在导频的子载波位置上进行一次除法运算，就能得到导频位置处的频域信道响应。但是 LS 算法没有利用信道的时域与频域的相关性，并且忽略了噪声 N 对 $\hat{\boldsymbol{H}}_p$ 的影响。实际上，信道估计值对噪声比较敏感，当信噪比较低时，LS 估计的准确性会大大降低，从而影响系统的性能。

基于 MMSE 信道估计导频位置处的响应为

$$\begin{aligned}\hat{\boldsymbol{H}}_p &= \boldsymbol{R}_{HY}\boldsymbol{R}_{YY}^{-1}\boldsymbol{Y}_P = \\ &\boldsymbol{R}_{HH}[\boldsymbol{R}_{HH} + \sigma_n^2(\boldsymbol{X}_p^H\boldsymbol{X}_p)]^{-1}\boldsymbol{X}_P^{-1}\boldsymbol{Y}_P = \\ &\boldsymbol{R}_{HH}[\boldsymbol{R}_{HH} + \sigma_n^2(\boldsymbol{X}_p^H\boldsymbol{X}_p)]^{-1}\hat{\boldsymbol{H}}_{P,\mathrm{LS}}^{-1}\end{aligned} \tag{6-22}$$

为了估计导频位置的信道响应，不仅需要知道导频位置上接收信号之间的相关值，还需要知道信道的二阶统计特性，实际系统中可能需要预先假设一种最可能的信道模型，计算其信道响应的自相关矩阵 $\boldsymbol{R}_{HH}$。MMSE 算法结构复杂，当信道模型匹配时，性能在统计意义上最优，但是一旦模型不匹配，会出现较大的估计误差。求出导频位置处的信道响应之后，再利用插值的方法进行所有位置信道响应的估计。最后根据得到的信道响应矩阵利用迫零算法、MMSE 算法或者迭代均衡算法求出信道补偿矩阵 $\boldsymbol{W}$。

6.2.2　SC-FDE 算法

单载波频域均衡（SC-FDE）是一种基于单载波的高频谱效率调制技术。高峰值平均功率比（PAPR）对于非线性严重的可见光通信系统是一个致命的缺点，因此 SC-FDE 相比于 OFDM 具有一定优势，该调制技术频谱效率和 OFDM 一致，复杂度一致，但是拥有更小的 PAPR。SC-FDE 调制技术和 OFDM 基本一致，只是 IFFT 从发射端移到了接收端。在第 7 章中，将详细介绍该技术及相应的实验验证。

6.2.3 ISFA 算法

符号内频域平均（Intra-Symbol Frequency-domain Averaging，ISFA）算法是一种基于滑动平均理论的频域处理方法，它在抑制噪声干扰的同时不会降低频谱效率。由此，我们可以把它看作一种抽头数为奇数的低通滤波器（Low-Pass-Filter，LPF）[7]。

我们可以把信道函数看成不变的。由此，可以像信道估计一样，第 k 个子载波的信道最大似然估计值 H_k^{ML}，对一个完整的 OFDM 符号来说，信道 H^{ML} 可以表示为 $\left[\boldsymbol{H}_k^{\mathrm{ML}}\right]$，即一个 $N\times1$ 的矩阵。为了在有噪声的情况下提高信道估计的准确度，可以使用 ISFA，即对信道矩阵取滑动平均。

设滑动窗口的长度为 $2m+1$，则每个点经过 ISFA 之后的信道估计值为原来这个点之前的 m 个点和这个点之后的 m 个点的平均值。对于整个矩阵的前 m 个点和后 m 个点，依然保持它们原来的值。因此，ISFA 之后的信道矩阵表示为

$$\left[\boldsymbol{H}_{k'}^{\mathrm{ML}}\right]_{\mathrm{ISFA}}=\frac{1}{\min(k_{\max},k'+m)-\max(k_{\min},k'-m)+1}\sum_{k=k'-m}^{k'+m}\left[\boldsymbol{H}_k^{\mathrm{ML}}\right] \tag{6-23}$$

其中，$k_{\max}$ 和 $k_{\min}$ 是有效子载波的脚标最大值和最小值。实验中所用的有效子载波数为 383 个，图 6-5 比较了 ISFA 前后的信道矩阵。

从图 6-5 中可以明显地看到，基于 ML 所得到的信道估计矩阵存在很大的噪声，起伏很大；加入 ISFA 之后，信道估计矩阵变得更加平滑，噪声得到了很好的抑制。

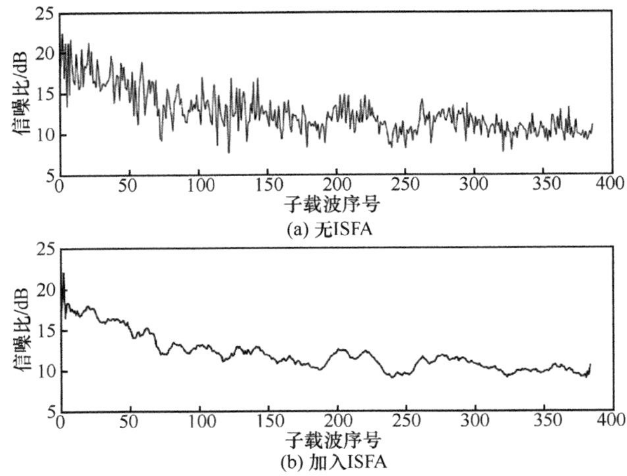

图 6-5　ISFA 对信道估计矩阵的影响

图 6-6 比较了系统加入 ISFA 前后的情况。可以看到单纯的点对点信道估计方式在 16QAM 时就已经出现了较大的误码率，而加入 ISFA 之后，星座点变得紧密了许多，系统性能大大提升。因此，加入 ISFA 的信道估计相较于单纯的点对点信道估计更加准确，但依旧无法解决如相位偏移、非线性效应的问题。

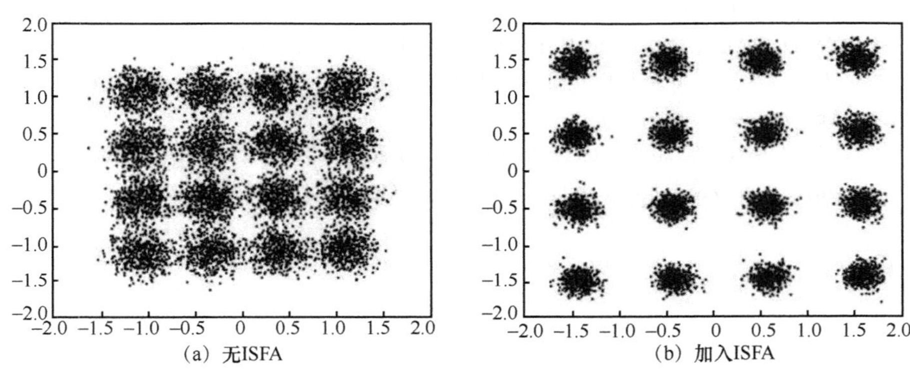

图 6-6　ISFA 的效果

6.3　本章小结

本章围绕可见光通信系统接收端信号恢复处理的主要流程，重点介绍了在接收端的信号时钟恢复、频偏相偏估计与补偿、时域均衡算法和频域均衡算法等信号恢复技术。可见光通信的信号恢复技术对于高速可见光通信系统而言有着重要的作用，能够提升系统的最大传输速率和可靠性，是实现高速长距离可见光传输的重要保障。

参考文献

[1] VITERBI A J, VITERBI A M. Nonlinear estimation of PSK-modulated carrier phase with application to burst digital transmission[J].IEEE Transactions on Information Theory, 1983, 29(4): 543-551.

[2] PEVELING R, PFAU T, AAMCZYK O, et al. Multiplier-free real-time phase tracking for coherent QPSK receivers[J]. IEEE Photonics Technology Letters, 2009, 21(3): 137-139.

[3] PFAU T. Hard-efficient coherent digital receiver concept with feed forward carrier phase re-

covery *M*-QAM constellations[J]. Journal of Lightwave Technology, 2009, 27(8): 989-998.

[4] ZHOU X. An improved feed-forward carrier recovery algorithm for coherent receivers with *M*-QAM modulation format[J]. IEEE Photon, 2010, 22(14): 1051-1053.

[5] GAO Y L, LAU A P T, LU C, et al. Low-complexity two-stage carrier phase estimation for 16-QAM systems using QPSK partitioning and maximum likelihood detection[C]// OSA/OFC/NFOEC 2011, March 6-10, 2011, Los Angeles, United States: OSA, 2011.

[6] BULOW H, BAUMERT W, SCHMUCK H, et al. Measurement of the maximum speed of PMD fluctuation in installed field fiber[C]//OFC/IOOC, February 21, 1999, San Diego, United States: OSA, 1999.

[7] LI F, YU J, FANG Y, et al. Demonstration of DFT-spread 256QAM-OFDM signal transmission with cost-effective directly modulated laser[J]. Optics Express, 2014, 22(7): 8742-8748.

第7章 复用技术

近年来，随着无线数据流量的迅猛增长，人们对于高速无线接入技术的需求愈发迫切。为了能在LED有限的调制带宽上实现Gbit/s乃至更高速率的可见光传输，诸如高谱效率调制技术、先进预/后均衡技术、可见光通信专用收发芯片等已经被研究人员广泛应用在高速可见光通信系统中。除此之外，增加可见光通信维度，利用多维复用方式实现多路信号并行传输，也是克服调制带宽限制，成倍提升可见光通信系统传输容量的有效方法。本章主要介绍复用技术，分别从双向传输与多用户接入、多维复用、可见光MIMO等几个方面，详细介绍相应的技术原理和高速VLC实验结果。

7.1 多用户接入与双向可见光通信系统

要实现可见光通信室内高速接入的应用，首先需要解决的就是如何实现 LED 接入点下的多用户接入问题，以及上下行双向通信的问题。本节将从这两个问题出发，重点介绍实现 MISO 多用户接入以及双向传输的可见光通信系统实验。

7.1.1 多输入单输出系统

采用副载波复用的 $N\times1$ MISO-OFDM VLC 系统的原理如图 7-1 所示。来自用户 1 到用户 N 的随机二进制比特流首先被调制为 QPSK 或者 16QAM 格式，然后输入到 OFDM 编码器，这里共需要使用 128 个正交子载波。OFDM 编码器输出的信号为 QAM-OFDM 格式，将这些并行的 N 路信号分别调制到副载波 $f_1\sim f_N$ 上，进行副载波复用。输出的信号和直流偏置电压通过偏置器后合为一路信号，由此得到 N 路并行信号。使用这 N 路信号分别对 N 个 LED 光源进行光强度调制后，信号便以光的形式在空间中进行传输。

来自 LED 的光在室内信道中进行传输，通过接收机前端的透镜，使其聚焦到空间探测器上。在此系统中，接收到的绝大部分能量来自于直射路径。对接收的信号进行放大、下变频、OFDM 解码、QAM 解调之后，恢复原始的发送信号，再将信号发送给用户 1′ 到用户 N'。需要特别说明的是，这个系统非常适用于定位服务，这是因为系统采用了副载波复用，能够很容易将不同的发送方区分开。

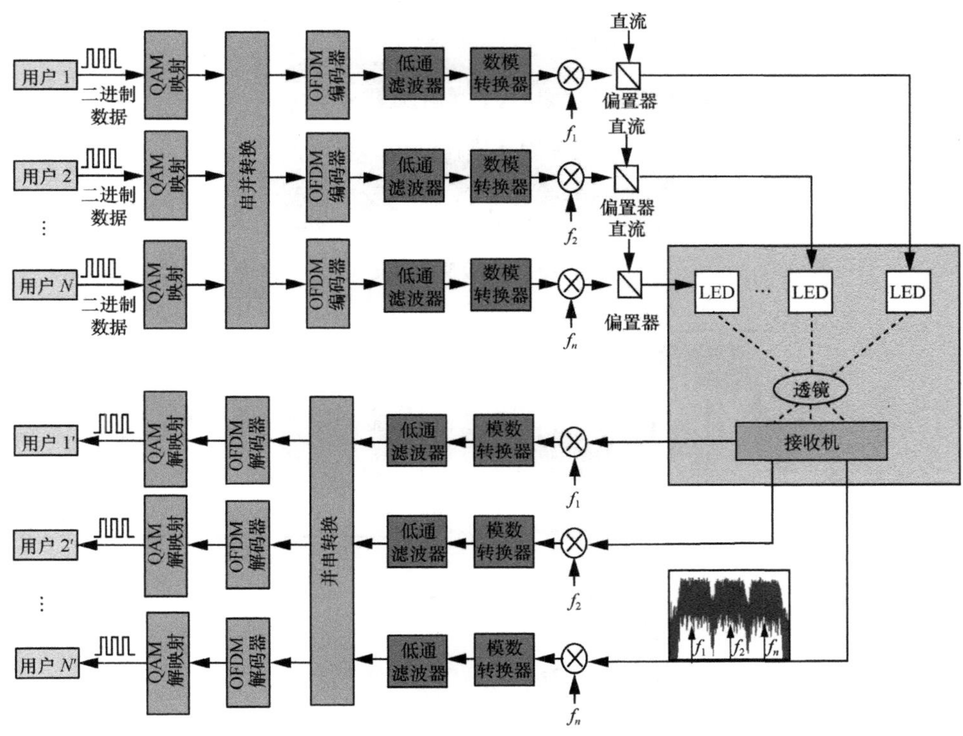

图 7-1　基于子载波复用的 Nx1 OFDM-MISO VLC 系统

对于室内白光传输信道，高频的信道增益比低频的信道增益差很多，故信道增益不是平坦的，所以我们采用了第 5 章提到的频域预均衡技术来改善信道，提高了系统性能。

根据上面的系统构架，搭建 2×1 和 3×1 的 MISO-OFDM VLC 实验系统（如图 7-2 所示）。QAM 调制和 OFDM 编码都是在 MATLAB 中完成，再加载到任意波形信号发生器中。

1. 2 × 1 MISO–OFDM VLC 系统实验

2×1 的系统采用的两个副载波频率为 7.5 MHz、13.75 MHz，偏置电压设为 3 V。两个发射机发送的信号频谱及接收的信号频谱如图 7-3 所示。

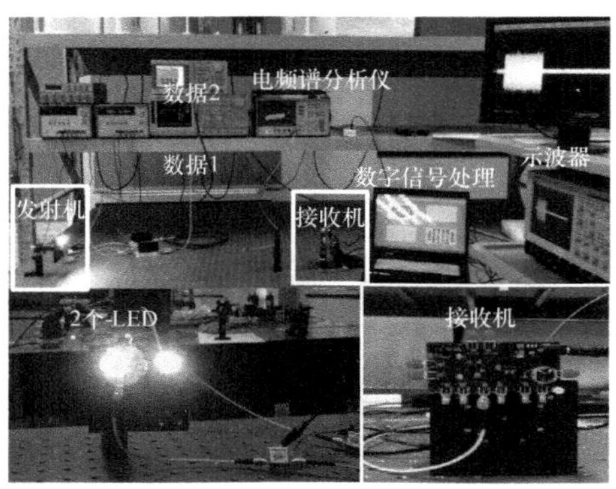

图 7-2　MISO 实验系统

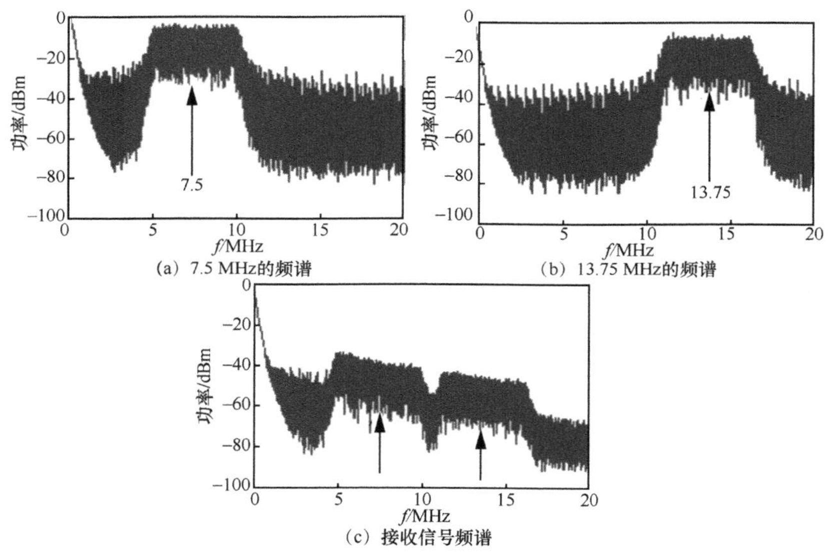

图 7-3　两个发射机发送的信号频谱及接收的信号频谱

实验中对输入信号电压与矢量幅度（EVM）的关系进行了观测，传输距离为 100 cm，实验结果如图 7-4（a）所示。从图 7-4 可以看出，输入电压太大或太小，都不利于信号恢复，此系统的最佳偏压范围为 1～1.5 V。图 7-4（a）中的插图①、②分别为偏置电压为 1.75 V 时，副载波 7.5 MHz 和 13.75 MHz 的星座图。将偏置电压设为 1.5 V，我们测量了平均 EVM 值随着传输距离改变的关系，如图 7-4（b）所示。图 7-4（b）中的插图③、④分别为传输距离为 90 cm 时，副载波 7.5 MHz 和 13.75 MHz 的星座图。可以得到，EVM 性能随着传输距离的增大而变差。

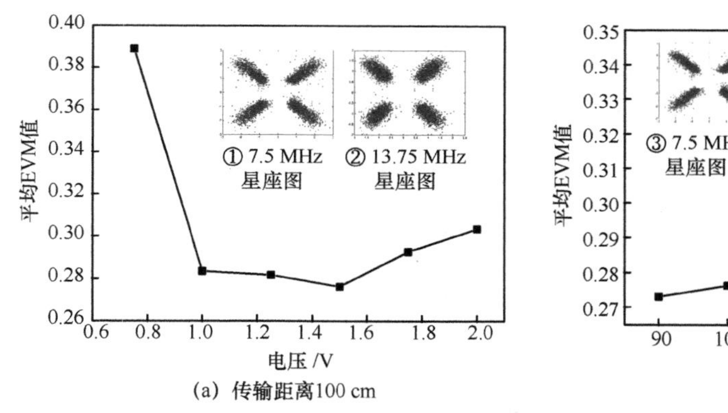

(a) 传输距离100 cm

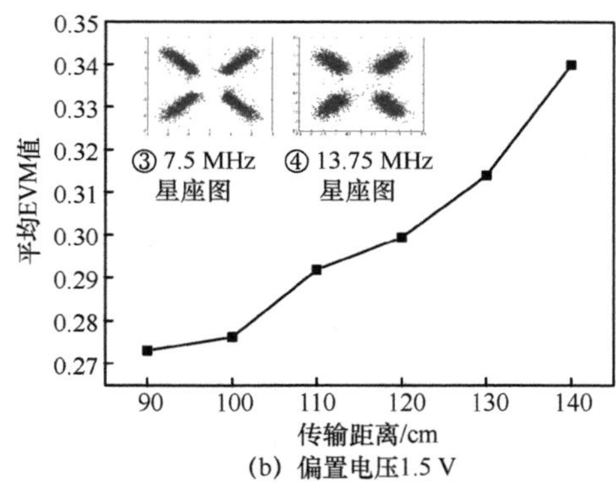

(b) 偏置电压1.5 V

图 7-4　2×1 系统平均 EVM 值随输入电压、传输距离变化的曲线

2. 3×1 MISO-OFDM VLC 系统实验

3×1 MISO-OFDM VLC 系统实验中，使用 3 个 LED 分别传输 3 路副载波信号，其系统与基于 2 个 LED 的 2×1 MISO 系统类似。3 个副载波频率分别为 7.5 MHz、13.75 MHz 和 20 MHz。传输信号为 QPSK-OFDM 信号，带宽为 6.25 MHz，偏置电压设为 3 V。接收到的信号频谱如图 7-5 所示。

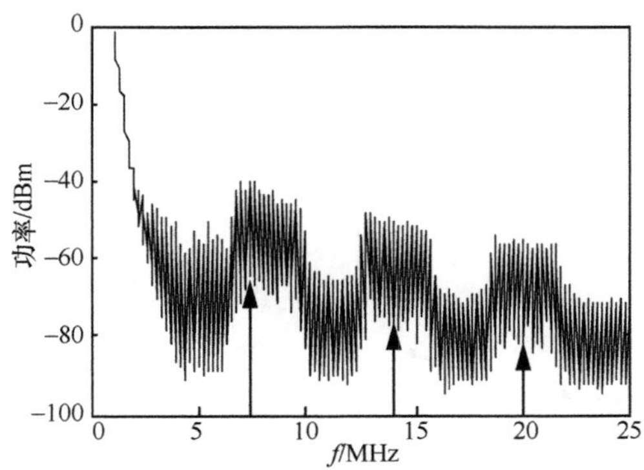

图 7-5　接收到的信号频谱

我们对 EVM 值和 BER 随着输入信号电压变化的关系进行了观测。传输距离设定为 100 cm，输入电压为 0.5～2 V，测得的实验结果如图 7-6 所示。从图 7-6 可以看出，EVM 值在输入电压在 1.3～1.75 V 范围内达到最小值，相应的 BER 也最小，此时系统性能最好。那么 1.3～1.75 V 就是系统的最佳偏置范围。在这个范围之内，电压既不会太大，以至于超出线性工作区域；也不会太小，以至于很难恢复出信号。

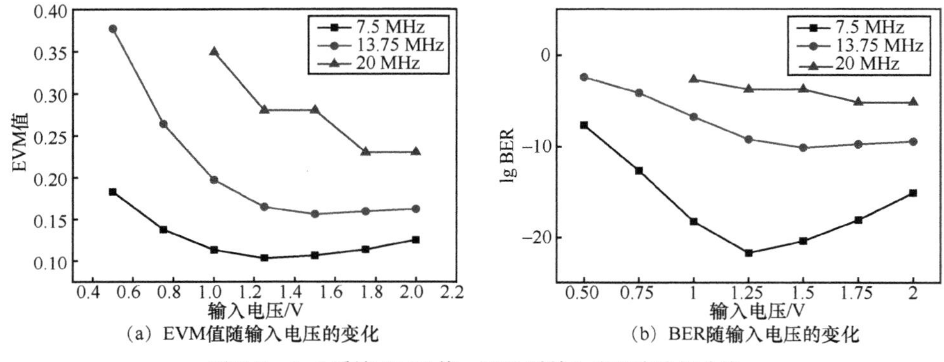

(a) EVM值随输入电压的变化　　(b) BER随输入电压的变化

图 7-6　3×1 系统 EVM 值、BER 随输入电压变化的曲线

将输入电压设定在系统的最佳偏置范围之内，我们设为 1.5 V，分别测量 3 路信号的 EVM 值和 BER 随传输距离变化的关系。传输距离为 80～160 cm，实验结果如图 7-7 所示。图 7-7（a）中的插图①、②、③分别为副载波 7.5 MHz、13.75 MHz 和 20 MHz 的星座图，可以看出，EVM 值和 BER 都与传输距离成正相关关系，即传输距离越远，系统性能越差，并且频率最低的副载波 EVM 性能和 BER 最好，频率最高的副载波 EVM 性能和 BER 最差。不使用预均衡的情况下，传输距离不能超过 140 cm，因为此时 20 MHz 的副载波几乎不能恢复。使用预均衡之后，传输距离可以进一步扩展。

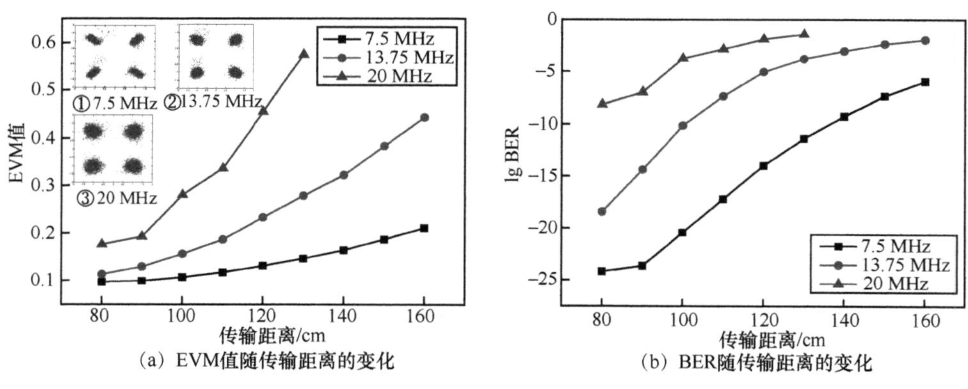

(a) EVM值随传输距离的变化　　(b) BER随传输距离的变化

图 7-7　3×1 系统的 EVM 值、BER 随传输距离变化的曲线

我们还搭建了一个使用频域预均衡技术的实验系统，并对系统性能进行了实验研究，将其与不使用频域预均衡的系统进行了对比。我们首先对接收的信号频谱进行了比较，实验结果如图 7-8 所示。可以看出，使用预均衡之后接收的信号频谱更加平坦。

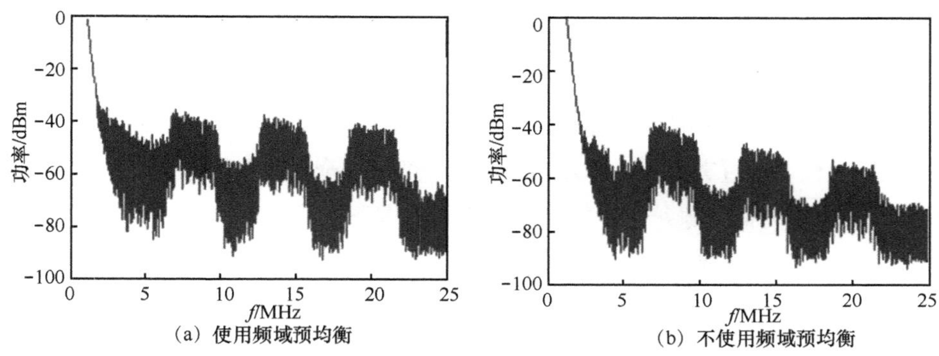

图 7-8　使用与不使用频域预均衡接收的信号频谱

然后分别对使用预均衡前后的系统 EVM 性能和 BER 进行了测量，并比较其结果。实验结果如图 7-9 所示，图 7-9（a）中的 EVM 是 3 个副载波的平均 EVM 值，系统的 BER 总是由性能最差的线路决定，因此，BER 取的是副载波 20 MHz 的值。由图 7-9 可知，在传输距离超过 110 cm 后，使用频域预均衡技术的系统 EVM 性能有了明显提高，并且传输距离越远，性能提高越明显。当传输距离为 140 cm 时，EVM 性能提高了 30%。

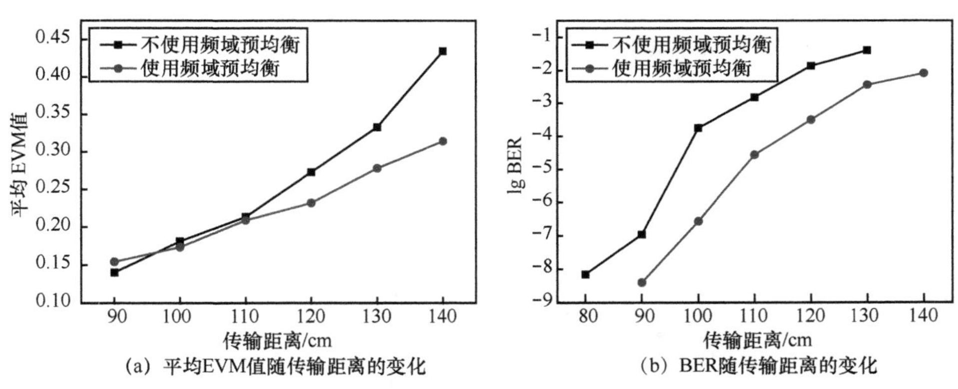

图 7-9　使用与不使用频域预均衡的平均 EVM 值、BER 随传输距离变化的曲线

7.1.2　双向传输系统

双向传输，特别是上行传输一直是困扰可见光通信的一个技术难点。目前有人提出利用回复反射装置来实现双向传输，但该技术是通过纯物理方式来实现的，传

输速率和调制带宽都很低；通过射频技术来实现上行也是一种方案，但是这种方案不适合应用在禁用射频技术的场所，如医院和飞机；通过红外技术来实现上行可作为一种方案，但是红外技术也存在诸多限制，如对功率的要求、传输距离近、速率较低、方向性要求过高等[1-3]。本小节将重点介绍两种全光双向传输技术，即上下行都采用 LED 作为信号源，一种是时分双工技术，另一种是频分双工技术。

1. 时分双工技术

时分双工（Time Division Duplexing，TDD）技术，接收和发射工作在同一频率的不同时隙，用时间来分离接收和发射信道，某个时间段由上行链路工作，另一时间段由下行链路工作，两组链路协同一致才能顺利工作。其工作原理如图 7-10 所示[4]。

LIU 等利用 TDD 技术实现双向传输，下行采用多芯片 5×8 LED 阵列，上行采用单芯片 LED，FG1（50 Msample/s 采样率）和 FG2（40 Msample/s 采样率）分别是信号发生器，通过时钟产生器产生 12 kHz 占空比为 50%的方波信号来同步，*M*1 和 *M*2 分别是反射镜，放置在各自 LED 端 25 cm 处，用来模拟真实环境同向反射对实验系统的影响。上行和下行都采用 OOK 调制方式，数据传输速率为 2.5 Mbit/s。

2. 频分双工技术

频分双工（Frequency Division Duplexing，FDD）技术，接收和发射工作在同一时隙的不同频率，用频率来分离接收和发射信道，上行链路工作在某个频率段，下行链路工作在另一频率段，两组链路协同一致才能顺利工作。其工作原理如图 7-11 所示。

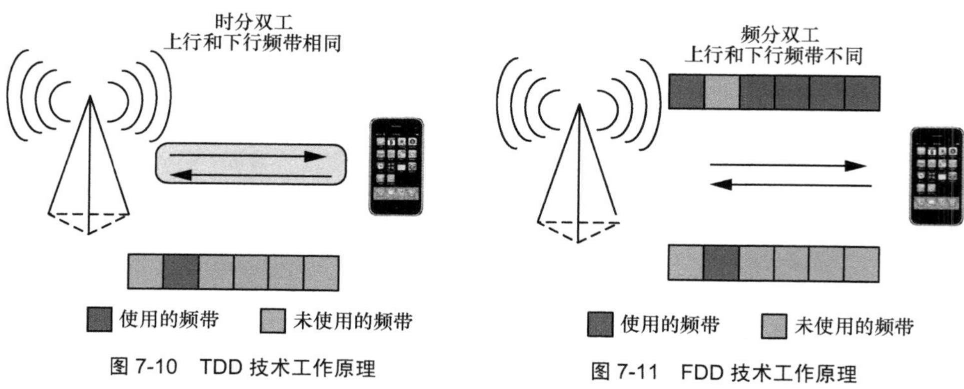

图 7-10　TDD 技术工作原理

图 7-11　FDD 技术工作原理

WANG 等利用 FDD 技术实现双向传输，其实验系统配置如图 7-12 所示[5]。

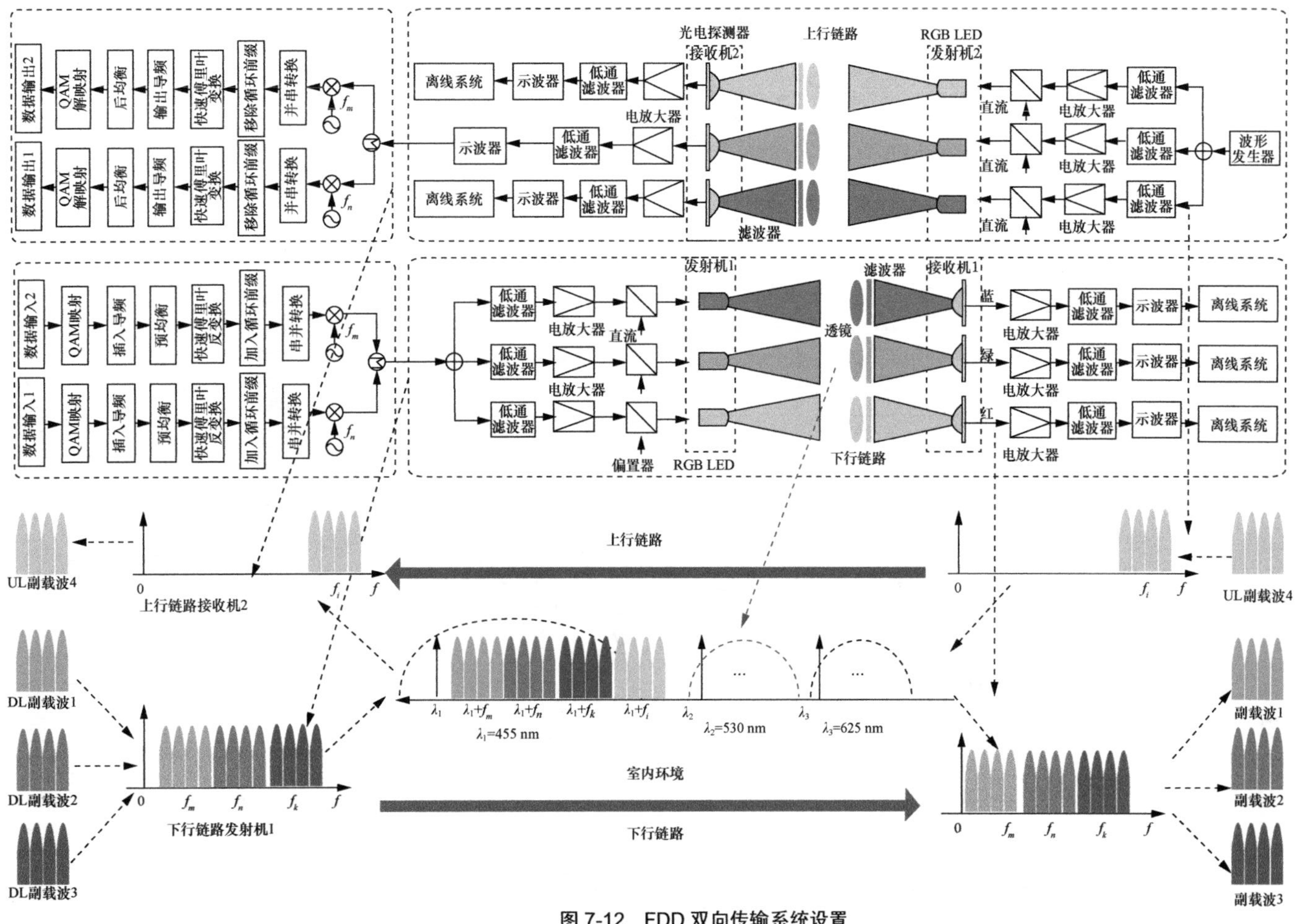

图 7-12　FDD 双向传输系统设置

其中下行链路的每个 LED 芯片上调至 3 个副载波信号，总带宽为 75 MHz，每种颜色的上行链路带宽为 25 MHz，根据信道的情况采用不同阶数的调制格式。实验结果如图 7-13 所示。总的下行传输速率为 1.15 Gbit/s，上行速率为 300 Mbit/s，系统的总吞吐量为 1.45 Gbit/s。

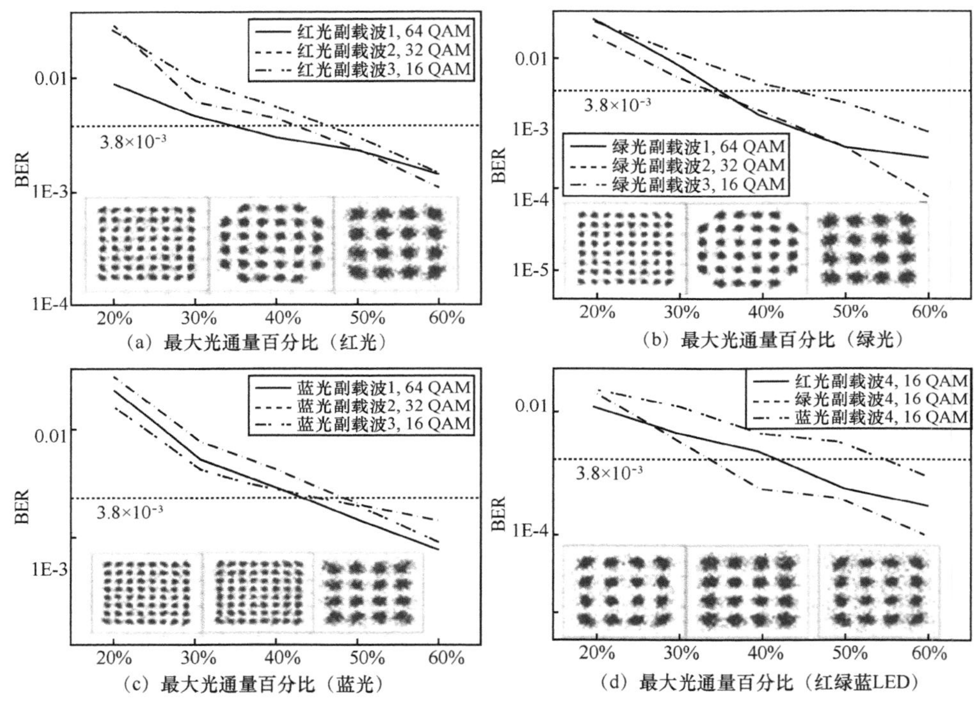

图 7-13　WDM-SCM 双向传输实验结果

7.2　VLC 多维复用系统

近年来，伴随着 LED 的迅速普及，以及高速无线接入的迫切需求，VLC 技术在短短 10 年间迅猛发展。然而 VLC 技术的发展也存在着一些限制因素，其中最主要的挑战在于 LED 有限的调制带宽。为突破调制带宽这一瓶颈，研究者已经提出了多种技术，如高阶调制格式、蓝光滤波、预均衡技术、后均衡技术等，来提升 VLC 系统传输速率。

除此之外，利用多维复用的方式实现多路信道并行传输，也是克服调制带宽限制、提升可见光通信系统传输容量的有效方法。在 VLC 系统中，可以采用的多维复用方式包括波分复用、副载波复用和偏振复用。波分复用是指将信号分别调制到不同波长的可见光载波上（对于 RGB-LED 而言，即调制到红、绿、蓝 3 个波长上），然后空间耦合成白光后并行传输。频分复用是指将信号分别调制到 LED 不同中心频率的子载波上。偏振复用是指利用可见光偏振片，将信号分别调制到不同偏振方向的线偏振光上，实现并行传输。本节将主要从这 3 种复用技术入手，介绍采用多维复用技术的高速可见光通信系统。

7.2.1　波分复用技术

波分复用技术是将一系列载有信息但波长不同的光信号（对于 RGB-LED 而言，即将红、绿、蓝 3 种不同颜色调制后的光束合在一起）经过自由空间传输，在接收端用滤光镜将各种波长的光载波分离，然后由光接收机做进一步处理以恢复原信号的通信技术。其原理如图 7-14 所示[6]。

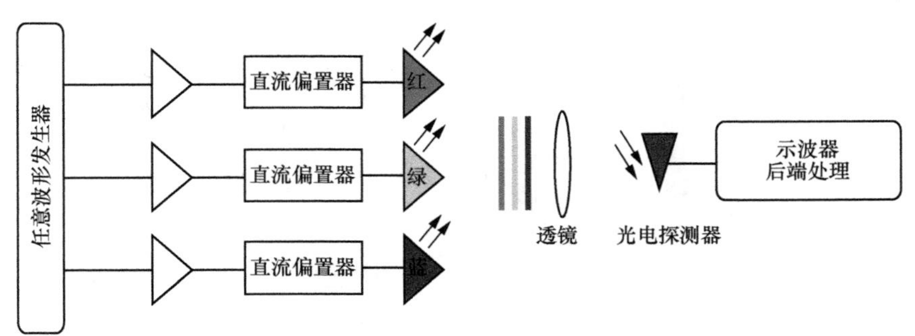

图 7-14　可见光通信波分复用原理

3 路不同的信号分别经驱动器放大后通过直流偏置器加载到 RGB-LED 红、绿、蓝 3 个颜色的芯片上，然后这 3 束不同颜色的光束在空间耦合产生白光，在空间传输。在接收端，经过透镜聚焦后，采用红、绿、蓝 3 种颜色的滤光片将不同波长的信号选择出来，再由接收电路进行信号采集和后端处理。通过采用红绿蓝三色的波分复用，可以将 VLC 系统的传输容量提升 3 倍。

基于波分复用技术，我们采用了单载波频域均衡调制技术，结合先进预均衡与后均衡算法，实现了 3.75 Gbit/s 可见光传输系统实验。实验系统如图 7-15 所示。

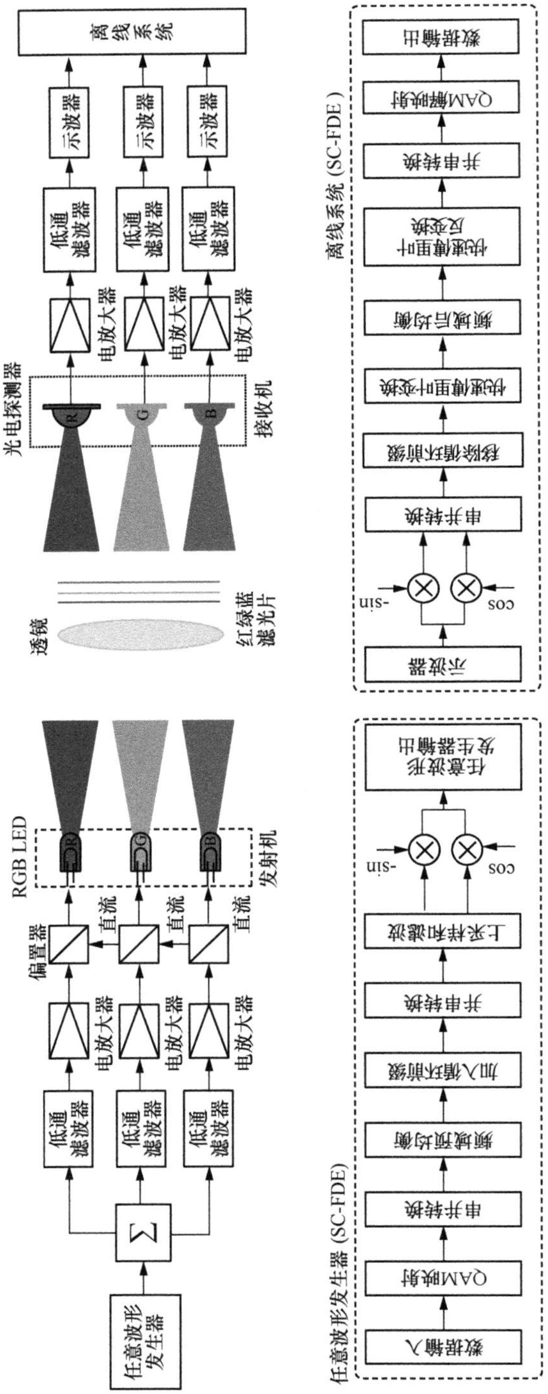

图 7-15　波分复用 3.75 Gbit/s 可见光传输系统

实验中，由任意波形发生器产生的 3 路信号分别经过低通滤波器、放大器和偏置器后调制到 RGB-LED 不同颜色的芯片上。该 RGB-LED 光谱如图 7-16 所示。红绿蓝 3 种颜色同时点亮，耦合成白光，经过自由空间传输后，由滤光片将 3 个波长的光分开，在接收端由探测器接收。然后进行后端的均衡与解调算法处理。实验中，每个波长调制带宽为 156.25 MHz，调制信号阶数为 256QAM，因此每个波长的传输速率为 1.25 Gbit/s，经过波分复用后该系统总的传输速率达到 3.75 Gbit/s。实验中测得的 3 个波长的传输性能如图 7-17 所示。

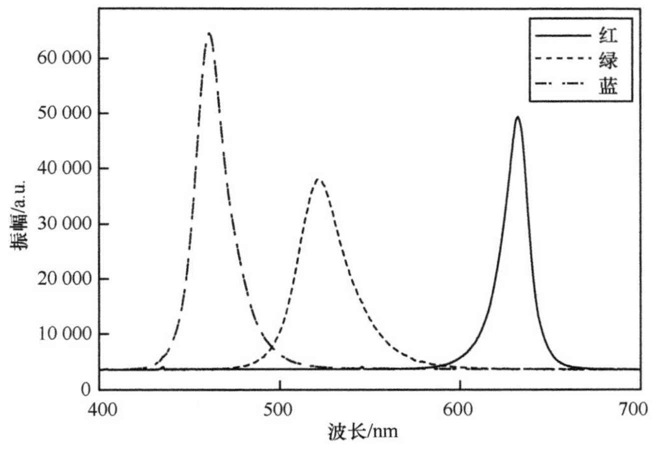

图 7-16　RGB-LED 光谱

7.2.2　副载波复用技术

副载波复用（SCM）是多路信号经不同的载波调制后，经由同一可见光波长在自由空间传输的一种复用方式。其灵活的频谱分配方式可以使该项技术应用在双向传输和多址接入中。对于可见光通信系统，由于其信道不平坦，不同频率处信道响应不同。对于目前 VLC 系统中普遍采用的 OFDM 技术，子载波间隔要足够小才能克服信道的频响不平坦问题。但是 PAPR 会随着子载波数目的增加而增长，从而损伤系统性能。采用 SCM 技术增大传输容量的同时可以降低 PAPR[7]。

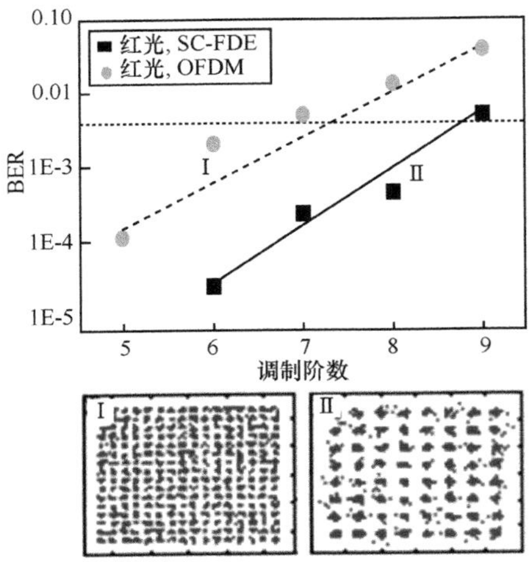

(a) 红光

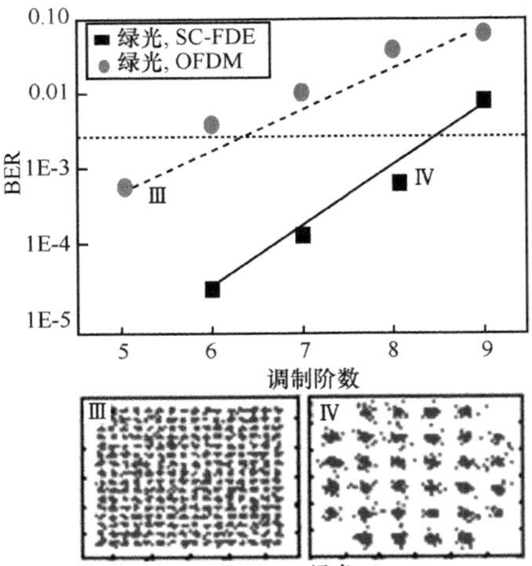

(b) 绿光

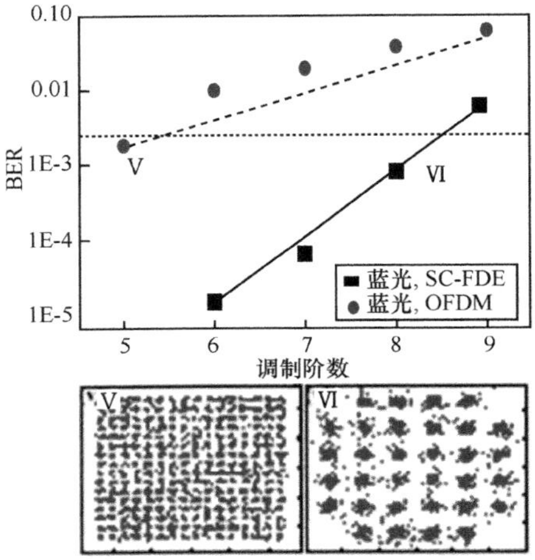

(c) 蓝光

图 7-17 红绿蓝 3 个波长的传输性能

对于不同的副载波信道而言，其调制阶数、带宽和中心频率都可以很容易根据系统需求进行调整。SCM 原理如图 7-18 所示，可以把可用带宽分成 N 个副载波信道，中心频率分别是 f_1、f_2、…、f_n，其调制格式根据信道情况和系统需求可以分别是 OOK、QPSK、16QAM、32QAM 或者更高阶的调制方式。该系统是异步的，因此，可以在每个时隙动态调整频率带宽和调制格式。

根据 SCM 的特点，可以将其应用在多址接入或者双向传输中。对于双向传输，其原理如图 7-19 所示。

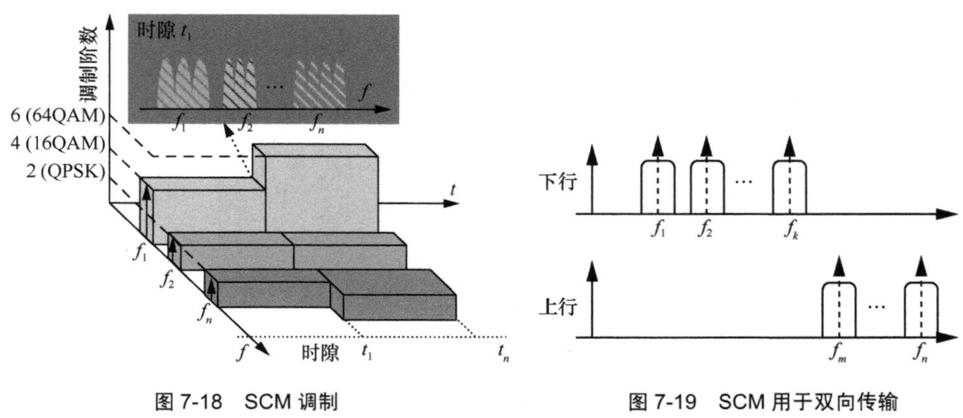

图 7-18 SCM 调制

图 7-19 SCM 用于双向传输

根据用户对上下行速率的需要进行频谱分配。f_1、f_2、f_k、f_m、f_n是不同副载波的中心频率，可以把不同信号调制到不同副载波上。调制方式、中心频率和每个副载波的带宽都可以按照上述分配原理根据需要进行相应的分配。比如下行可以根据信道特性采用 QAM-OFDM 调制方式，上行速率小，可以采用 OOK 调制[8]。

另外可见光通信技术中多址接入技术如图 7-20 所示，实验原理如图 7-21 所示[9]。

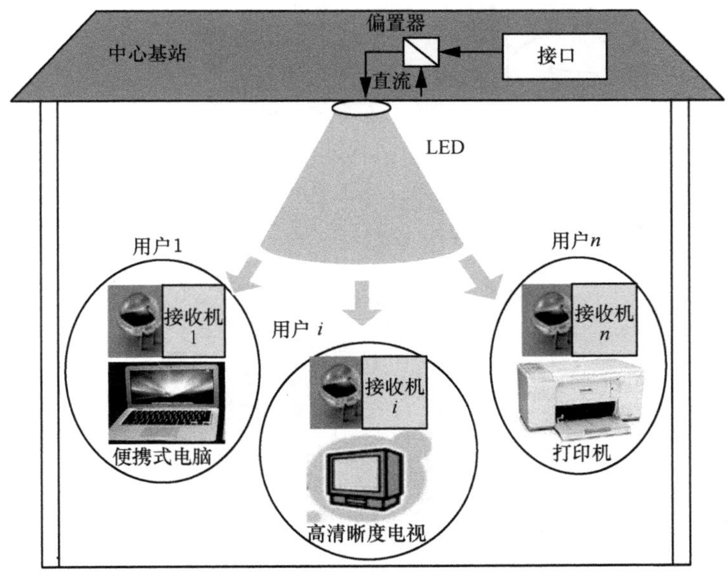

图 7-20 可见光多址接入技术

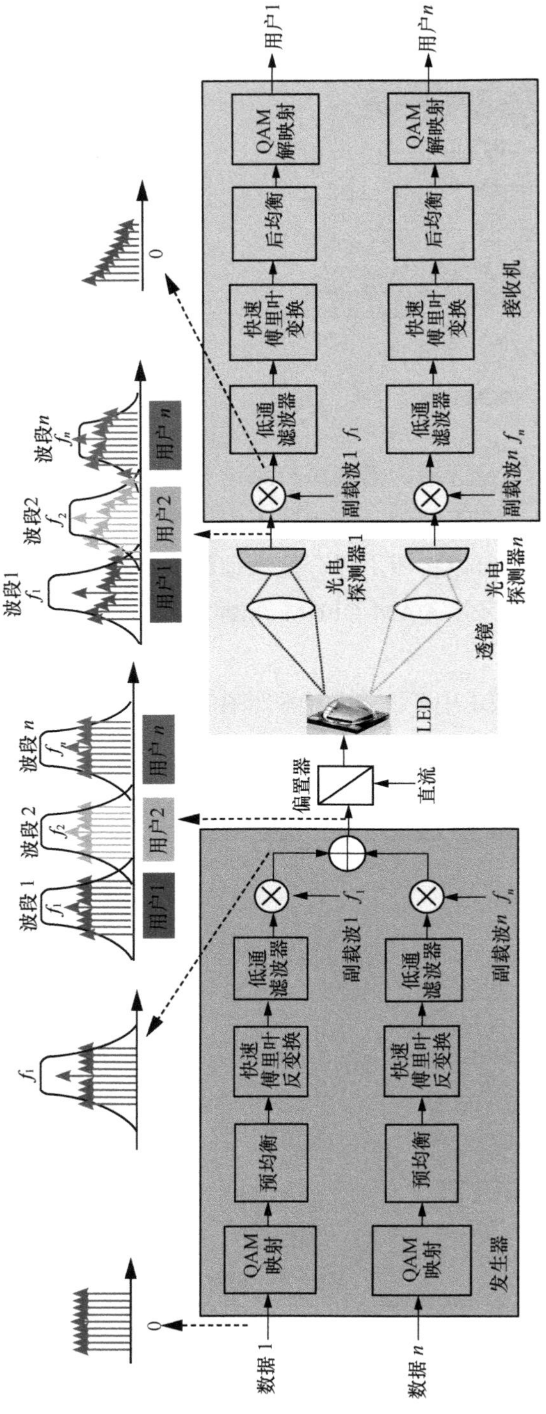

图 7-21 可见光多址接入实验原理

多址接入技术即把信号调制到不同副载波上，再复用加载到同一个 LED 上，经过空间传输后被室内不同接收机接收，再分配到不同的用户。在两个副载波信道带宽相同的情况下，带宽为 6.25 MHz，中心频率分别落在 6.25 MHz、12.5 MHz、18.75 MHz 位置。不同副载波组合的频谱如图 7-22 所示，BER 曲线如图 7-23 所示。

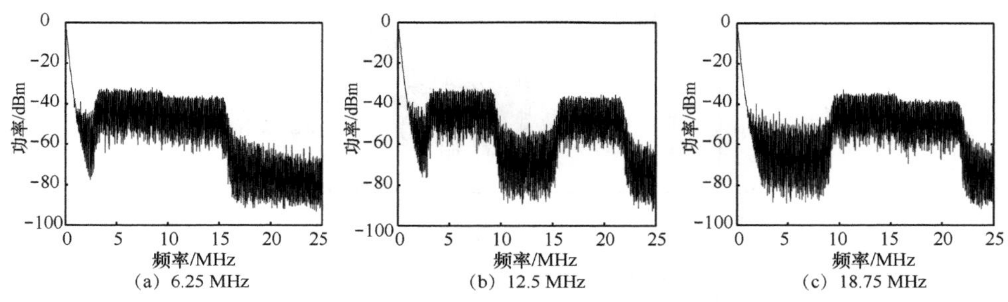

图 7-22 不同副载波组合的频谱

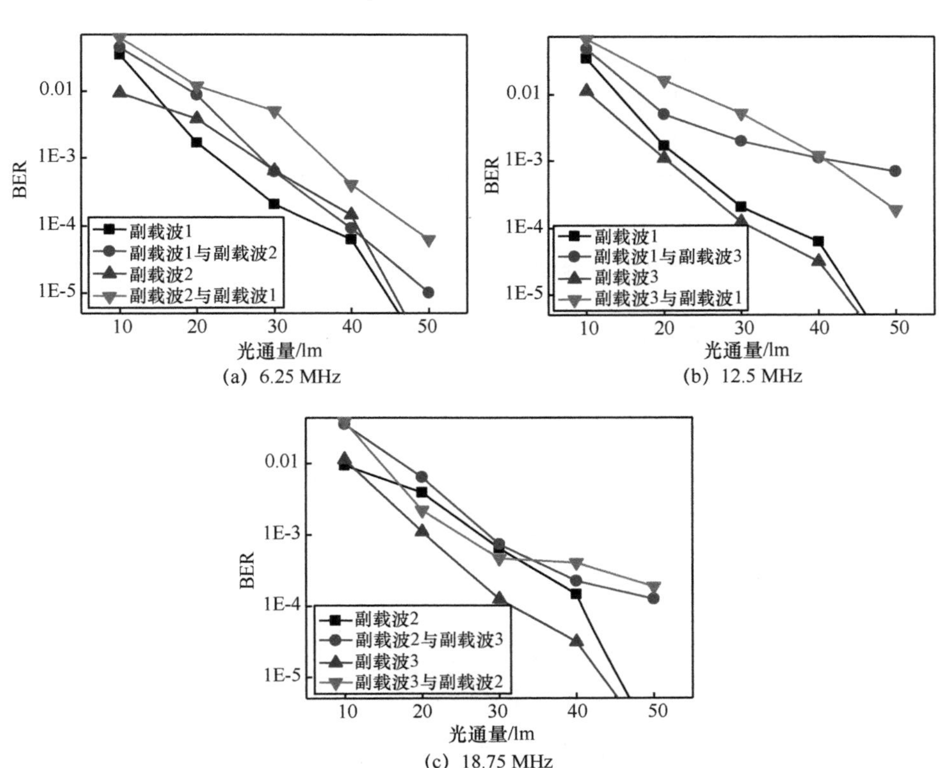

图 7-23 相同带宽不同副载波组合的 BER

此外，由不同调制带宽组合的频谱（图 7-24（a））可以看出，其中一个副载波信道调制带宽为 6.25 MHz，另一个副载波调制带宽为 3.125 MHz，BER 如图 7-24（b）所示。

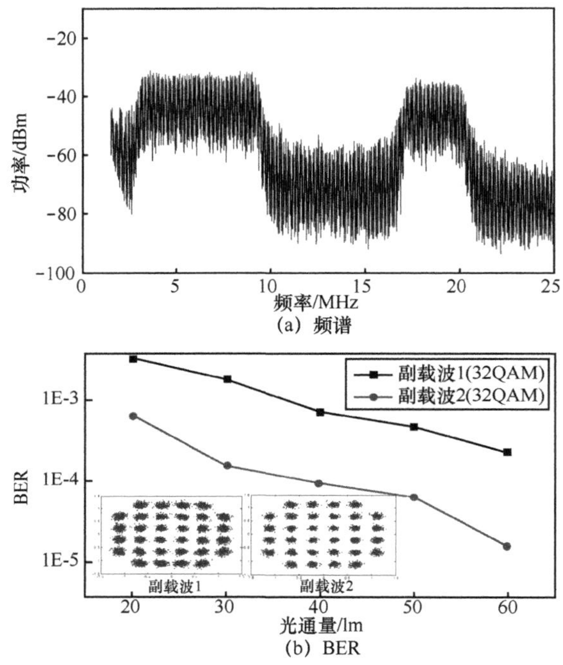

图 7-24 不同副载波带宽组合的频谱和 BER

相同调制带宽 6.25 MHz 的实验系统也经过了测试，其中一个副载波信道调制 32QAM，另一个副载波信道调制 16QAM，其 BER 如图 7-25 所示。

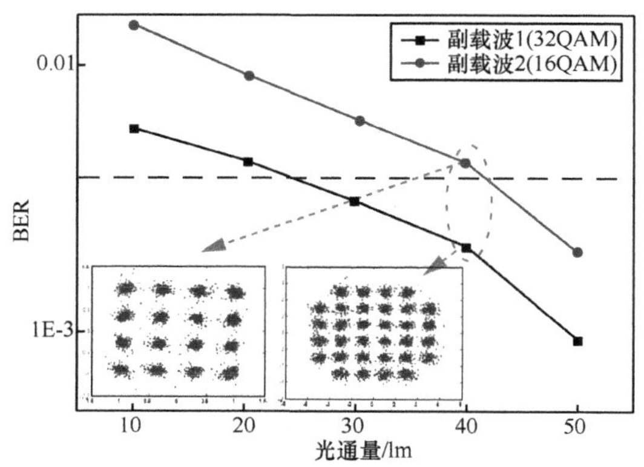

图 7-25 相同带宽时不同调制阶数的 BER

7.2.3　偏振复用技术

虽然 LED 发出的可见光是自然光，但是可以利用外部偏振片，实现偏振复用（PDM），如图 7-26 所示。

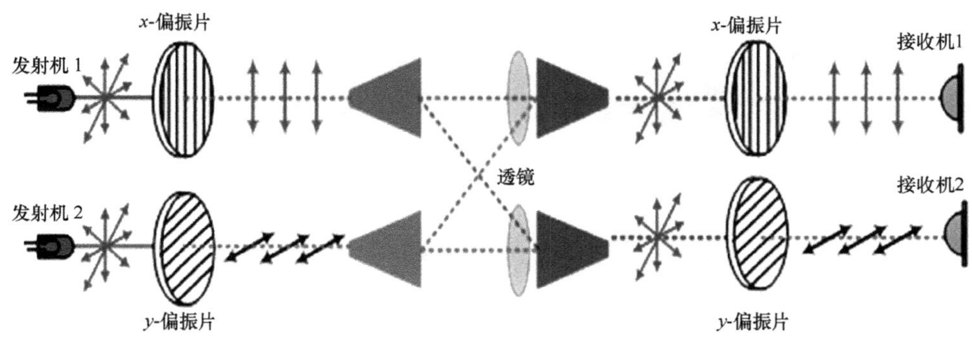

图 7-26　偏振复用

可见光通信系统采用多个起偏器,以及与起偏器相同数目且一一对应的检偏器，该系统采用 LED 灯发出的可见光携带需传送的信息,不同 LED 灯发出的可见光通过对应的起偏器，得到不同偏振方向的线偏振光，并发送至接收端；在接收端，检偏器与对应的起偏器之间的透振方向成预设角度，并且每一个检偏器检测出经对应的起偏器发送的可见光，根据不同探测器检测的光强，经过数字信号处理算法，可以恢复多路发射信号，为可见光通信系统提供了另一个维度，从而成倍地提高可见光通信系统的数据传输速率。

基于偏振复用技术，我们成功实现了一个 2×2 的可见光偏振复用系统，传输速率达到 1 Gbit/s。实验中采用了两个不相关的 RGB-LED 作为光源，同时采用了一对正交的偏振复用器来实现偏振复用，系统结构如图 7-27 所示。实验采用了基于 16QAM 高阶调制的 SC-FDE 调制技术来提升系统的频率利用率。其中每个发射机发送 125 MHz 带宽的单载波信号,实现了总速率为 1 Gbit/s 的可见光偏振复用传输，传输距离达到 80 cm。

实验测得的两个接收机接收的信号频谱如图 7-28 所示。

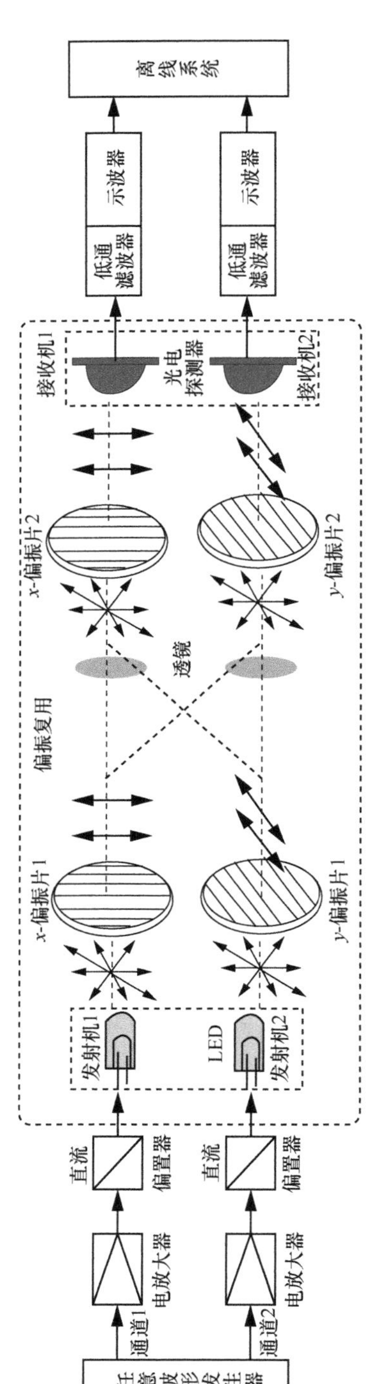

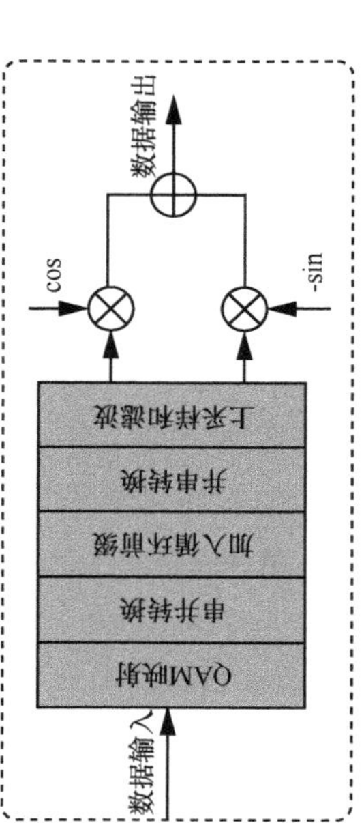

(a) 发射机

(b) 接收机

图 7-27 可见光偏振复用系统结构

接下来我们测量了两个接收机在有偏振复用和没有偏振复用情况下的 BER 与传输距离的关系，如图 7-29 所示。可以看到，由于加入了偏振复用器，带来了一定光强的损失，所以在偏振复用情况下，两个接收机的 BER 性能相比没有 PDM 的时候都略有下降。同时还可以看到在 80 cm 传输距离情况下，采用 PDM，两个接收机的性能都能满足 3.8×10^{-3} 的 7%FEC 误码率门限。

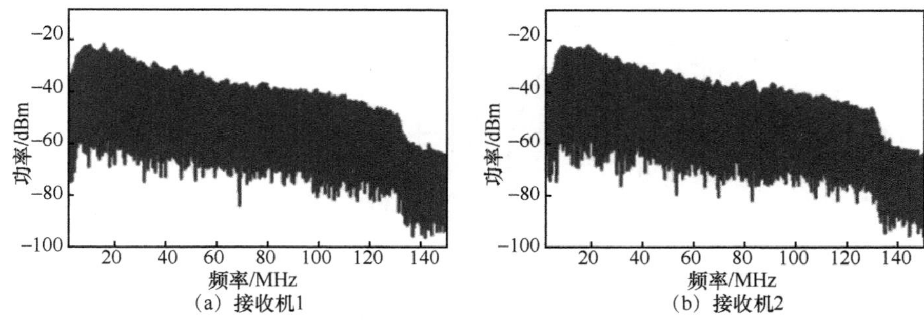

图 7-28　两个接收机接收信号频谱

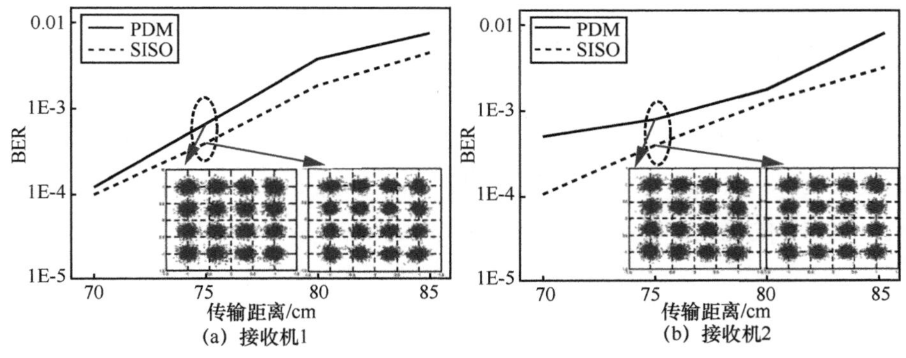

图 7-29　两个接收机在 PDM 和没有 PDM 情况下 BER 与传输距离的关系

7.3　可见光 MIMO 技术

照明中一般采用 LED 阵列，这给可见光通信系统提供了天然空分复用和多输入多输出的硬件设施，MIMO 技术采用多个发射机发送数据，同时多个接收机接收数据，

可以显著提高系统的传输容量。可见光 MIMO 可以分为成像 MIMO 和非成像 MIMO 两种，原理如图 7-30 所示[10]。两种 MIMO 技术的区别在于，成像 MIMO 收发机严格对准，接收端不需要采用解复用算法。而非成像 MIMO，需要在接收端采用解复用 MIMO 算法，实现信号的分离。本节将围绕两种 MIMO 技术，详细介绍 MIMO 的原理和实现方法，同时介绍相应的高速可见光 MIMO 实验系统。

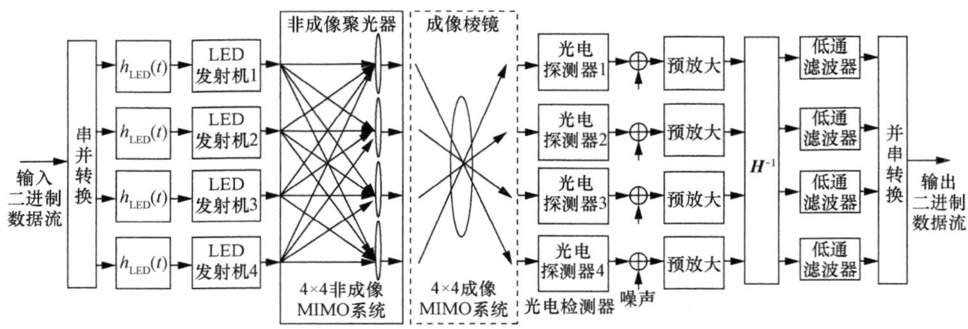

图 7-30　可见光 MIMO 原理

7.3.1　可见光成像 MIMO

可见光成像 MIMO 是指多个发射机发出的信号通过空间成像棱镜，使得发射机与接收机严格对准，每个接收机只能接收对应发射机发的信号，因而在接收端不会出现信号的混叠，也就不需要采用解复用算法。成像 MIMO 技术对于系统接收机的成本与复杂度要求较低，但是在空间传输中，需要设计精确的成像系统来保证对准。

基于可见光成像 MIMO 技术，我们实现了一个 2×2 可见光成像 MIMO 通信系统，系统结构如图 7-31 所示。

实验采用了 RGB LED 作为光源。为了获得较高的频率利用率，采用了基于 64QAM 和 32QAM 的高阶 SC-FDE 调制方式。系统中每个发射机都采用 WDM 技术，使红绿蓝 3 个波长均调制数据，信号带宽为 125 MHz。从而实现了红光 1.5 Gbit/s、绿光 1.25 Gbit/s 和蓝光 1.25 Gbit/s 的高速可见光 MIMO 传输，传输距离达到 75 cm。

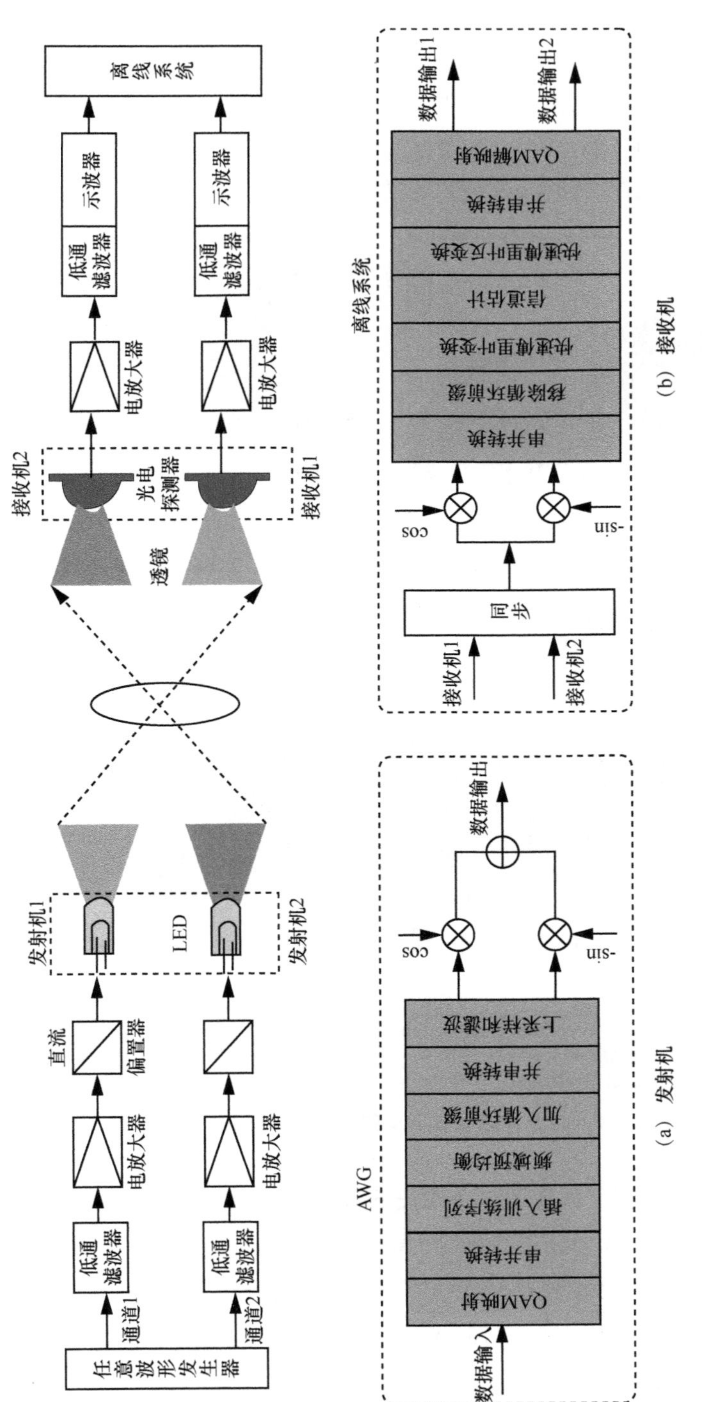

图 7-31　2×2 可见光成像 MIMO 通信系统

实验中测得红光波长信号频谱如图 7-32 所示。可以看到，由于 LED 存在频率衰落特性，两个发射机的频谱都不平坦，影响了系统的性能。实验采用了预均衡技术补偿 LED 的频响衰落，图 7-32（c）、（d）为预均衡后的接收信号频谱，可以看出频率衰落得到很好的补偿，信号的频谱平坦。

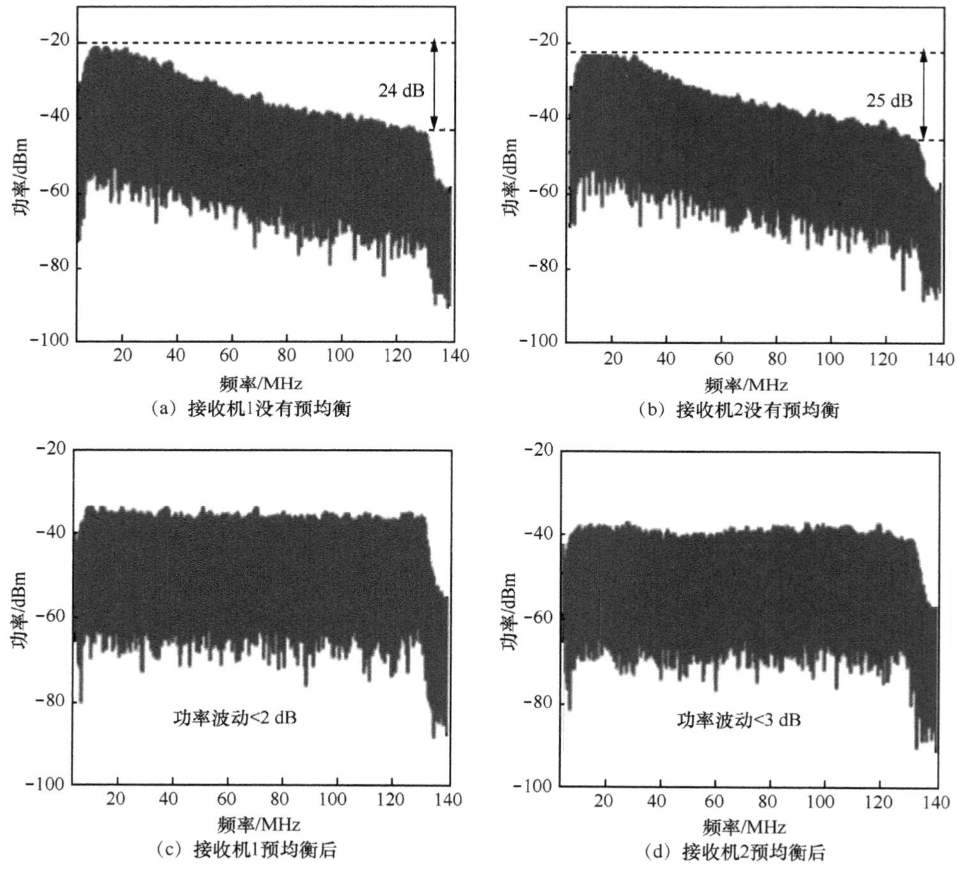

(a) 接收机1没有预均衡
(b) 接收机2没有预均衡
(c) 接收机1预均衡后
(d) 接收机2预均衡后

图 7-32 红光波长的接收端信号频谱

接下来，分别测量了红绿蓝 3 个波长下两个接收机的 BER 与空间传输距离的关系，如图 7-33 所示。3 个波长的调制性能存在差异，红光较好而绿光与蓝光相对较差，因此在红光波长上调制了 64QAM 信号，而在绿光和蓝光波长上，调制了较低阶的 32QAM 信号。可以看到在 75 cm 的传输距离下，两个接收机的 BER 都能满足 3.8×10^{-3} 的 7%FEC 误码率门限。

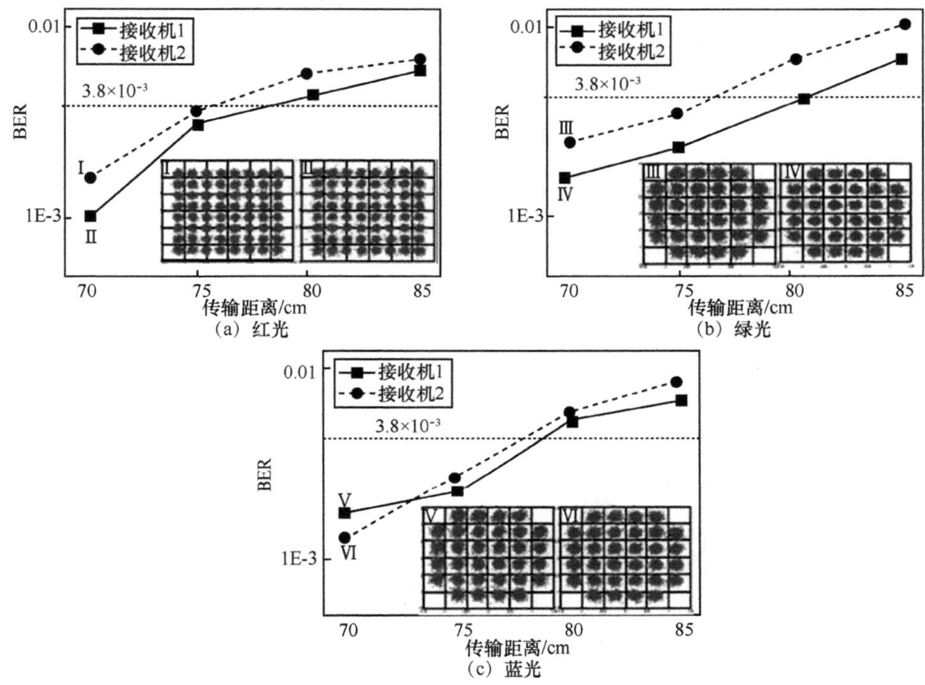

图 7-33　红绿蓝 3 个波长下接收机 BER 与传输距离的关系

7.3.2　可见光非成像 MIMO

相比于成像 MIMO 需要精确对准，非成像 MIMO 更加具有实用性。非成像 MIMO 中，不需要专门设计精确的成像系统，只需要在每个接收机前放置普通的非成像聚光器即可。

基于非成像 MIMO，我们实现了 2×2 的可见光通信系统，其系统结构如图 7-34 所示。

该系统中，采用两个商用的 RGB LED 作为可见光发射机。采用 4 阶 SC-FDE 调制技术来提升系统的频率效率。该实验实现了 500 Mbit/s 的 2×2 MIMO 可见光传输[11]。

在非成像 MIMO-VLC 系统中，不同发射端对接收端都会引入干扰，如何在干扰中恢复出信号是一项关键的技术。我们采用一种时分复用的时域均衡算法，其中处理流程如图 7-35 所示。发射机 1 和发射机 2 的数据头都放置训练序列，但是训练序列相差一个时隙。例如，在时隙 1，接收机只接收来自发射机 1 的信号，在时隙 2，接收机只接收来自发射机 2 的信号，从而可以确定传递函数。

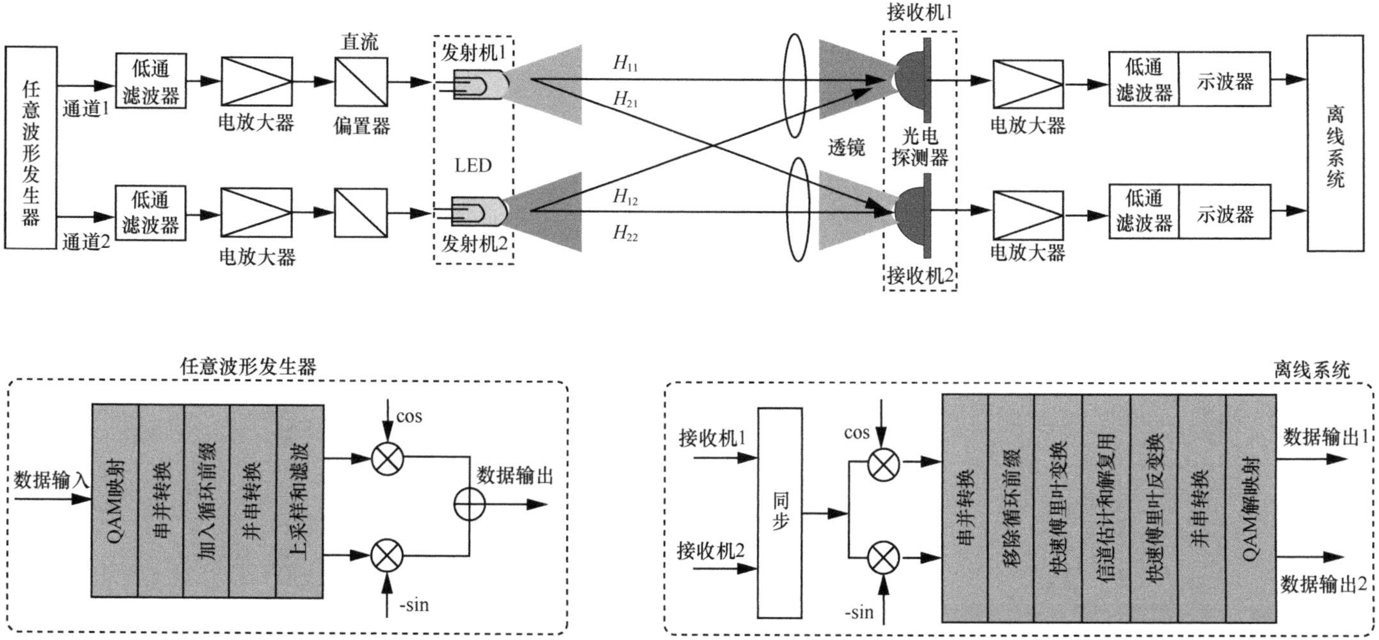

(a) 发射机

(b) 接收机

图 7-34 2×2 可见光非成像 MIMO 系统

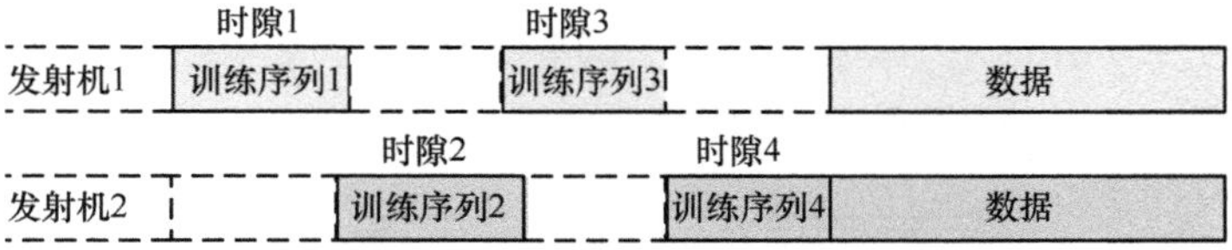

时隙1　时隙3

发射机1　训练序列1　训练序列3　数据

时隙2　时隙4

发射机2　训练序列2　训练序列4　数据

图 7-35　时频域均衡处理流程

具体公式推导如下，两个接收机接收的信号可以用式（7-1）表示。

$$\begin{pmatrix} Y_1 \\ Y_2 \end{pmatrix} = \begin{pmatrix} H_{11} & H_{12} \\ H_{21} & H_{22} \end{pmatrix} \begin{pmatrix} X_1 \\ X_2 \end{pmatrix} + \begin{pmatrix} N_1 \\ N_2 \end{pmatrix} \tag{7-1}$$

只要确定传递函数中 H_{11} 、H_{12} 、H_{21} 和 H_{22} 的数值就可以反推出发射的信号。

$$T_1 = \begin{pmatrix} TS_1 \\ 0 \end{pmatrix},\ T_2 = \begin{pmatrix} 0 \\ TS_2 \end{pmatrix} \tag{7-2}$$

$$\boldsymbol{H} = \begin{pmatrix} H_{11} & H_{12} \\ H_{21} & H_{22} \end{pmatrix} = \begin{pmatrix} \dfrac{Y_{1,1}}{TS_1} & \dfrac{Y_{1,2}}{TS_2} \\ \dfrac{Y_{2,1}}{TS_1} & \dfrac{Y_{2,2}}{TS_2} \end{pmatrix} \tag{7-3}$$

通过利用式（7-2）所描述的两个训练序列，可以推导出传递矩阵，见式（7-3）。通过该种方法得到的传递函数需要再进行频域的平滑，具体操作见式（7-4）。所得的实验结果如图 7-36 所示。

$$H_i(w_k) = \frac{1}{2m+1} \sum_{n=k-m}^{k+m} H_i(w_n) \tag{7-4}$$

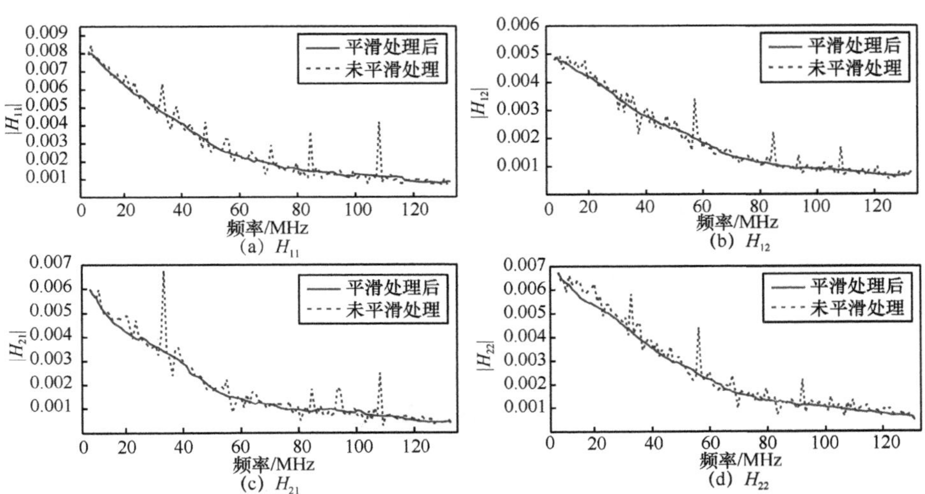

(a) H_{11}　(b) H_{12}　(c) H_{21}　(d) H_{22}

图 7-36　频域平滑处理的传递函数曲线

我们研究了采用时域均衡技术情况下的系统 BER 与传输距离的关系，实验结果如图 7-37 所示。可以看到采用时域均衡技术能够显著的提升系统的误码性能。

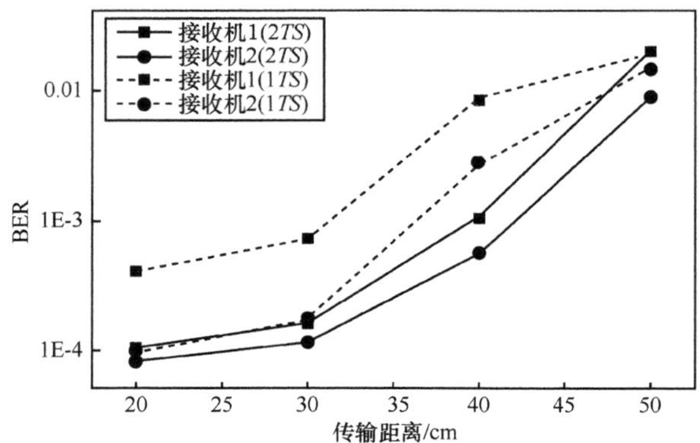

图 7-37　采用时域均衡技术蓝光波长情况下系统 BER 与传输距离的关系

同时我们测量了系统两个接收机的 BER 与传输距离的关系，如图 7-38 所示。可以看到两个接收机的性能非常接近，此外在 40 cm 传输距离情况下，两个接收机的性能都能满足 3.8×10^{-3} 的 7%FEC 误码率门限。

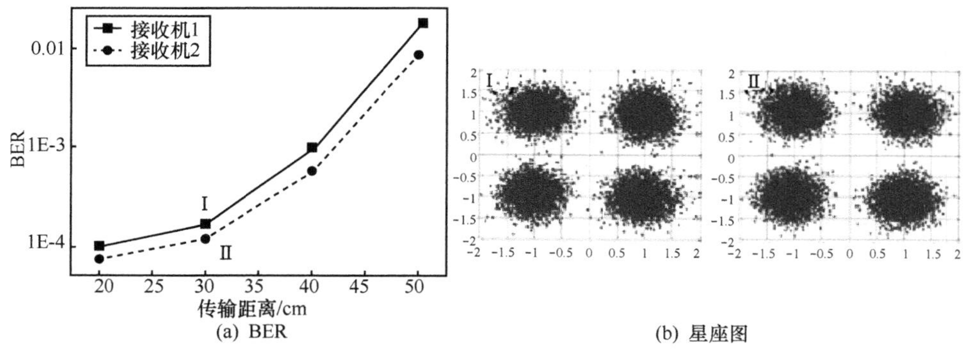

图 7-38　蓝光波长下两个接收机的 BER 与传输距离的关系

7.4　本章小结

本章围绕高速 VLC 系统，分别从双向传输与多用户接入、多维复用、MIMO

等几个方面，详细介绍了相应的技术原理，并介绍了相关的高速 VLC 实验结果。

参考文献

[1] COSSU G, KHALID A M, CHOUDHURY P, et al. 3.4 Gbit/s visible optical wireless transmission based on RGB LED[J]. Opt. Express, 2012, 20(26): B501-B506.

[2] 李荣玲, 汤婵娟, 王源泉, 等. 基于副载波复用的多输入单输出正交频分复用 LED 可见光通信系统[J]. 中国激光, 2012(11): 49-53.

[3] KOMINE T, HARUYAMA S, NAKAGAWA M. Bidirectional visible-light communication using corner cube modulator[J]. IEIC Tech., 2003, 102: 41-46.

[4] LIU Y F, YEH C H, CHOW C W, et al. Demonstration of bi-directional LED visible light communication using TDD traffic with mitigation of reflection interference[J]. Opt. Express, 2012, 20(21): 23019-23024.

[5] WANG Y Q, SHAO Y F, SHANG H L, et al. 875 Mbit/s asynchronous Bi-directional 64QAM-OFDM SCM-WDM transmission over RGB-LED-based visible light communication system[C]//2013 Optical Fiber Communication Conference and Exposition and the National Fiber Optic Engineers Conference (OFC/NFOEC), March 17-21, 2013, Anaheim, Piscataway: IEEE Press, 2013.

[6] WANG Y, WANG Y, CHI N, et al. Demonstration of 575 Mbit/s downlink and 225 Mbit/s uplink bi-directional SCM-WDM visible light communication using RGB LED and phosphor-based LED[J]. Optics Express, 2013, 21(1): 1203-1208.

[7] WANG Y Q, CHI N. Demonstration of high-speed 2×2 non-imaging MIMO nyquist single carrier visible light communication with frequency domain equalization[J].Journal of Light wave Technology, 2013, 32(11): 2087-2093.

[8] WANG Y Q, YANG C, WANG Y G, et al. Gigabit polarization division multiplexing in visible light communication[J].Optics Letters, 2014, 39(7): 1823-1826.

[9] WANG Y Q, CHI N. Asynchronous multiple access using flexible bandwidth allocation scheme in SCM-based 32/64QAM-OFDM VLC system[J].Photonic Network Communications, 2014, 27(2): 57-64.

[10] CHI N, WANG Y Q, WANG Y G, et al. Ultra-high speed single RGB LED based visible light communication system utilizing the advanced modulation formats[J].Chinese Optics Letters, 2014, 12(1): 010605.

[11] WANG Y Q, LI R L, WANG Y G, et al. 3.25 Gbit/s visible light communication system based on single carrier frequency domain equalization utilizing an RGB LED[C]//OFC 2014, March 9-13, 2014, San Francisco, Piscataway: IEEE Press, 2014.

第 8 章 新材料和芯片技术

本章首先围绕 Micro-LED 的设计与制作、特性、驱动及其在可见光通信中的应用实例等方面对 Micro-LED 进行介绍；其次对 SP 增强 LED 发光效率和调制带宽的原理、SP-LED 器件的设计和制作以及不同 LED 器件样品的电学特性和调制特性进行详细阐述；最后结合新型集成探测器的研究，探讨基于 MRC 算法或空间平衡编码以及集成 PIN 阵列的可见光系统的实际搭建。

8.1 新型 Micro-LED 器件

半导体发光二极管是 21 世纪最具发展前途的一种新型绿色固体光源。与传统照明光源相比，LED 光源不仅功耗低、尺寸小、使用寿命长、绿色环保，更具有响应时间短、调制性能好等优点。而 Micro-LED 技术是指在一个芯片上集成的高密度微小尺寸的 LED 阵列，如同 LED 显示屏，每一个像素可定址、单独驱动点亮，将像素点距离从毫米级降低至微米级，而且 Micro-LED 自发光，光学系统简单，可以减少整体系统的体积、重量、成本，同时兼顾功耗低、反应快速等特性。基于 LED 照明系统的可见光通信技术是以 LED 可见光为载波的一种新型无线光通信技术，以 Micro-LED 作为可见光通信的发射光源对可见光通信系统的微型化、便携化发展有重要的意义。本节将围绕 Micro-LED 的设计与制作、特性、驱动及其在可见光通信中的应用实例等方面进行介绍。

8.1.1 Micro-LED 的结构

通过金属有机化学气相沉积在蓝宝石衬底上生长 LED，该衬底由 AlN 成核层、无掺杂的 GaN（u-GaN）缓冲层、n-GaN、InGaN / GaN 多量子阱（MQW）、AlGaN 电流阻挡层、p 型 GaN 层和 3 nm u-InGaN 层组成。将晶片转移到另一个 MOCVD

系统（通过开发的两步法，在接触层的顶部外延生长 300 nm 厚的掺铝杂氧化锌透明电流扩散层（即，AZO-TCL）。

在芯片制作过程中，在标准光刻后用稀释的 HCl 溶液对 AZO 进行图案化。然后使用电感耦合等离子体蚀刻（ICP）发射面。所设计的 LED 芯片具有圆形发射面，直径为 150 μm，如图 8-1（a）所示。AZO-TCL 的直径比发射面的直径小约 134 μm。最后通过电子束（EB）蒸发沉积 Cr / Pd / Au（20/40/400 nm）叠层作为 p 型和 n 型电极，并通过在 200°C 的 N_2 气氛中快速热退火 2 min。

在研磨和抛光后，LED 厚度减薄至 100 μm。用激光切割面积为 210～300 μm 的 LED 芯片。用白色胶粘将 LED 芯片黏在商业预镀引线框架封装（5730＃）上。在引线键合和硅树脂封装之后，利用表面安装技术将封装的 LED 器件焊接在印刷电路测试板上。在测试板的背面，标准 SMA 连接器用于电气传输，如图 8-1（b）所示。封装的 LED 在以下部分中表示为 150 μm 的 AZO-LED。

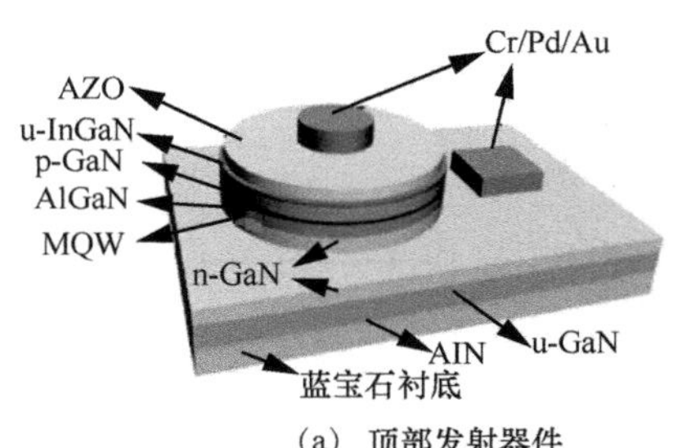

（a）顶部发射器件

（b）倒装芯片器件

图 8-1　Micro-LED 像素结构

8.1.2　Micro-LED 的调制特征

Micro-LED 器件调制特性对于其在 VLC 系统中的应用非常重要，它反映了一个器件能以多快的速率发送数据。在本小节中，主要通过 Micro-LED 的频率响应分析 Micro-LED 器件的调制性能。

LED 器件的频率响应代表了调制频率和输出功率之间的关系。AC 调制 LED 器件一般在较低的调制频率上有较高的输出功率，相反，在较高的调制频率上有较低的输出功率。由于 LED 注入载流子的速度赶不上所用调制信号的频率，导致输出功率在高频时下降。LED 器件的功率传递函数见式（8-1）。

$$P(f)=\frac{1}{\sqrt{1+(2\pi f\tau)^2}} \tag{8-1}$$

其中，$P(f)$ 为频率响应，f 是调制频率，$\tau\approx$LED 的 RC 时间常数（C 为二极管的几何电容，R 为总的串联电阻）。

LED 器件的频率响应由它的 RC 时间常数决定。但是，对于 Micro-LED 器件，它的几何电容和注入电流的有源区要比传统的大面积 LED 小很多，因此，限制最高调制频率的主要因素在于载流子寿命短而不是二极管电容的限制。LED 的−3 dB 的带宽由式（8-2）给出。

$$\Delta f=f_{-3\,\text{dB}}=\frac{\sqrt{3}}{2\pi\tau} \tag{8-2}$$

图 8-2 所示为测量 Micro-LED 的收发 VLC 系统，Micro-LED 的频率响应由网络分析仪（Agilent N5230C，10 MHz～40 GHz）测量，利用正交频分复用方案演示 Micro-LED 的通信能力。

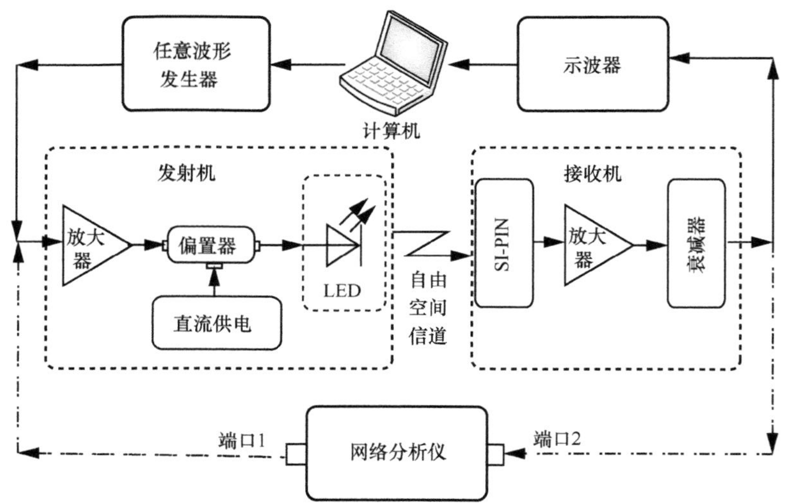

图 8-2 测量 Micro-LED 的收发 VLC 系统

此装置对图 8-1 所示的 150 μm 大小的像素阵列进行测试。在发射机侧，使用正交幅度调制格式调制输入二进制序列，将其发送到 OFDM 编码器。采用快速傅里叶反变换生成 QAM-OFDM 信号。在该实验中，QAM-OFDM 信号由 128 个子载波组成，采用 3 倍上采样，IFFT 为 128≤3×384，加入长度为 1/16 符号的循环前缀。任意波形发生器（Tektronix AWG710）以 1.8 Gsample/s 的采样率生成 QAM-OFDM 信号，调制带宽为 600 MHz（从 18.75 MHz 到 618.75 MHz），无预均衡操作。在接收机侧，使用高速硅 PIN 探测器（新端口 818-BB-21A，增益= 1），示波器（Agilent 54855A：6 GHz 带宽）以 2 Gsample/s 记录检测的信号采样率。然后对信号进行下采样，移除循环前缀和 FFT。10%训练符号用于迫零信道均衡。为了减少多径衰减效应并测试 LED 的实际性能，发射机和接收机之间的距离固定为 5 cm。为了简化系统的光学实际应用，系统没有采用凸透镜准直来自发射机的光束即来自发射机的发散光没有变成彼此平行的准直光。

目前的 OFDM VLC 系统多为强度调制/直接检测（IM / DD）系统，并且发送/接收信号均为电压类型，因此光功率与电压（*P-U*）的线性度会影响信号失真[1]。图 8-3（a）为 150 μm MAZO-LED 的光功率与 DC 偏压的关系。在光饱和之前，斜率为 15.8 mW/V，在 3.4～5.7 V 线性度良好。如此宽的线性范围适用于具有高峰均功率比的 OFDM 调制，可以改善调制深度并进一步改善信噪比。作为比较，尺寸为 1 mm^2 的商用蓝色 LED 的光功率从 2.6～4.0 V 快速接近饱和，如图 8-4（b）所示。通过最小二乘法对测量的 *P-U* 数据进行线性拟合，用标准误差评估线性拟合程度。标准误差定义为实验数据和拟合数据之间偏差值平方和的均值平方根。标准误差越大，越离散，线性拟合的质量越差。150 μm AZO-LED 的标准误差为 0.584 mW，而商用 LED 的标准误差为 23.8 mW。

通过高分辨率透射电子显微镜和电子背散射衍射（EBSD）证明了 MOCVD 生长的 AZO-TCL 具有与外延 u-InGaN 接触层同样好的界面。该界面可降低与载流子捕获/释放以及高电流密度下的散射相关的噪声。此外，纤锌矿 GaN 和 ZnO 在<0001>上表现出巨大的极化场。p^+-GaN 和 n^+-ZnO 外延层（即 AZO-TCL）之间的 u-InGaN 层 p^+-GaN / u-InGaN 和 u-InGaN / n^+-ZnO 异质结中形成固定的电偶极子。电荷密度在两个异质结处不对称，这将改变能带以辅助隧穿过程。图 8-3（c）中给出了 p^+-GaN / u-InGaN / n^+-ZnO 夹层结构中的偏振态和示意性能带。本文提到的 20 μm 像素 Micro-LED 的调制带宽高于 500 MHz，是目前 GaN LED 器件的最高调制带宽。传统大功率 LED 的调制带宽通常在 20～30 MHz，相比之下 Micro-LED 显示出了卓越的调制性能和应用于 VLC 系统的巨大潜力。优化封装和高效散热设计对提高 LED 的调制带宽至关重要，LED 调制带宽的提高可以使 LED 承受更高的工作电流密度，得到更好的调制性能[1]。

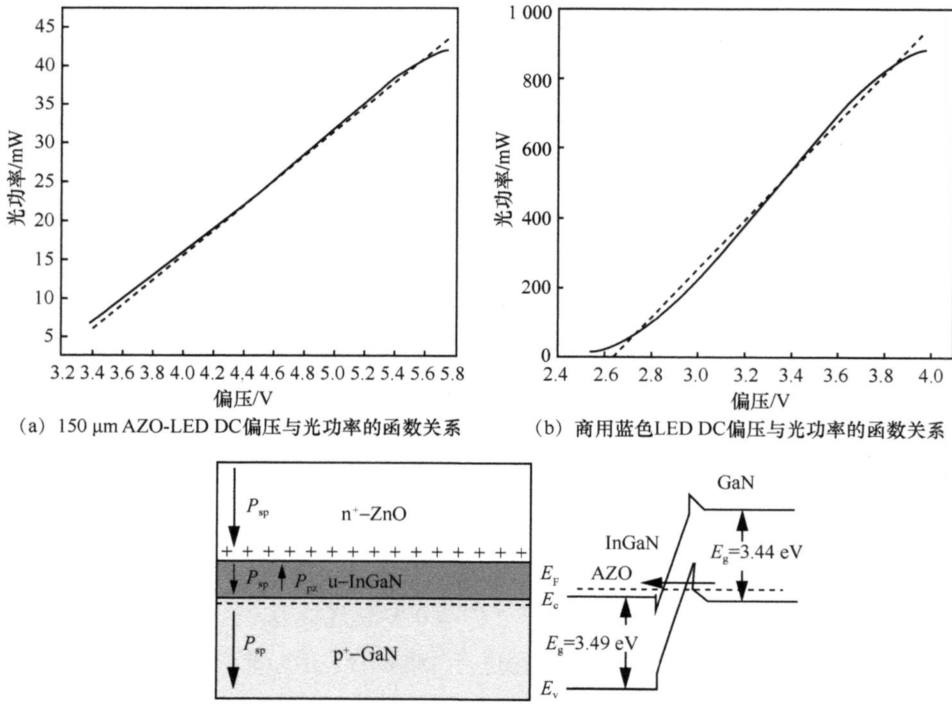

(a) 150 μm AZO-LED DC偏压与光功率的函数关系

(b) 商用蓝色LED DC偏压与光功率的函数关系

(c) p^+-GaN/u-InGaN/n^+-ZnO夹层结构中的偏振态和示意性能带

图 8-3　偏压与光功率的关系

此外，MOCVD 生长的 AZO-TCL 有望替代 GaN 基 LED 中氧化铟锡（ITO）用于批量生产。150 μm AZO-LED 的导通电压为 2.80 V、电流为 1 mA。实验表明，AZO-LED 可以承受的最大直流偏置电流为 180 mA，超过该电流，光功率达到饱和，如图 8-4（a）所示。图 8-4（b）所示为 AZO-LED 的峰值波长和半峰全宽（FWHM）与直流偏置电流的变化关系。LED 的峰值波长随着偏置电流的增加先呈现蓝移，然后呈现红移。向 MQW 中注入大量载流子将屏蔽内置电场，使能带倾斜区域平衡。当有越来越多的载流子注入 MQW 中，占据更高能级的量子态，导致峰值波长的蓝移，这称为载流子带填充效应。偏置电流进一步增加，热效应将占主导地位，导致峰值波长红移，转折点出现在 60～80 mA。因为较大能量范围内的量子态被占据，FWHM 单调增加。最高光功率约为 42 mW，对应峰值波长约为 445 nm。若优化器件结构，如在蓝宝石衬底上添加高反射层并进行二次光学设计提高输出效率和改善光分布，可以进一步提高光功率。

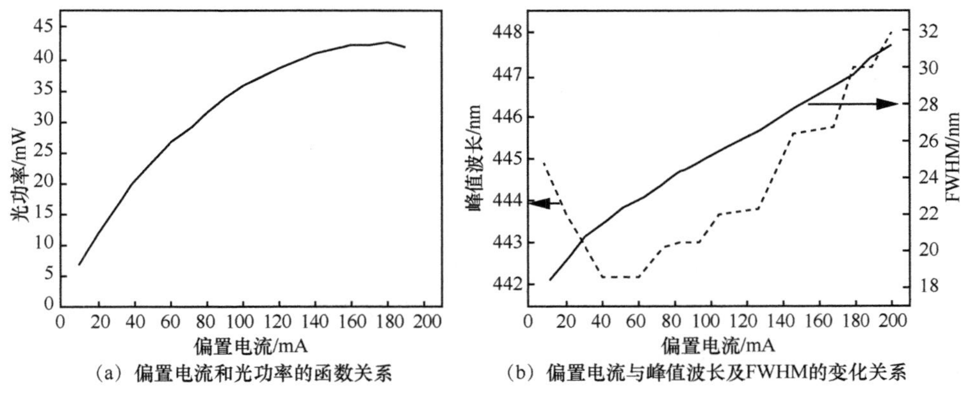

(a) 偏置电流和光功率的函数关系　(b) 偏置电流与峰值波长及FWHM的变化关系

图 8-4　150 μm AZO-LED

图 8-5（a）描绘了 150 μm AZO-LED 的归一化频率响应。使用半对数坐标突出低频频率响应。通常，−3 dB 调制带宽随偏置电流单调增加。从图 8-5（a）的插图可以看出，偏置电流在 20～120 mA 范围内，−3 dB 带宽从 15.9 MHz 增加到 25.8 MHz，但−3 dB 调制带宽不能代表 LED 的实际通信能力。网络分析仪通过计算输入信号和输出信号的对数比来扫描频率并记录相应的前向传输系数（S21）。网络分析仪只能表征信号电功率的峰峰值，未考虑在高工作电流下 LED 的饱和度，并且无法分辨信号的失真。例如，偏置电流大于 100 mA 时，光功率逐渐上升，但截止失真逐渐增加（如图 8-4（a）所示）。随着频率的增加，信号电功率峰峰值衰减得更慢，使−3 dB 带宽快速增加。

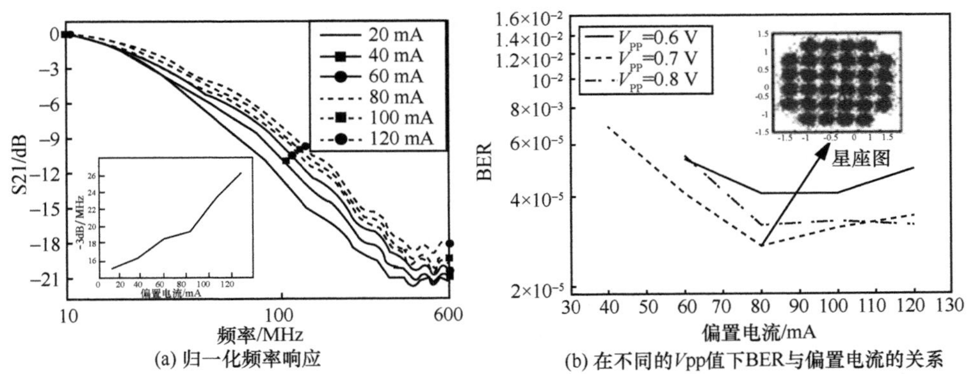

(a) 归一化频率响应　(b) 在不同的Vpp值下BER与偏置电流的关系

图 8-5　150 μm AZO-LED

在该实验中，600 MHz 32QAM OFDM 信号加载到单个 150 μm AZO-LED，调制信号的峰峰值电压（*V*pp）设定为 0.6～0.8 V。BER 与偏置电流关系如图 8-5（b）所示。在前向纠错（FEC）阈值 3.8×10^{-3} 的情况下，实现了 3 Gbit / s 的数据速率。图 8-5（b）还显示，偏置电流从 40 mA 增加到 80 mA，BER 逐渐降低，这是−3 dB 带宽增加，SNR 改善以及 LED 中自发热不严重导致的。当偏置电流从 80 mA 进一步增加到 120 mA 时，BER 逐渐上升，LED 中的热效应显著，进而导致红移，如图 8-4（b）所示。光功率逐渐接近饱和，如图 8-4（a）所示。PIN 检测器检测的失真信号和热噪声导致 BER 增加[1]。

8.2 新型表面等离子体器件

采用直接带隙 III-V 材料，依靠载流子注入和重组而发出光子的半导体发光二极管被广泛用于各种场景中，例如，显示、照明、可见光通信等[2-8]。近年来，随着 VLC 技术的发展，LED 以其固有的特点，包括电光转化效率高（接近 60%）、绿色环保、寿命长（可达 10×10^4 h）、工作电压低（3 V 左右）、响应速度快、反复开关无损寿命、体积小、亮度高、坚固耐用、光束集中稳定、启动无时延等特点，应用于 VLC 中降低发射机的总成本和功率损耗。然而，LED 的调制带宽受自身结构所限，而且各厂商生产 LED 的材料不同、生产工艺不同，其调制特性也存在较大差异。当前的商用白光 LED 主要用于照明，内部结构简单，并没有考虑到 VLC 的应用需求[9]。目前已经有研究人员尝试通过复杂的 LED 微观结构设计来缩短 LED 上升或下降时间，进而提高调制带宽以用于高速 VLC 系统。而且工业上目前已经能够制造出高辐射效率的蓝光 LED[10-12]，但由于外延生长的 InGaN/GaN 量子阱（QW）的晶体质量较差，绿光 LED 的辐射效率仍然比较低[13]。在过去 10 年中，SPP 作为一种将 Purcell 理论引入到 LED 中提高 InGaN /GaN 发射机 IQE 的方法（即自发辐射复合速率增强）已经得到大量的研究[14-22]。我们的合作者 AHMED（丹麦技术大学）已经在其论文中进行了详细描述，并通过实验验证了表面等离子体高效的可见光光强增强效应[23-24]。利用 QW-SP 耦合，提高 LED 发光效率的同时，有效提高调制带宽而不增加电流注入密度，对于高速 VLC 技术的发展具有重要意义。本节将对 SP 增强 LED 发光效率和调制带宽的原理、SP-LED 器件的设计和制作以及不同 LED 器件样性和调制特性进行详细阐述。

8.2.1　SP 增强 LED 发光效率和调制带宽的原理

LED 是一种由 PN 结组成的半导体二极管。LED 的发光机制是由电极分别注入的电子和空穴在有源区复合产生激子，激子能量衰减而辐射发光。LED 的能量损耗主要存在于两个方面：① 当注入载流子在有源区耦合发光时，并非所有注入能量都转化为光子，而是一部分激子能量经过晶格振动、深能级杂质跃迁等非辐射复合过程被消耗掉，在这个过程中，可以用内量子效率（η_{int}）描述能量损耗；② 由于半导体发光材料的折射率大于空气折射率，当光从半导体材料进入空气时全反射角却很小引起的[23]。当半导体材料产生光子后，只有小部分光能从全反射角内辐射，而大部分光在全反射角之外，经多次全反射后被吸收掉。即使认为全反射角以内的光没有损耗地进入空气，光从半导体材料进入空气的能量也只有 $1/2n^2$[25]。实际情况下，在全反射角内还存在菲涅尔反射的损耗，这会导致更低的发光效率。用外量子效率（η_{ext}）来描述这个损耗，则 LED 的整体发光效率可以表示为 $\eta=\eta_{int}\eta_{ext}$。显然，LED 的结构需要有利于促使 PN 结内空穴和电子在有源区发生有效地辐射复合以增强发光。

根据半导体物理中费米能级反应理论，LED 中 P 区的费米能级要远低于 N 区，即 P 区的电子多于空穴[26]。当发光二极管加上正向电压后，P 区和 N 区费米能级变化，从 P 区扩散到 N 区的空穴（或从 N 区扩散到 P 区的电子）称为少数载流子。这使得 PN 结界面两端的空间电荷区变窄[26]。这有利于电子和空穴扩散到相反的区，从而形成从 N 区到 P 区的电子流和从 P 区到 N 区的空穴流，并在 PN 结处复合发光。电子扩散后留下一个带正电的施主，而空穴则留下带负电的受主。带电的杂质离子在耗尽区形成内建电势 V_D。内建电势 V_D 表示为

$$V_D=\frac{KT}{e}\ln\frac{N_AN_D}{n_i^2} \tag{8-3}$$

其中，K 为玻尔兹曼常数，N_A 和 N_D 分别表示施主和受主的浓度，n_i 为本征载流子浓度，T 为绝对温度[26]。

PN 结发光是由辐射复合引起的。这种辐射复合可以在一个很大的范围内发生，并且强烈依赖于少数载流子浓度[25]。因此，人们设计出双异质结构，即薄层的窄禁带

半导体被双层宽禁带半导体包夹着的三明治结构，从而把载流子限制在有源层内[26]。在量子阱中，电子和空穴只能在两个维度里自由移动。

由于深能级缺陷的存在，PN 结的复合方式除了辐射复合外还有其他形式的非辐射复合。半导体中的电子–空穴复合跃迁分为 3 个类别：带–带间复合、能带与杂质能级之间复合、激子复合[30]。与掺杂或者缺陷有关的跃迁和带间跃迁过程都伴随着不同波长的发光。根据能量守恒定律，导带和价带间的光学跃迁必须满足式（8-2）[26]。

$$h\nu=\left(E_{\mathrm{c}}+\frac{h^2k^2}{2m_{\mathrm{e}}^*}\right)-\left(E_{\mathrm{v}}+\frac{h^2k^2}{2m_{\mathrm{h}}^*}\right)=E_{\mathrm{g}}+\frac{h^2k^2}{2m_{\mathrm{r}}^*} \tag{8-4}$$

其中，m_{r}^* 为有效质量，$\frac{1}{m_{\mathrm{r}}^*}=\frac{1}{m_{\mathrm{e}}^*}+\frac{1}{m_{\mathrm{h}}^*}$。

态密度函数可以表示成

$$N_{\mathrm{J}}(E)=\frac{(2m_{\mathrm{r}}^*)^{\frac{3}{2}}}{2\pi^2h^3}\sqrt{E-E_{\mathrm{g}}} \tag{8-5}$$

根据玻尔兹曼分布，载流子的分布函数表示为

$$f_{\mathrm{B}}(E)=e^{\frac{-E}{kT}} \tag{8-6}$$

自发辐射率与态密度和载流子分布成正比。

$$I(E)\propto\sqrt{E-E_{\mathrm{g}}} \tag{8-7}$$

其中，E_{g} 表示自发辐射光谱的阈值能量，最大值能量可以表示为 $E_{\mathrm{g}}+kT/2$，光谱半高度为 $1.8\,kT$，换算成波长半高宽表示为 $1.8\,kT\lambda^2/hc$。

在 LED 中，载流子转化为光子的效率定义为内量子效率 η_{int} [28-29]。

$$\eta_{\mathrm{int}}=\frac{\text{内部发射光子数}}{\text{注入PN结的载流子数}} \tag{8-8}$$

其实质上是注入载流子发生辐射复合占总复合的比例[30]，即，

$$\eta_{\mathrm{int}}=\frac{R_{\mathrm{r}}}{R_{\mathrm{r}}+R_{\mathrm{nr}}}=\frac{\tau_{\mathrm{r}}^{-1}}{\tau_{\mathrm{r}}^{-1}+\tau_{\mathrm{nr}}^{-1}}=\frac{\tau_{\mathrm{nr}}}{\tau_{\mathrm{r}}+\tau_{\mathrm{nr}}} \tag{8-9}$$

其中，τ_{nr} 和 τ_{r} 分别表示非辐射复合寿命和辐射复合寿命，R_{nr} 和 R_{r} 分别表示非辐射复合率和辐射复合率。

注入载流子转化为发射到 LED 外光子的效率即为外量子效率 η_{ext} [31]。

$$\eta_{\text{ext}} = \frac{\text{外部发射光子数}}{\text{注入PN结的载流子数}} = \eta_{\text{e}} \times \eta_{\text{int}} \tag{8-10}$$

其中，η_{e} 表示光提取效率。

光输出功率与点输入功率之比表示功率效率 η_{p}，即

$$\eta_{\text{p}} = \frac{\text{输出光子数} \times h\nu}{\text{通过PN结的载流子数} \times q \times V} \tag{8-11}$$

由于 $qV \approx h\nu$，因此 $\eta_{\text{p}} \approx \eta_{\text{ext}}$。

SPP 是增加载流子自发发射率的有效方法，这归因于 LED 中由 QW-SP 耦合产生的电子–空穴对的新能量跃迁通道[27]。SP 可以分别提高 LED 发光的内量子效率和外量子效率。当发光中心处于波长量级的微腔时，光子的态密度便会发生改变，从而引起激子的自发辐射速率改变，进而提高 LED 的内量子效率[25]。通过合理的设计金属表面结构，可以使处于全反射角外不能辐射出去的 SP 以光子的形式辐射出去，以提高 LED 的外量子效率。

将 Purcell 理论引入到 LED 中，便可计算出 Purcell 因子 F_{p} [32]。

$$F_{\text{p}} = \frac{3Q}{4\pi^2 V_{\text{eff}}} \left(\frac{\lambda_{\text{c}}}{n} \right)^3 \tag{8-12}$$

其中，V_{eff} 表示有效模式体积，n 表示介质的折射率，λ_{c} 表示真空中激子辐射的波长，Q 表示品质因数。

LED 表面的金属纳米颗粒可以使入射电磁场激发出强烈的局域场，从而导致 V_{eff} 减小，Purcell 因子增大，QW-SP 耦合速率非常快，从而增加自发发射速率并相应地减少载流子复合时间，增强 LED 的内量子效率[28]。

QW-SP 耦合和光提取的机制如图 8-6 所示。电子–空穴复合产生的激子能量不仅可以通过辐射复合、非辐射复合衰减，还会直接耦合到 SP 中。首先，通过光泵浦或电泵浦在 QW 中产生激子。对于没有金属纳米颗粒的样品，这些激子被辐射复合速率（k_{rad}）或非辐射复合速率（k_{non}）所终止，内量子效率（η_{int}）由这两个速率的比值确定，即[15]

$$\eta_{\text{int}} = \frac{k_{\text{rad}}}{(k_{\text{rad}} + k_{\text{non}})} \tag{8-13}$$

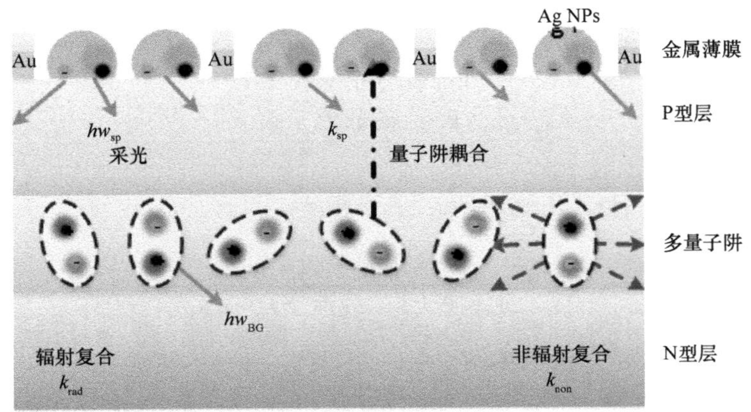

图 8-6　电子-空穴复合和 QW-SP 耦合机理

当金属层在有源区的近场内生长，并且 InGaN 有源区的带隙能量（ hw_{BG} ）接近金属半导体材料表面的 SP 电子振动能量（ hw_{SP} ）时，QW 能量就可以转移给 SP。PL 衰减速率通过 QW-SP 耦合速率（ k_{SP} ）得到增强，QW-SP 耦合速率被认为是非常快的。高密度的 SP 引起了高的电磁场效应，这也提高了 QW-SP 耦合速率[15]。LED 器件中，QW-SP 耦合被认为会降低其发光效率，这是因为 SP 是一种非传播性的渐逝波。如果金属表面完全平坦，则 SP 能量将被热耗散掉。然而，通过金属表面的粗糙化处理或采用金属纳米结构，SP 能量便以光的形式发射出来。这种粗糙表面或金属纳米结构允许高动量的 SP 散射、动量耗散和耦合发光。

LED 器件的调制带宽是指调制到 LED 上的最大信号频率，与其响应速度有关。影响光学调制带宽的主要因素有两个：*RC* 时间常数和载流子复合时间[12,20,28]。在过去 10 年中，已经尝试了多种方法，比如通过减少 *RC* 时间常数、减小有源区厚度、采用势垒掺杂 MQW 结构[30]、减小有效发光面积[30,33-34]等来改善 LED 的光学调制带宽。然而，一旦 LED 的尺寸减小到一定值，*RC* 时间将不能再进一步降低，因此 LED 的调制带宽将主要受载流子复合时间的限制。*RC* 时间常数和载流子复合时间在确定 LED 的调制带宽方面具有同样的重要性，但是目前很难解决这两个因素之间相互制约的关系。

根据重组理论[35]，净重组速率 R 可以用空穴浓度 P_0 、热平衡中的电子浓度 N_0 、过量载流子浓度 Δp（$\Delta n = \Delta p$）和辐射复合常数 B 来表示[36-38]。

$$R = B(N_0 + \Delta n)(P_0 + \Delta p) - BN_0P_0 = B(N_0 + P_0 + \Delta p)\Delta p \tag{8-14}$$

注入载流子的辐射复合寿命 τ_r 可以表示为

$$\tau_r = \frac{\Delta p}{R} = \frac{1}{B(N_0 + P_0 + \Delta p)} \tag{8-15}$$

载流子复合寿命 τ 可以定义为辐射复合寿命 τ_r 和非辐射复合寿命 τ_{nr}，见式（8-16）。

$$\frac{1}{\tau} = \frac{1}{\tau_r} + \frac{1}{\tau_{nr}} \tag{8-16}$$

而 LED 的 3dB 调制带宽主要受限于载流子的辐射复合寿命 τ [14,39-41]。

$$f_{3\,dB} = \frac{1}{2\pi\tau} \tag{8-17}$$

由式（8-17）可以看出，LED 的 3dB 调制带宽与载流子辐射复合寿命成反比，这进一步验证了 SP-LED 在调制性能上的优越性。因此，降低 LED 有源区中的载流子辐射复合时间将是增加 LED 的调制带宽的有效解决方案之一。

根据式（8-15）～式（8-17），LED 的调制带宽也可以表示为

$$f_{3\,dB} = \frac{1}{2\pi}\left[\frac{1}{\tau_{nr} + B(N_0 + P_0 + \Delta p)}\right] \tag{8-18}$$

从式（8-18）可以看出，增加有源区的空穴浓度能够降低载流子寿命，因此，向 LED 的多量子阱（MQW）中注入更高的空穴浓度也可以提高其响应速度。

8.2.2　SP-LED 的设计和制备

本节中介绍的 LED 器件制备工艺也同样适用于常规 LED 的制作，其制备工艺流程如图 8-7 所示，主要包括外延片的生长（图 8-7（a））、Mesa 结构制备（图 8-7（b））、欧姆接触的制备（包括网格状电流扩展层 p-contact（图 8-7（c））和电极 p-pad、n-contact（图 8-7（e））的沉积）以及 Ag NPs 形成（图 8-7（d））等，SP-LED 器件的剖面图如图 8-7（f）所示。

LED 外延片的生长部分由日本名城大学的合作者完成。LED 外延片的结构如图 8-7（a）所示。通过金属有机气相外延（MOVPE）技术在 C-晶向的蓝宝石衬

底上生长 InGaN/GaN QW 结构。外延片的结构从蓝宝石往上依次为：20 nm 的低温 GaN 缓冲层、2 μm 的 n-GaN:Si 层、10 个周期的 InGaN:Si（3 nm）/ GaN:Si（2 nm）超晶格层、5 个周期的 GaN:Si（12 nm）/ InGaN（2 nm）QW 有源区、5 nm 厚的 GaN 覆盖层、50 nm 厚 Mg 掺杂的 p-GaN 层。

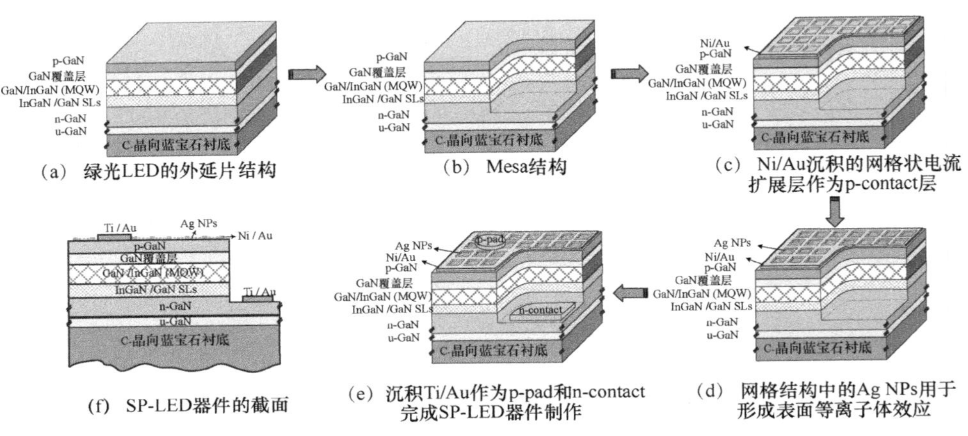

图 8-7　GaN-LED 器件制作工艺流程

将绿光 LED 外延片置于丙酮和异丙醇（IPA）中分别浸泡 5 min 和 1 min，并用去离子水清洗干净，N_2 吹干备用。采用等离子体增强化学气相沉积法（PECVD）在 LED 外延片表面沉积 200 nm 的 SiO_2，并采用 5%HF 溶液湿刻法得到 Mesa 图形，以 SiO_2 为掩膜，采用反应耦合等离子体（Inductively Coupled Plasma，ICP）对 GaN 层进行刻蚀，直到将 n-GaN 层暴露出来（如图 8-7（b）所示），用 5% HF 去除 SiO_2 层。通常，p-contact 层的目的是用作电流扩展层。考虑到 SP 与金属的兼容性，我们设计了一种网格状的 p-contact 结构（如图 8-7（c）所示）。p-contact 层采用 10 nm Ni/40 nm Au 作为电流扩展层实现 p-GaN 的欧姆接触。经过多次尝试之后，选用了 30 nm Ti/400 nm Au 作为 p-pad 和 n-contact 与 LED 支架现实电气连接的电极材料。AgNPs 位于 p-contact 层的网格之间，通过在网格之间生长 Ag 薄膜，在 350℃真空环境中 15 min 快速热退火（RTA）获得。

本节中主要制备了两种结构的 SP-LED 器件。其器件结构如图 8-8 所示，其尺寸设计见表 8-1，分别将这两种器件结构定义为 Mask I 和 Mask II。

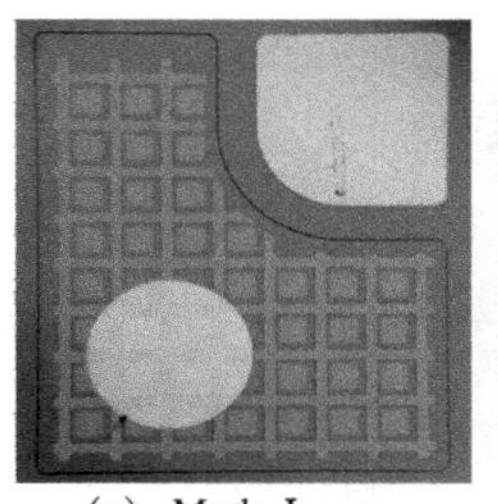
(a)　Mask Ⅰ

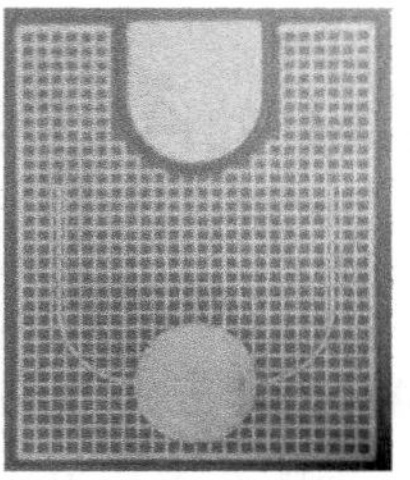
(b)　Mask Ⅱ

图 8-8　两种不同的 SP-LED 器件结构

表 8-1　两种 SP-LED 的器件设计尺寸

器件结构	器件尺寸/μm	p-contact/μm	p-pad 直径/μm	n-contact/μm
Mask I	210×210	200×200	80	75×75
Mask II	440 ×354	430×344	120	130×140

8.3　新型集成探测器

光电探测器的主要作用是把光信号转换成电信号以便后续的信号处理，射入探测器的光束使电子受激从价带跃迁到导带产生载流子，由 PN 结或肖特基势垒收集，以光电压或光电流的形式输出，最后通过测量光电压或光电流可探测到光波强度所携带的信号[41]。在 VLC 接收系统中，性能较好的光电探测器是保证通信系统性能的重要因素之一，而高速 VLC 对光电探测器的要求更高。光电探测器的原理是通过光与物质的相互作用产生光电效应，其主要指标有灵敏度、响应度、响应速度、响应波长范围、工艺难度和生产成本等[24]。

VLC 系统中对光电探测器的基本要求如下。

① 对可见光具有足够快的响应速度或带宽。

② 尽可能低的噪声，降低器件本身对信号的影响。

③ 具有较高的线性度，能够保证接收信号的线性转换。

④ 在可见光波段具有足够高的响应度。

总地来说，光电探测器需要保证接收到高质量的信号，以满足高速甚至超高速 VLC 系统的需求。

8.3.1 集成 PIN 阵列的设计及制作

对 PIN 光电二极管而言，结电容与接收光功率之间存在相互制约问题，通过设计光电探测器阵列能够平衡这一问题[42]。传统的 PIN 阵列制备通常是在一块半导体基片上通过 PIN 芯片正面的凸点与 IC 上的焊盘以倒装焊的方式实现电气互连[43]。这种方法虽然可以减少寄生效应，缩小系统尺寸，但不利于成本控制，对制备工艺要求较高。本节中提出了一种新型的集成 PIN 阵列制备方法，工艺简单，成本低。在该方法中，首先将 PIN 阵列通过传统的引线键合技术直接集成到 PCB 上，然后将光电检测器和电路同时集成在 PCB 上，对光路系统进行整体封装，如此，不仅可以保护器件促进更好地散热，还易于实现具有解码和通信协议的电路进一步集成，以便接收模块具有较强的可延展性。上文中，已通过实验证明了光敏面积为 3 mm×3 mm 的 PIN 最接近于商用的滨松 PINS6968，在本小节中将采用该 PIN 用于集成 PIN 阵列的制备。相邻 PIN 的间距为 0.2 mm，中间 PIN 和左侧 PIN 之间的距离略大于 0.2 mm，以便给压焊机的切割器留出足够的空间。接触电极选用 Au 作为焊盘金属材料，以确保粘接牢固性和良好的信号传输[42]。

图 8-9 所示为集成 PIN 阵列的设计和制备过程。在 PIN 器件中，电极分别位于上下两面，PIN 的 N 电极必须通过衬底引出，PIN 的正极通过引线键合与 PCB 实现电气互连，从而完成集成 PIN 阵列的制备，此方法简单易行，能够使 PIN 器件与后续电路通过 PCB 内部走线直接连接，减少其寄生电容与寄生电感效应，也能够实现对封装器件的热控制[42]。

8.3.2 基于 MRC 算法和集成 PIN 阵列的可见光通信系统

为了验证采用集成 PIN 阵列的接收性能，我们搭建了以集成 PIN 阵列为接收机的 VLC 测试系统。图 8-10 和图 8-11 分别为集成 PIN 阵列测试系统和实验设置。在该测试系统中，首先将二进制数据映射到 M-QAM 调制格式上。为了提升系统性能，在发送端采用了预均衡技术补偿室内信道的失真。发送信号由 AWG（Tektronix，AWG7122C）输出并经过电放大器（Mini-circuits，25 dB 增益）放大后，与直流偏置电流在偏置器内耦合后经商用 RGB-LED（Engine，红光：620 nm；绿光：520 nm；蓝光：470 nm）发出。RGB-LED 的绝对最大额定电流为 1 000 mA，峰值脉冲电流

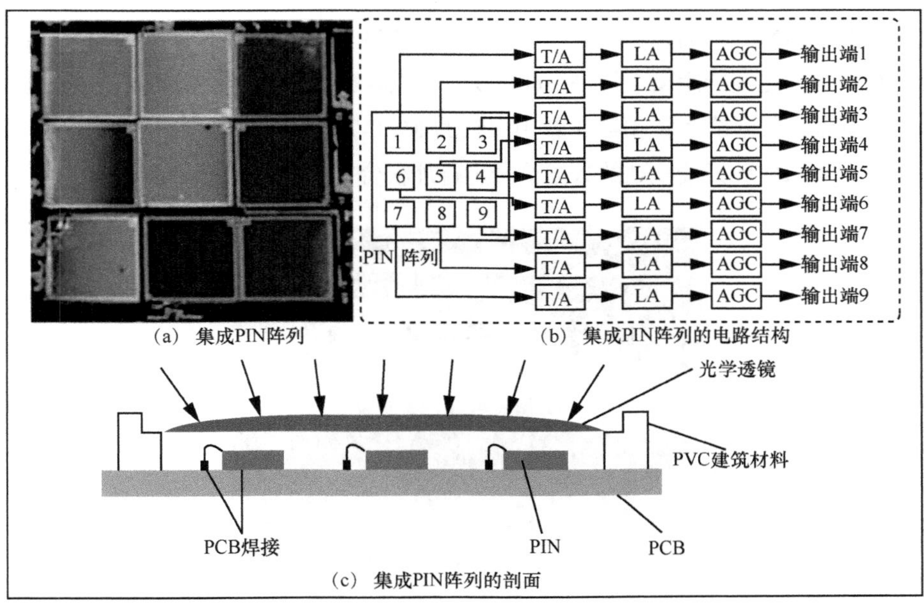

图 8-9　集成 PIN 阵列的设计和制备过程

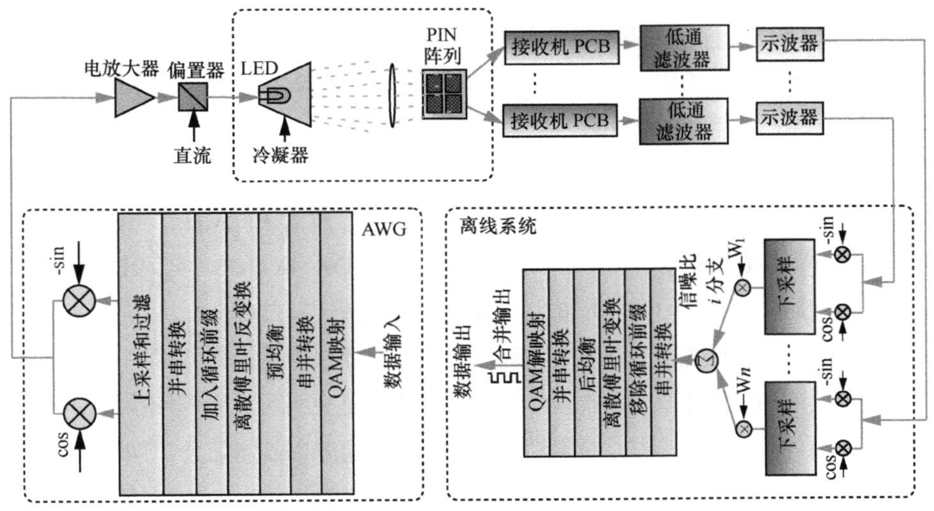

图 8-10　集成 PIN 阵列测试系统

为 1 500 mA。加载有数字信号的可见光经过 30 cm 的自由空间传输之后，由集成 PIN 阵列接收光信号并转化为电信号，经过低通滤波器滤除带外辐射后由高速数字示波器（Agilent 54855A）采集数据。在发射端运用聚光灯罩和接收端运用透镜聚光以增加到达集成 PIN 阵列的光强度。透镜的焦距和直径分别是 21 cm 和 10 cm。透镜与集成 PIN 阵列之间的距离大约是 9 cm，以使光斑能够覆盖整个集成 PIN 阵列的感光区域。最后，根据第 2 章和第 3 章中提到的 MRC 加权合并原理，离线对集成 PIN 阵列中 4 个 PIN 单元接收到的数据信号进行加权合并后输出。

(a) 测试系统的实验设置

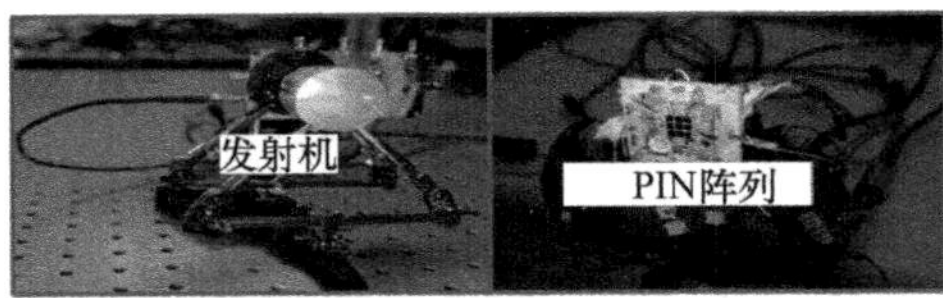

(b) LED发射机　　(c) 接收机

图 8-11　集成 PIN 阵列测试的实验设置

为了使 LED 工作在最佳状态，我们分别探讨了采用 MRC 加权合并前后，不同 LED 驱动电流对接收 BER 的影响，其测试结果如图 8-12 所示。从图 8-12 中可以看出，红光、绿光和蓝光 LED 的最佳驱动电流分别为 202 mA、205 mA 和 254 mA，即在此驱动电流时，采用 MRC 加权合并后误码率最低。AWG 和 OSC 的采样率均为 1G，采用 10 倍上采样，因此，每个 LED 的占用带宽为 100 MHz，考虑到实际传输速率，红光、绿光和蓝光 LED 的调制格式均为 16QAM-OFDM。当 BER 低于 7% 的 FEC 前向纠错阈值为 3.8×10^{-3} 时，总数据传输速率达 1.2 Gbit/s。

众所周知，在无线通信系统中，对发射机或接收机使用分集技术可以显著提升系统性能[44]。巧妙地对多个接收信号进行分集合并是克服可见光通信系统中因接收机位置、人员移动和物体阴影等因素引起的干扰最有效的技术之一。如第 3 章中所述，MRC 加权合并是空间分集技术中最有效的线性合并技术之一。从图 8-12 中可以看出，对 4 个 PIN 单元的接收信号加权合并后，输出信号的误码率明显低于每个 PIN 单元的输出误码率，VLC 系统接收性能得到显著提升，由此说明采用集成 PIN 阵列作为接收机并采用 MRC 加权合并的空间分集技术对 VLC 的性能提升是非常有效的。在图 8-12（a）中，红光 LED 在驱动器电流为 173 mA 时，对 4 个 PIN 单元接收到的信号采用 MRC 加权合并后 BER 性能可以提高约 4.5 倍。在绿光 LED 和蓝光 LED 中可以获得类似的趋势和结论。绿光 LED（如图 8-12（b）所示）在驱动电流为 148 mA，蓝光 LED（如图 8-12（c）所示）在驱动电流为 224 mA 时 BER 性能分别提高 4 倍和 2.3 倍。这充分证明了集成 PIN 阵列可以非常有效地增强 VLC 系统的接收性能。接收端误码率的 FEC 前向纠错阈值为 3.8×10^{-3}。

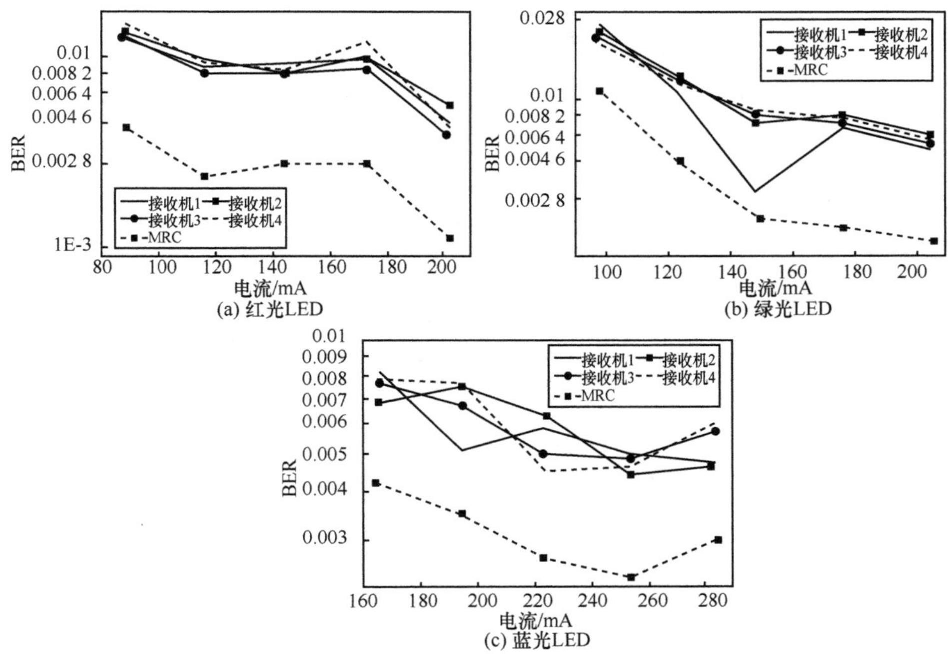

图 8-12　LED 驱动电流对 BER 的影响

8.3.3　基于空间平衡编码和集成 PIN 阵列的可见光通信系统

MIMO 技术已被广泛用于无线电通信中存在散射和干扰产生彼此解相关的多模光纤通信[45-48]。这要求当总发射功率固定时，MIMO 系统具有比 SISO 系统更高的容量。在前期的工作中，已经通过实验验证了一个高速 2×2 非成像 MIMO-VLC 系统能够实现 500 Mbit/s 的 4QAM N-SC-FDE 信号传输，其通信距离为 40 cm[49]。ZENG 等[45-49]通过对非成像 MIMO 和成像 MIMO 系统的仿真比较了二者在 VLC 系统中的区别。对于非成像 MIMO，虽然不需要精确对准、系统容限较大，但在对称位置信道矩阵不易控制调节；而对于成像 MIMO，信道矩阵总是满秩和对角矩阵，虽然需要精确对准，以使每个 LED 图像对应专门的探测器，但只要位置对称，信道矩阵便容易被条件化。平衡探测（Balance Detector，BD）不仅是解决二阶非线性失真的有效方案，而且它还可以消除共模强度噪声，以提高输出信噪比。WANG 等[50]在接收端采用一个 APD 探测器接收来自发射端的相邻码元调制数值相同但符号相反的信号实现平衡探测，以消除二阶非线性噪声。采用这种方案，可以有效消除二阶非线性噪声，提升接收机的灵敏度。当采用单探测器时，固有强度噪声甚至振动光的量子噪声成为限制探测器输出 SNR 的主要因素。

图 8-13 所示为室内成像 MIMO-VLC 系统。为了保证 LED 的照明效果，在实际的室内环境中会使用多个 LED 灯，这为 MIMO-VLC 提供了有利的自然条件。成像 MIMO 要求每个 LED 阵列成像到探测器阵列上，而非成像 MIMO 只是在每个接收机之前相应的需要一个聚光器来收集信号。在本小节中，我们提出了一种基于空间平衡编码（Space Balanced Coding，SBC）技术和集成 PIN 阵列的 VLC 系统，用来消除二阶互调失真和直流，提高接收机的灵敏度。

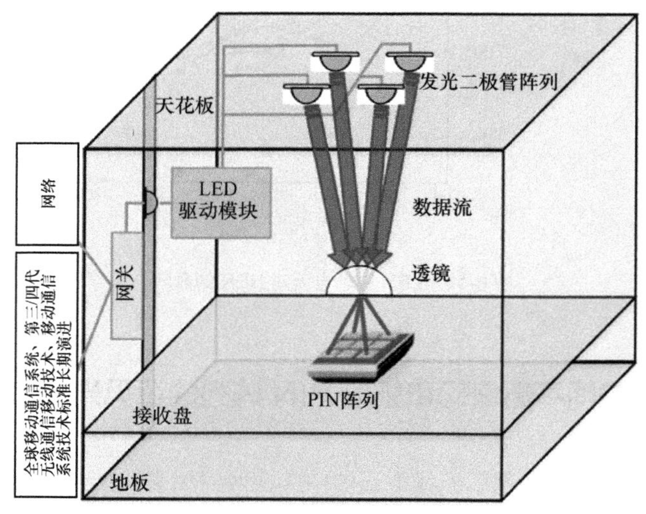

图 8-13　使用成像 MIMO-VLC 的室内网络

空间平衡编码和平衡探测的方案[51]（如图 8-14 所示），以两个 RGB-LED 灯作为发射机分别发送相反的两组信号，以本节中制备的集成 PIN 阵列作为接收机，通过在集成 PIN 阵列前放置透镜来实现成像 MIMO 的平衡探测。采用这种方案，不仅可以有效地消除二阶互调失真和直流干扰，而且可以提高集成 PIN 阵列接收机的灵敏度。下面将对这种方案的原理进行详细介绍。

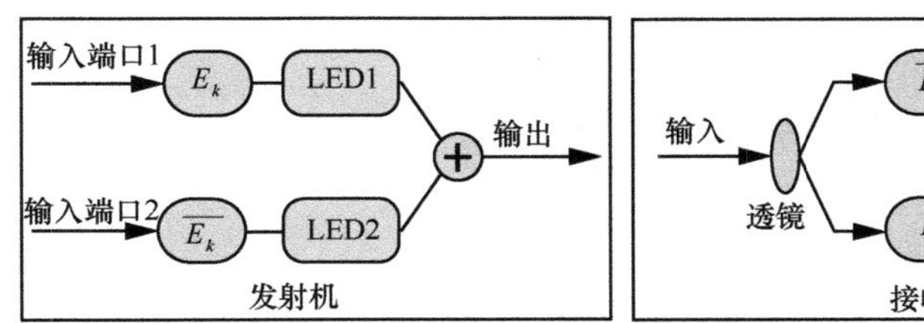

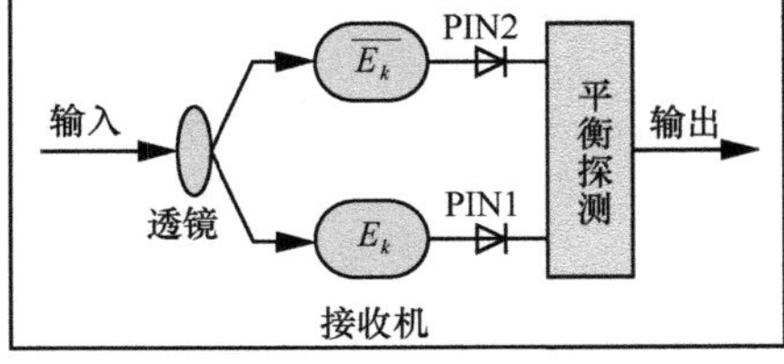

图 8-14 空间平衡编码和平衡探测方案

OFDM 信号通常被划分为若干个块，并且在每个块中存在两个数值相同但符号相反的码元，也就是两个码元之间的相位差为 180°。通过两个信道相减来检测差模外差信号，使有效信号加倍，消除共模强度噪声。

在 SBC 方案中，第 k 块的基带 OFDM 信号可以表示为

$$E_k(t)=\sum_{m=1}^{N}c_m\mathrm{e}^{2\pi\mathrm{j}f_m t} \tag{8-19}$$

$$\overline{E_k(t)}=-\sum_{m=1}^{N}c_m\mathrm{e}^{2\pi\mathrm{j}f_m t} \tag{8-20}$$

其中，N 为 OFDM 的正交子载波数目，c_m 为第 m 个子载波处的信息，m 为子载波数，f_m 为第 m 个子载波的频率。

通过偏置器调制到 LED 上的 OFDM 信号可以表示为[50]

$$s_k(t)=(V_0-V_a)\mathrm{e}^{2\pi\mathrm{j}f_0 t}+\alpha\mathrm{e}^{2\pi\mathrm{j}(f_0+f_1)t}E_k(t) \tag{8-21}$$

其中，V_0 和 V_a 分别表示 LED 的偏置电压和截止电压，α 表示调制的 OFDM 边带和光载波的功率比例系数，f_1 表示基带 OFDM 信号上变频的频率分量。

经过空间传输之后，调制后的 OFDM 信号经历频率偏移和相位噪声后可以近似为[50]

$$r_k(t)=(V_0-V_a)\mathrm{e}^{\mathrm{j}(2\pi(f_0+\Delta f)t+\varphi(t))}+\alpha\mathrm{e}^{\mathrm{j}(2\pi(f_0+f_1+\Delta f)t+\varphi(t))}E_k(t)+n_{0,k}(t) \tag{8-22}$$

其中，Δf 表示频率偏差，$\varphi(t)$ 表示相位噪声，$n_0(t)$ 表示加性高斯白噪声。

由平衡探测器探测后，第 k 块信号中第 1 个码元的光电流可以近似为来自原始 OFDM 信号、直流分量、信号–信号拍频噪声（Signal-Signal Beat-frequency Noise，

SSBN）和其他噪声之和，即[52]

$$I_k(t)=I_{s,k}+I_{b,k}+I_{nl,k}+I_{n,k} \tag{8-23}$$

其中，

$$I_{s,k}=2\alpha(V_0-V_a)\mathrm{Re}\left(\mathrm{e}^{2\pi \mathrm{j}\Delta ft}\sum_{m=1}^{N}c_i\mathrm{e}^{2\pi \mathrm{j}f_m t}\right) \tag{8-24}$$

$$I_{b,k}=\left|V_0-V_a\right|^2 \tag{8-25}$$

$$I_{nl,k}=\left|\alpha\right|^2\sum_{m_1=1}^{N}\sum_{m_2=1}^{N}m_2^{*}m_1\mathrm{e}^{(2\pi \mathrm{j}(f_{m_1}-f_{m_2})t)} \tag{8-26}$$

$$\begin{aligned}I_{n,k}=&2\alpha\,\mathrm{Re}\left[\mathrm{e}^{-\mathrm{j}(2\pi(f_0-\Delta f)t+\phi(t))}n_{0,k}(t)\sum_{m_1=1}^{N}c_i\mathrm{e}^{-2\pi \mathrm{j}f_m t}\right]+\\&2\alpha(V_0-V_a)\mathrm{Re}\left[\mathrm{e}^{-\mathrm{j}(2\pi f_0 t+\phi(t))}n_{0,k}(t)\right]+\\&\left|n_{0,k}(t)\right|^2+n_{r,k}(t)\end{aligned} \tag{8-27}$$

其中，$I_{s,k}$表示与原始 OFDM 信号成正比的项，$I_{b,k}$表示直流分量，$I_{nl,k}$表示 SSBN 即二阶非线性项，$I_{n,k}$表示其他噪声。

同理，第 k 块信号中的第 2 个码元的光电流以相同的方式表示为

$$\overline{I_k(t)}=-I_{s,k}+I_{b,k}+I_{nl,k}+\overline{I_{n,k}} \tag{8-28}$$

由 $I_k(t)$ 减去 $\overline{I_k(t)}$，可以得到第 k 块信号的光电流。

$$I_k=I_k(t)-\overline{I_k(t)}=2I_{s,k}+\left(I_{n,k}-\overline{I_{n,k}}\right) \tag{8-29}$$

从式（8-29）可以看出，通过在可见光通信系统中采用 SBC 方案，可以完全消除二阶交叉调制噪声和直流分量，而且可以提高接收机的灵敏度。

图 8-15 所示为基于 SBC-OFDM 调制的 2×2 成像 MIMO-VLC 系统的原理。在我们的信道模型中，以光波作为信息载波。对于高速 VLC，首先将二进制数据映射到 QAM 调制格式上，插入训练序列（Training Sequence，TS）。为了提高系统性能，在发射端采用了预均衡技术，并在预均衡后加入循环前缀以减轻多径失真。然后，采用 10 倍上采样平滑信号，信号的实部和虚部分别乘以正弦函数和余弦函数，QAM-OFDM 信号和直流偏置电压经由偏置器耦合到一起，由两个 RGB-LED 发出。最后，耦合有 QAM-OFDM 信号的两路可见光信号经过空间传输之后由一个透镜分离分别由两个 PIN 光电二极管探测，由高速数字示波器采集后，将两路信号相减后解调。

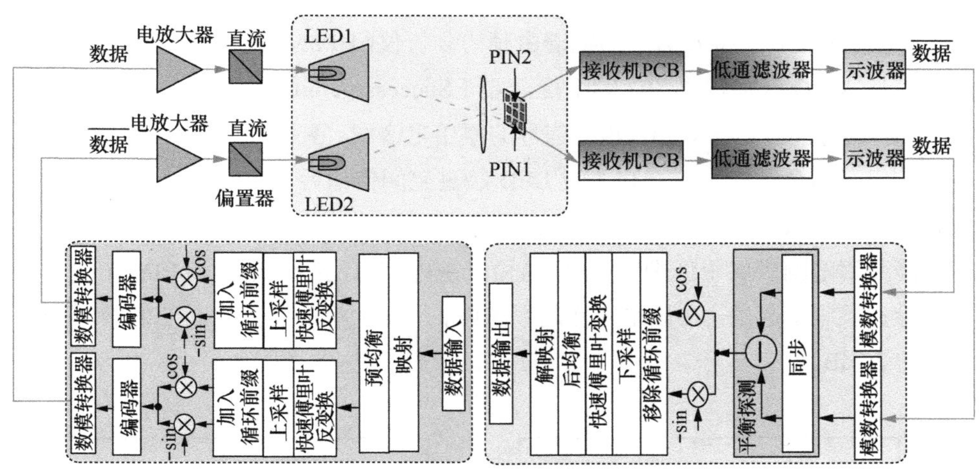

图 8-15 基于 SBC 的 2×2 成像 MIMO VLC 系统

图 8-16 所示为基于 SBC-OFDM 调制的 VLC 系统实验设置。在该实验中，两个商用的 RGB-LED（Engine，红色：625 nm；绿色：520 nm；蓝色：460 nm）作为发射机，从集成 PIN 阵列中随机选择两个 PIN 单元作为接收机，用以分别接受来自两个 LED 的信号。发射端的两个聚光器和在接收端的透镜（100 mm 焦距）用于增加到达集成 PIN 阵列的光强度，来自两个 LED、加载有相反信息的光信号，经过 2.5 m 的自由空间传输后，由透镜分离，分别被成像到集成 PIN 阵列的两个 PIN 单元上。包含有 128 个正交子载波的 QAM-OFDM 信号由 AWG（Tektronix，AWG710）产生，与直流电流耦合后作为电信号输出用以驱动不同的 LED 芯片。AWG 和示波器的采样率均为 1 Gsample/s，每个信道带宽为 100 MHz。在接收端，由 PIN 单元转化后得到较弱的电信号被接收 PCB 初步放大后，通过低通滤波器滤波，由示波器采集记录。

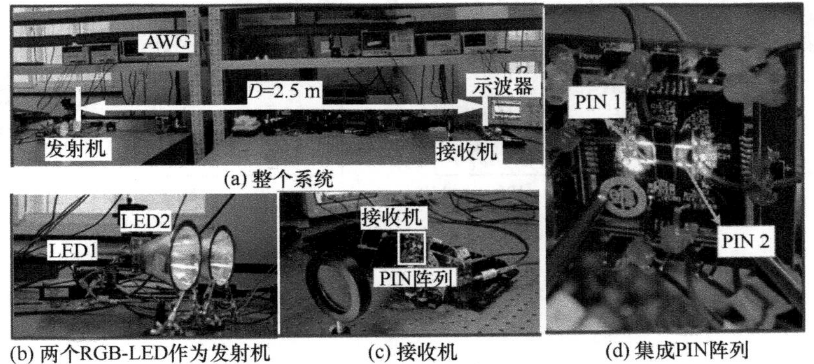

图 8-16 基于 SBC 的 2×2 成像 MIMO-VLC 测试实验系统

AWG 和接收端接收信号的电谱由频谱分析仪（HP8562A）测量记录。图 8-17 所示为从 AWG 直接输出的连续干扰消除（Successive Interference Cancellation，SIC）正交频分复用（SIC-OFDM）信号的原始电谱图。图 8-18、图 8-19 和图 8-20 分别给出了两个红光、绿光和蓝光 LED 经过空间传输后对应接收端 PIN 阵列接收到的 SIC-OFDM 信号的电谱图。通过与原始电谱相比，可以发现，接收信号在较高频率的响应弱于低频，这主要是由于室内信道的频率衰减和 PIN 光电二极管的带宽限制引起的。在该平衡探测系统中，最高频率的衰减比最低的频率分量大了约 20 dB。

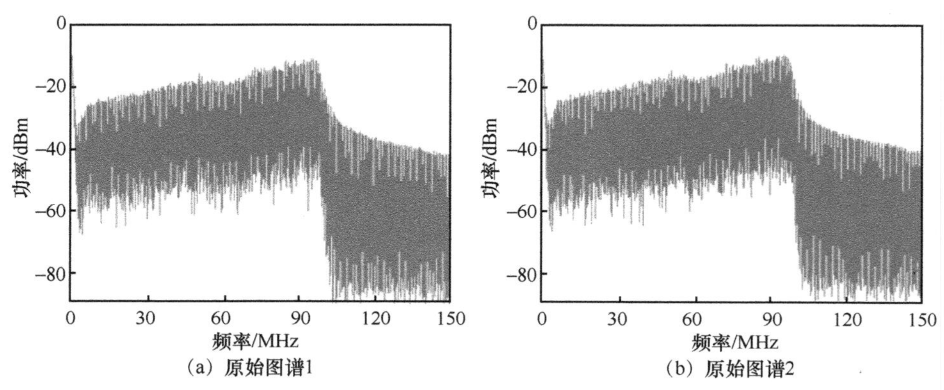

图 8-17 原始 SIC-OFDM 信号的测量电谱

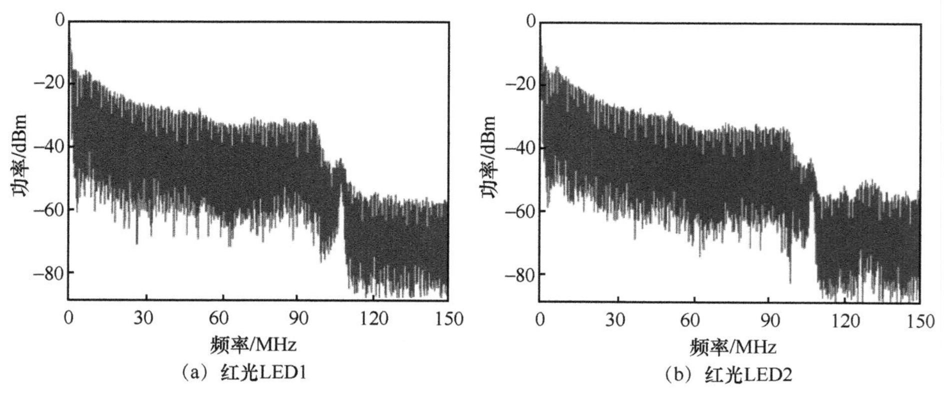

图 8-18 红光 LED 传输后的接收电谱

为了验证成像 MIMO-VLC 系统，对 RGB-LED 在不同驱动电流时，采用空间平衡编码和平衡探测前后接收端的 BER 性能进行了研究。在此测试系统中，发射机 RGB-LED 和集成 PIN 阵列接收机之间的传输距离为 2.5 m，调制格式同上一章选用了 MQAM（红光：64QAM；绿光和蓝光：16QAM）-OFDM。

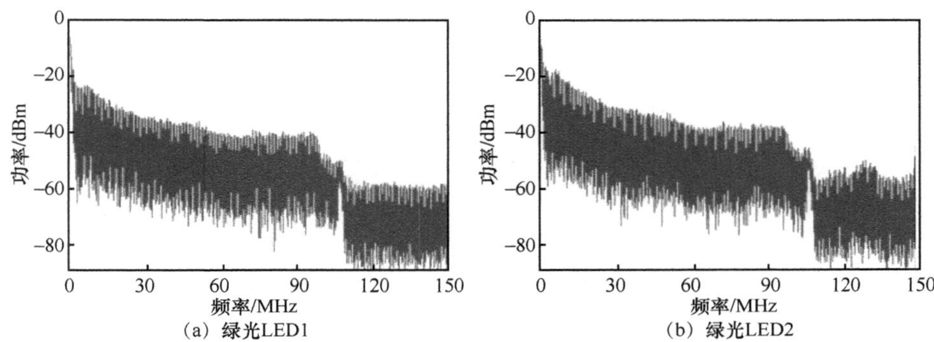

图 8-19　绿光 LED 传输后的接收电谱

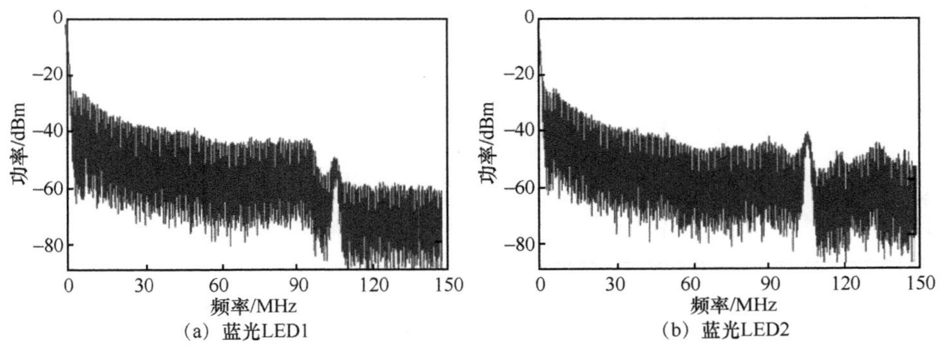

图 8-20　蓝光 LED 传输后的接收电谱

图 8-21、图 8-22 和图 8-23 分别给出了红光、绿光和蓝光 LED 在不同驱动电流时的测试结果。从图中可以看出，采用空间平衡编码和平衡探测后，红光 LED、绿光 LED 和蓝光 LED 的最佳驱动电流分别为 160 mA、150 mA 和 350 mA，接收机的输出性能得到明显提升。以红光 LED、绿光 LED 和蓝光 LED 作为发射机，采用空间平衡编码后，接收端的误码率最高分别降低了 20.63 dB、18.70 dB 和 13.02 dB。整个可见光通信系统的总物理数据速率（包括 TS、CP 冗余、FEC 开销和每个信号块中的相反符号的重复等）为 1.4 Gbit/s，其中，红光：600 Mbit/s，绿光：400 Mbit/s，蓝光：400 Mbit/s。图 8-23 中的插图所示为当驱动电流为 350 mA

时，以蓝光 LED 作为发射机，接收端采用空间平衡探测前后输出信号的星座图，从图 8-23 中可以更为直观地看出，采用空间平衡探测后，接收性能得到显著提升。

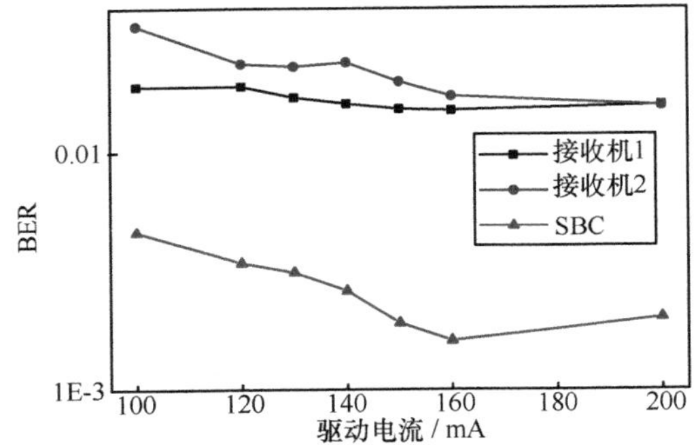

图 8-21　红光 LED 驱动电流与 BER 的关系

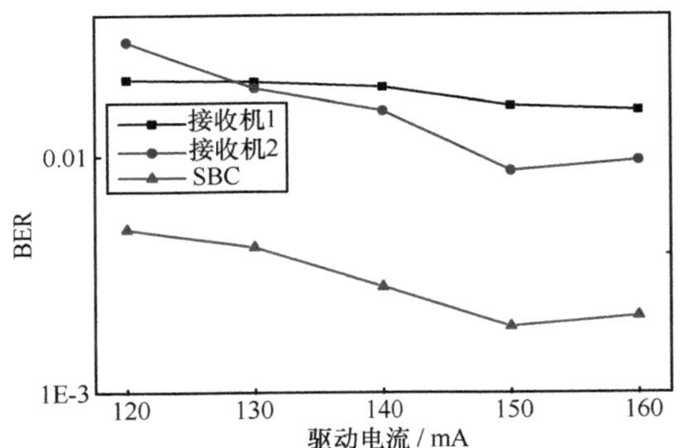

图 8-22　绿光 LED 驱动电流与 BER 的关系

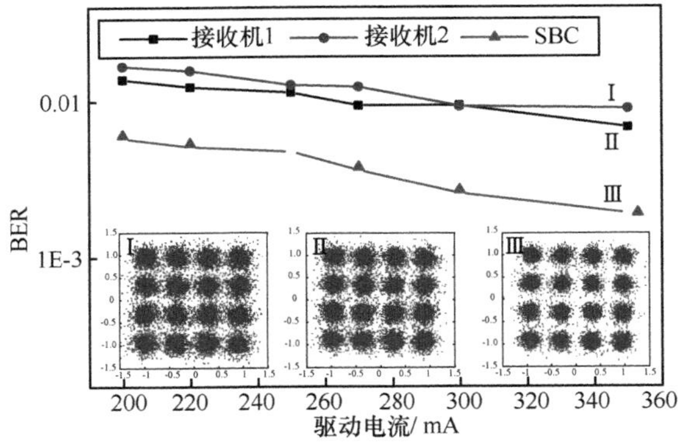

图 8-23　蓝光 LED 驱动电流与 BER 的关系，插图为 350 mA 驱动电流时的星座图

8.4　本章小结

VLC 技术是将信号调制到 LED 可见光上进行传输的一种新兴无线光通信技术，具有广阔战略发展前景和市场应用空间。随着 VLC 技术的不断发展和应用场景的不断扩大，集成化、微型化、智能化已成为其未来的发展趋势[53]，研究先进的集成接收技术、开发新型的高速 LED 和高灵敏度的探测器已成为 VLC 领域的一个重要课题。

参考文献

[1] SUN Z, TENG D, LIU L, et al. A power-type single GaN-based blue LED with improved linearity for 3 Gbit/s free-space VLC without Pre-equalization[J]. IEEE Photonics Journal, 2016, 8(3):1.

[2] LONG D H, HWANG I K, RYU S W. Design optimization of photonic crystal structure for improved light extraction of GaN LED[J]. IEEE Journal of Selected Topics in Quantum Electronics, 2009, 15(4): 1257-1263.

[3] SADI T, OKSANEN J, TULKKI J, et al. The Green's function description of emission enhancement in grated LED structures[J]. IEEE Journal of Selected Topics in Quantum Electronics, 2013, 19(5): 1-9.

[4] HENSON J, DIMARIA J, DIMAKIS E, et al. Plasmon-enhanced light emission based on lattice resonances of silver nanocylinder arrays[J]. Optics Letters, 2012, 37(1): 79-81.

[5] ZHANG H, ZHU J, ZHU Z, et al. Surface-plasmon-enhanced GaN-LED based on a multilayered M-shaped nano-grating[J]. Optics Express, 2013, 21(11): 13492-13501.

[6] ZHANG G, ZHUANG Z, GUO X, et al. Bloch surface plasmon enhanced blue emission from InGaN/GaN light-emitting diode structures with Al-coated GaN nanorods[J]. Nanotechnology, 2015, 26(12): 125201.

[7] WINDISCH R, KNOBLOCH A, KUIJK M, et al. Large-signal-modulation of high-efficiency light-emitting diodes for optical communication[J]. IEEE Journal of Quantum Electronics, 2000, 36(12): 1445-1453.

[8] ZHU S C, YU Z G, ZHAO L X, et al. Enhancement of the modulation bandwidth for GaN-based light-emitting diode by surface plasmons[J]. Optics Express, 2015, 23(11): 13752-13760.

[9] YEH P S, CHANG C C, CHEN Y T, et al. Blue resonant-cavity light-emitting diode with half milliwatt output power[C]//International Society for Optics and Photonics, March 8, 2016,

SPIE, 2016, 6: 97680.

[10] YUN J H, CHO H S, BAE K B, et al. Enhanced optical properties of nanopillar light-emitting diodes by coupling localized surface plasmon of Ag/SiO_2 nanoparticles[J]. Applied Physics Express, 2015, 8(9): 092002.

[11] OKAMOTO K, NIKI I, SCHERER A, et al. Surface plasmon enhanced spontaneous emission rate of InGaN/GaN quantum wells probed by time-resolved photoluminescence spectroscopy[J]. Applied Physics Letters, 2005, 87(7): 071102.

[12] GREEN R P, MCKENDRY J J D, MASSOUBRE D, et al. Modulation bandwidth studies of recombination processes in blue and green InGaN quantum well micro-light-emitting diodes[J]. Applied Physics Letters, 2013, 102(9): 091103.

[13] HUANG K, GAO N, WANG C, et al. Top-and bottom-emission-enhanced electroluminescence of deep-UV light-emitting diodes induced by localised surface plasmons[J]. Scientific Reports, 2014, 4: 4380.

[14] LANGHAMMER C, SSCHWIND M, KASEMO B, et al. Localized surface plasmon resonances in aluminum nanodisks[J]. Nano Letters, 2008, 8(5): 1461-1471.

[15] OKAMOTO K, KAWAKAMI Y. High-efficiency InGaN/GaN light emitters based on nanophotonics and plasmonics[J]. IEEE Journal of Selected Topics in Quantum Electronics, 2009, 15(4): 1199-1209.

[16] SUN G, KHURGIN J B. Plasmon enhancement of luminescence by metal nanoparticles[J]. IEEE Journal of Selected Topics in Quantum Electronics, 2011, 17(1): 110-118.

[17] HUANG J K, LIU C Y, CHEN T P, et al. Enhanced light extraction efficiency of GaN-Based hybrid nanorods light-emitting diodes[J]. IEEE Journal of Selected Topics in Quantum Electronics, 2015, 21(4): 354-360.

[18] CHO C Y, ZHANG Y, CICEK E, et al. Surface plasmon enhanced light emission from AlGaN-based ultraviolet light-emitting diodes grown on Si (111)[J]. Applied Physics Letters, 2013, 102(21): 211110.

[19] LEE K J, KIM S H, PARK A H, et al. Enhanced optical output power by the silver localized surface plasmon coupling through side facets of micro-hole patterned InGaN/GaN light-emitting diodes[J]. Optics Express, 2014, 22(104): A1051-A1058.

[20] LIN C H, CHEN C H, YAO Y F, et al. Behaviors of surface plasmon coupled light-emitting diodes induced by surface Ag nanoparticles on dielectric interlayers[J]. Plasmonics, 2015, 10(5): 1029-1040.

[21] LIN Y Z, LI K, KONG F M, et al. Comprehensive numeric study of gallium nitride light-emitting diodes adopting surface-plasmon-mediated light emission technique[J]. IEEE Journal of Selected Topics in Quantum Electronics, 2011, 17(4): 942-951.

[22] FADIL A, IIDA D, CHEN Y, et al. Surface plasmon coupling dynamics in InGaN/GaN quantum-well structures and radiative efficiency improvement[J]. Scientific Reports, 2014, 4: 6392.

[23] FADIL A, OU Y, ZHAN T, et al. Fabrication and improvement of nanopillar InGaN/GaN

light-emitting diodes using nanosphere lithography[J]. Journal of Nanophotonics, 2015, 9(1): 093062-093062.

[24] 迟楠. LED 可见光通信技术[M]. 北京：清华大学出版社，2013.

[25] BARNES W L. Electromagnetic crystals for surface plasmon polaritons and the extraction of light from emissive devices[J]. Journal of Lightwave technology, 1999, 17(11): 2170.

[26] 曾树荣. 半导体器件物理基础[M]. 北京: 北京大学出版社, 2002.

[27] TATEISHI K, FUNATO M, KAWAKAMI Y, et al. Highly enhanced green emission from InGaN quantum wells due to surface plasmon resonance on aluminum films[J]. Applied Physics Letters, 2015, 106(12): 121112.

[28] ZHU S C, ZHAO L X, YU Z G, et al. Surface plasmon enhanced GaN based light-emitting diodes by Ag/SiO_2 nanoparticles[C]//Solid State Lighting (SSLCHINA), 2014 11th China International Forum, May 15, Nanchang, Piscataway: IEEE Press, 2014: 104-106.

[29] SHI J W, HUANG H Y, SHEU J K, et al. The improvement in modulation speed of GaN-based green light-emitting diode (LED) by use of n-type barrier doping for plastic optical fiber (POF) communication[J]. IEEE Photonics Technology Letters, 2006, 18(15): 1636-1638.

[30] LIAO C L, CHANG Y F, HO C L, et al. High-speed GaN-based blue light-emitting diodes with gallium-doped ZnO current spreading layer[J]. IEEE Electron Device Letters, 2013, 34(5): 611-613.

[31] OKAMOTO K, NIKI I, SHVARTSER A, et al. Surface-plasmon-enhanced light emitters based on InGaN quantum wells[J]. Nature Materials, 2004, 3(9): 601-605.

[32] PURCELL E M. Spontaneous emission probabilities at radio frequencies[M]. Berlin: Springer, 1995.

[33] MCKENDRY J J D, GREEN R P, KELLY A E, et al. High-speed visible light communications using individual pixels in a micro light-emitting diode array[J]. IEEE Photonics Technology Letters, 2010, 22(18): 1346-1348.

[34] TIAN P, MCKENDRY J J D, GONG Z, et al. Characteristics and applications of micro-pixelated GaN-based light emitting diodes on Si substrates[J]. Journal of Applied Physics, 2014, 115(3): 033112.

[35] IKEDA K, HORIUCHI S, TANAKA T, et al. Design parameters of frequency response of GaAs (Ga, Al) as double heterostructure LED's for optical communications[J]. IEEE Transactions on Electron Devices, 1977, 24(7): 1001-1005.

[36] JUN C, GUANG-HAN F, YUN-YAN Z. The investigation of performance improvement of GaN-based dual-wavelength light-emitting diodes with various thickness of quantum barriers[J]. Acta Physica Sinica, 2012.

[37] HUANG S Y, HORNG R H, SHI J W, et al. High-performance InGaN-based green resonant-cavity light-emitting diodes for plastic optical fiber applications[J]. Journal of Lightwave Technology, 2009, 27(18): 4084-4094 .

[38] TSAI C L, XU Z F. Line-of-sight visible light communications with InGaN-based resonant cavity LEDs[J]. IEEE Photonics Technology Letters, 2013, 25(18): 1793-1796.

[39] IVELAND J, MARTINELLI L, PERETTI J, et al. Direct measurement of Auger electrons emitted from a semiconductor light-emitting diode under electrical injection: identification of the dominant mechanism for efficiency droop[J]. Physical Review Letters, 2013, 110(17): 177406.

[40] SHEN Y C, MUELLER G O, WATANABE S, et al. Auger recombination in InGaN measured by photoluminescence[J]. Applied Physics Letters, 2007, 91(14): 141101.

[41] ASHOKKUMAR P, SAHOO B K, RAMAN A, et al. Development and characterisation of a silicon PIN diode array based highly sensitive portable continuous radon monitor[J]. Journal of Radiological Protection, 2013, 34(1): 149.

[42] 王瑞伟，郭心悦，徐伯庆. 可见光通信集成接收机研究[J]. 信息技术, 2013, (11): 109-113.

[43] YANG H D, KILY H, YANG J H , et al. Characterization of n-Geli-Gelp-Si PIN photo-diode[J]. Materials Science in Semiconductor Processing, 2014, 22: 37-43.

[44] GOLDSMITH A. Wireless communications[M]. Cambridge: Cambridge University Press, 2005.

[45] AHAR A H, TRAN T, O'BRIEN D. A gigabit/s indoor wireless transmission using MIMO-OFDM visible-light communications[J]. IEEE Photonics Technology Letters, 2013, 25(2): 171-174.

[46] SUNG J Y, YEH C H, CHOW C W, et al. Orthogonal frequency-division multiplexing access (OFDMA) based wireless visible light communication (VLC) system[J]. Optics Communications, 2015, 355: 261-268.

[47] WU F M, LIN C T, WEI C C, et al. 3.22 Gbit/s WDM visible light communication of a single RGB LED employing carrier-less amplitude and phase modulation[C]//2013 Optical Fiber Communication Conference and the National Fiber Optic Engineers Conference (OFC/NFOEC), March 17-21, 2013, Anaheim, Piscataway: IEEE Press, 2013, OTh1G. 4.

[48] WANG Y, SHAO Y, SHANG H, et al. 875 Mbit/s asynchronous bi-directional 64QAM-OFDM SCM-WDM transmission over RGB-LED-based visible light communication system[C]//2013 Optical Fiber Communication Conference and the National Fiber Optic Engineers Conference(OFC/NFOEC), March 17-21, 2013, Anaheim, Piscataway: IEEE Press, 2013, OTh1G. 3.

[49] ZENG L, O'BRIEN D C, MINH H L, et al. High data rate multiple input multiple output (MIMO) optical wireless communications using white LED lighting[J]. IEEE Journal on Selected Areas in Communications, 2009, 27(9): 1654-1662.

[50] WANG Y, CHI N, WANG Y, et al. High-speed quasi-balanced detection OFDM in visible light communication[J]. Optics Express, 2013, 21(23): 27558-27564.

[51] LI J, XU Y, SHI J, et al. A 2×2 imaging MIMO system based on LED visible light communications employing space balanced coding and integrated PIN array reception[J]. Optics Communications, 2016, 367: 214-218.

[52] LI F, CAO Z, LI X, et al. Fiber-wireless transmission system of PDM-MIMO-OFDM at 100 GHz frequency[J]. Journal of Light wave Technology, 2013, 31(14): 2394-2399.

[53] JOVICIC A, LI J, RICHARDSON T. Visible light communication: opportunities, challenges and the path to market[J]. IEEE Communications Magazine, 2013, 51(12): 26-32.

第9章 高速可见光通信系统实验

速率是衡量一个通信系统的重要指标，而提供高速无线接入也正是可见光通信的一个显著优势[1]。目前家庭接入网中，无线 Wi-Fi 的传输速率在 100 Mbit/s 左右，而电力线通信业基本处在这个速率甚至更低。相比于传统的无线接入技术，可见光通信由于其潜在的巨大带宽，能够实现更为高速的无线接入功能。目前国际研究热点也正集中在采用高阶调制、多维复用、组网等技术实现可见光的高速传输。本章将围绕高速 VLC 系统，从先进调制技术出发，详细介绍相应的技术原理和高速 VLC 实验结果。文中前后分别介绍了基于 OFDM、SC-FDE、CAP、DMT、PAM 和 GS QAM 调制的高速可见光通信系统实验。实验结果证明了先进高阶调制技术[1-25]在高速可见光通信系统中的可行性和优势。

9.1 正交频分复用调制技术

正交频分复用是一种新型高效的编码技术[2-4]，是多载波调制的一种。它能有效地抵抗多径干扰，使受干扰的信号仍能可靠地接收，而其信号的频带利用率也大大提高。1971 年 WEINSTEIN 和 EBEN 提出使用离散傅里叶变换实现 OFDM 系统中全部调制和解调功能的方案，简化了振荡器阵列以及相关接收机中本地载波之间严格同步的问题，为实现 OFDM 的全数字化方案奠定了理论上的基础。80 年代以后，随着数字信号处理技术的发展和对高速数据通信需求的增长，OFDM 的调制技术再一次成为研究热点。OFDM 技术之所以越来越受关注，是因为 OFDM 有很多独特的优点。

① 频谱利用率很高，频谱效率比串行系统高近一倍。这一点在频谱资源有限的无线环境中很重要。

② 抗多径干扰与频率选择性衰落能力强。由于 OFDM 系统把数据分散到许多个子载波上，大大降低了各子载波的符号速率，从而减弱多径传播的影响，若再通过采用加入循环前缀作为保护间隔的方法，甚至可以完全消除由多径引起的符号间干扰。

③ 采用动态子载波分配技术能使系统达到最大比特率。通过选取各子信道，每个符号的比特数以及分配给各子信道的功率使系统总比特率最大。

④ 通过各子载波的联合编码，可具有很强的抗衰落能力。OFDM 技术本身已经利用了信道的频率分集。再通过将各个信道联合编码，可以使系统性能得到进一步提高。

⑤ 基于离散傅里叶变换的 OFDM 有快速算法，OFDM 采用 IFFT 和 FFT 来实现调制和解调，易用 DSP 实现。

OFDM 技术的基本思想是将高速串行数据变换成多路相对低速的并行数据调制到每个子载波上进行传输。这种并行传输技术大大扩展了符号的脉冲宽度，提高了抗多径衰落的性能。正交信号可以通过在接收端采用相关技术分开，这样可以减少子载波间相互干扰。每个子载波上的信号带宽小于信道的相关带宽，因此每个子载波上可以看成平坦性衰落，从而消除符号间干扰。传统的频分复用方法中各个子载波的频谱互不重叠，需要使用大量的发送滤波器和接收滤波器，这样就大大增加了系统的复杂度和成本。同时，为了减小各个子载波间的相互串扰，各子载波间必须保持足够的频率间隔，这样会降低系统的频率利用率。而现代 OFDM 系统采用数字信号处理技术，各子载波的产生和接收都由数字信号处理算法完成，极大地简化了系统的结构。同时为了提高频谱利用率，使各子载波上的频谱相互重叠，使这些频谱在整个符号周期内满足正交性，从而保证接收端可以不失真地复原信号。

OFDM 产生和探测的流程如图 9-1 所示。发射端包括 QAM 映射、快速傅里叶反变换、加入循环前缀和并串转换；接收端和发射端流程相反。在发射端，信息序列经过串并转换变成 N 个并行符号，并在每个支路进行单独调制。调制后的并行符号经过快速傅里叶反变换变成 N 个不同子载波的集合，然后再加上保护间隔。这样 OFDM 信号就产生了。产生的 OFDM 信号通过功率放大器放大后，再通过直流偏置，使信号工作在 LED 的工作区。信号经过 LED 变成光强度信号被发射出去。在接收端，经过光电二极管光强度信号转换为电流信号，这样就接收到了 OFDM 已调制信号，经过 OFDM 解调过程之后，原始信号就被还原出来。循环前缀的作用是用来避免多径干扰产生的时延。

OFDM 调制技术目前已经广泛应用在可见光通信中，包括离线系统和实时系统。但是 OFDM 也有一些缺点，主要包括两点：一是 PAPR 值很大，二是对频偏特别敏感。

我们采用 OFDM 调制技术，结合先进预均衡与后均衡算法，实现了 875 Mbit/s

可见光双向传输实验系统[5]，如图 9-2 所示。

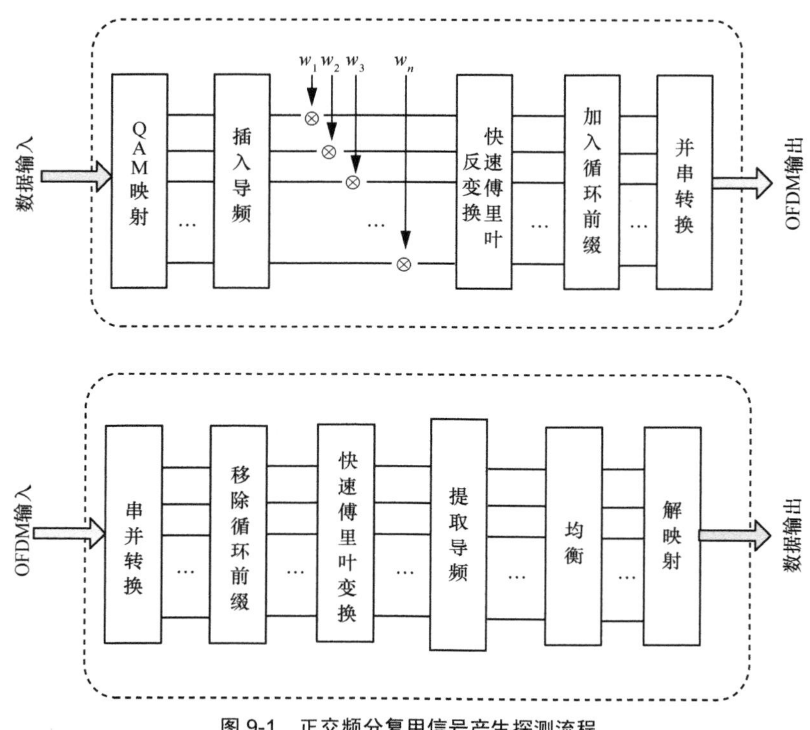

图 9-1　正交频分复用信号产生探测流程

实验中，由任意波形发生器产生的 OFDM 信号分别经过低通滤波器、放大器和偏置器后调制到 RGB-LED 不同颜色的芯片上。经过自由空间传输后，由滤光片将 3 个波长的光分开，在接收端由探测器接收。然后进行后端均衡与解调算法处理。其中下行链路采用了红光和绿光两个波长，而上行采用了蓝光波长。实验实现了下行链路 575 Mbit/s，上行链路 300 Mbit/s 全双工可见光传输，传输距离为 66 cm。

实验中测量的 RGB LED 的频率响应和红、绿、蓝 3 个波长上的信号频谱如图 9-3 所示。可以看到 RGB LED 的频率响应在高频处有明显的衰落，其 20 dB 带宽只有 25 MHz。为了补偿频率衰落，实验中采用了预均衡技术，同时根据低频和高频响应的区别，将 OFDM 信号分为两段，低频处信噪比较高，采用 64QAM 调制方式，而高频处由于频率衰落信噪比较低，因而采用低阶 32QAM 调制方式。

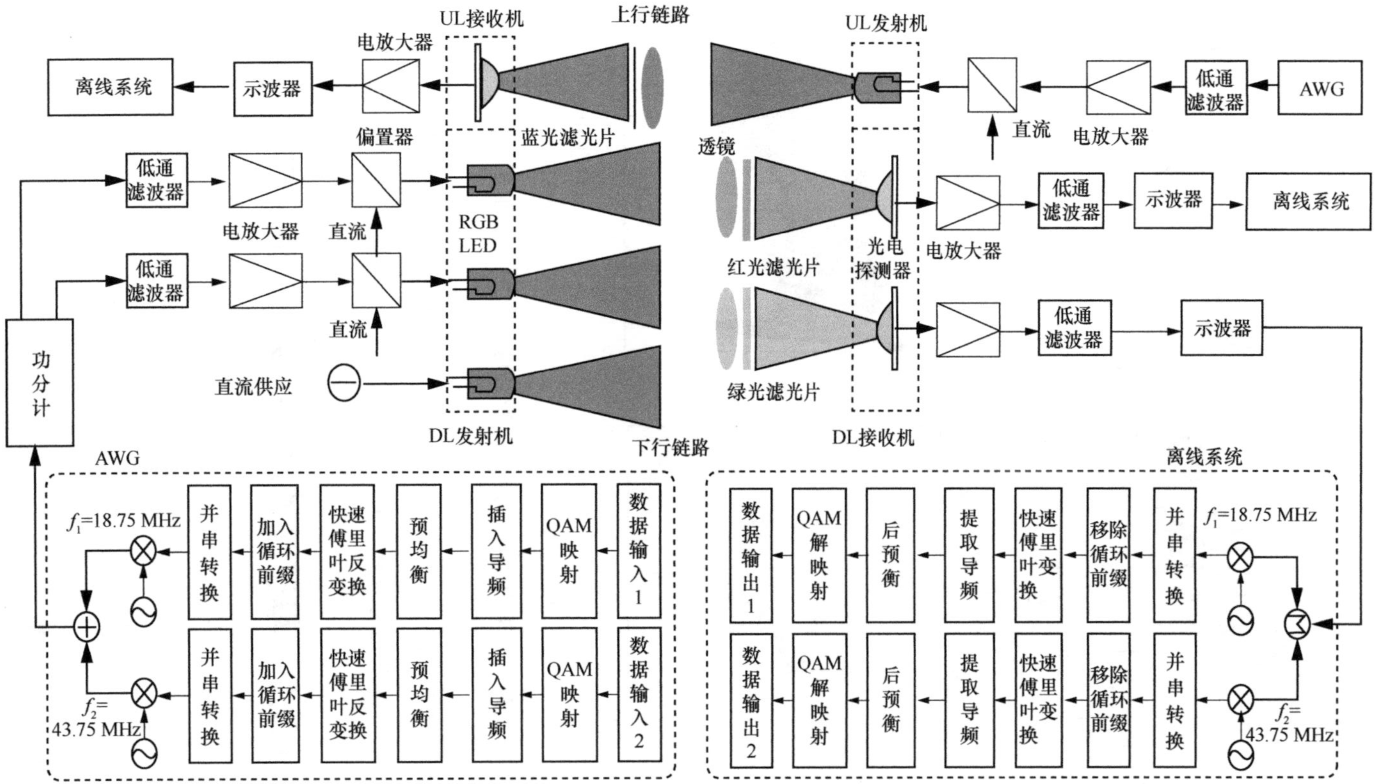

图 9-2　基于 OFDM 调制的 875 Mbit/s 双向可见光传输系统

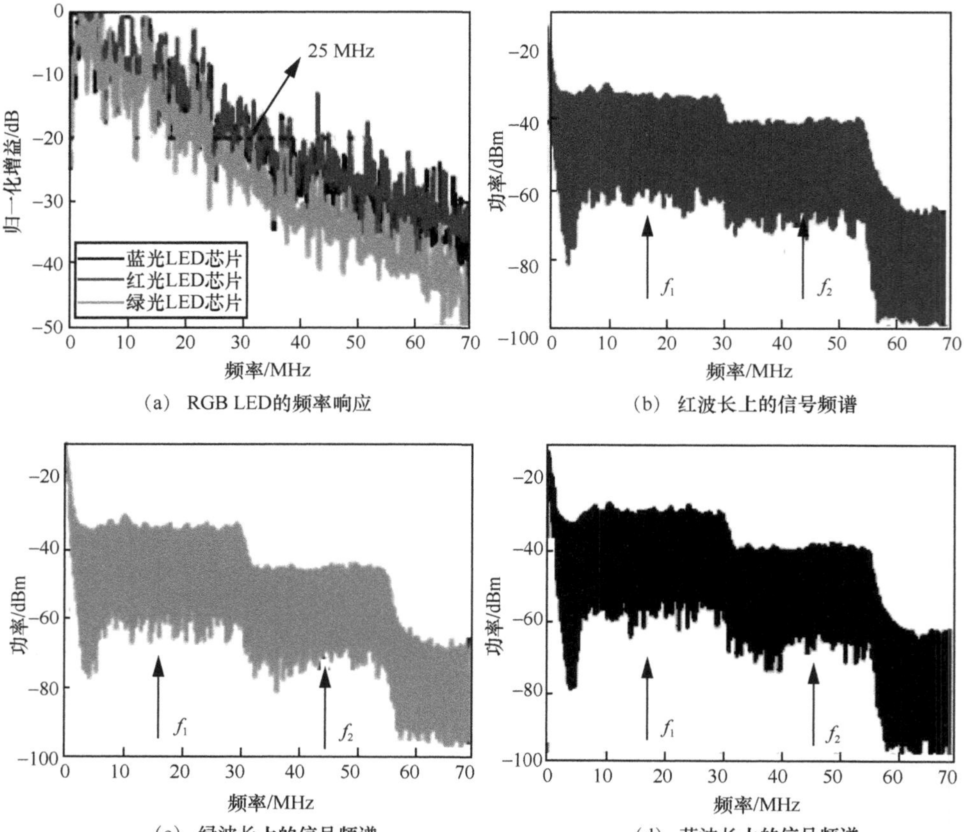

（a） RGB LED的频率响应

（b） 红波长上的信号频谱

（c） 绿波长上的信号频谱

（d） 蓝波长上的信号频谱

图 9-3　RGB LED 的频率响应和红绿蓝 3 个波长上的信号频谱

实验测得的 3 个波长的 BER 与照度的关系如图 9-4 所示。实验验证了 OFDM 调制方式在高速可见光通信系统中应用的可行性。

9.2　基于频域均衡的单载波调制技术

基于频域均衡的单载波调制技术是一种基于单载波的高频谱效率调制技术。高 PAPR 对于非线性严重的可见光通信系统是一个致命的缺点，因此 SC-FDE 相比于 OFDM 具有一定优势，该调制技术频谱效率和 OFDM 一致，复杂度一致，但是拥有更小的 PAPR，其调制/解调原理如图 9-5 所示。

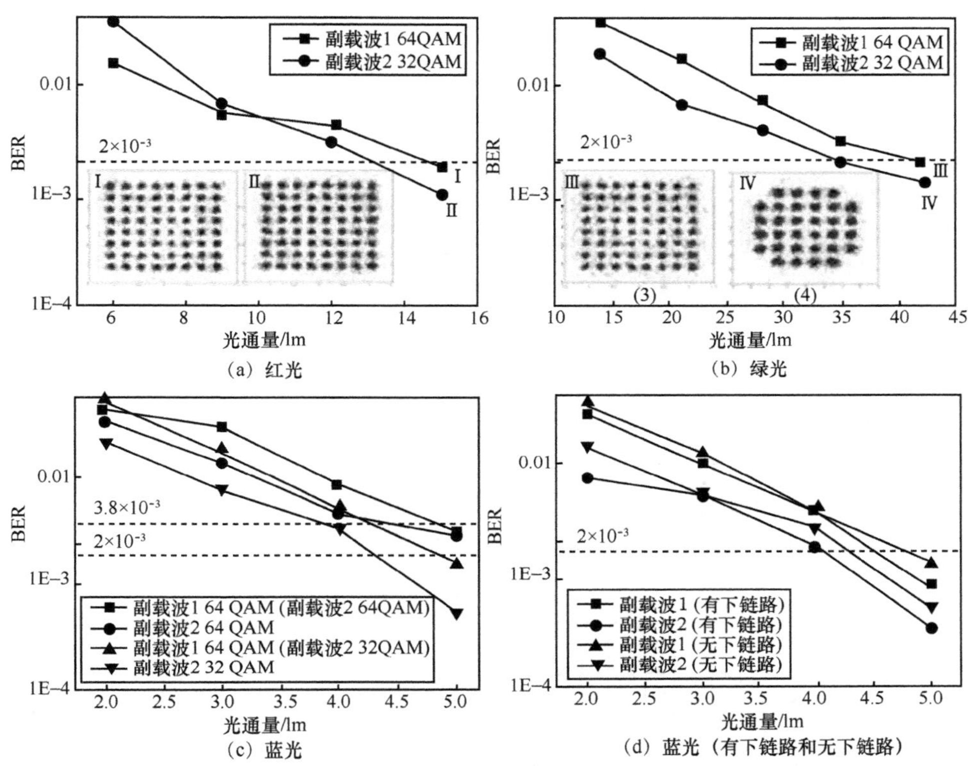

图 9-4　实验系统 BER 与照度关系

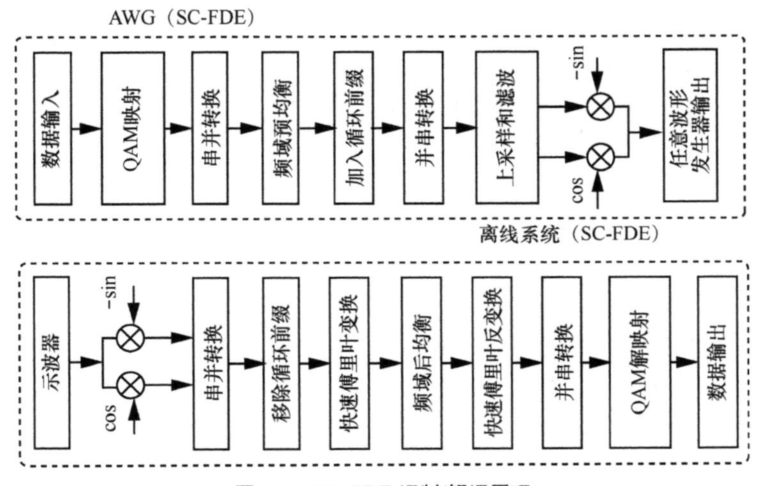

图 9-5　SC-FDE 调制/解调原理

从图 9-5 可以看出，该调制技术和 OFDM 基本一致，只是将 IFFT 从发射端移到了接收端。

基于上述 SC-FDE 调制技术，结合先进的均衡算法，我们实现了 4.22 Gbit/s 可见光传输系统实验，系统如图 9-6 所示。实验采用单载波调制技术，RGB LED 作为光源，实现了 WDM 可见光传输。在发射端用预均衡来补偿 LED 的频率衰落，同时在接收端采用 FDE 与 DD-LMS 结合的时频域混合均衡技术，提升系统性能。这是目前国际上报道的可见光通信传输的最高速率。

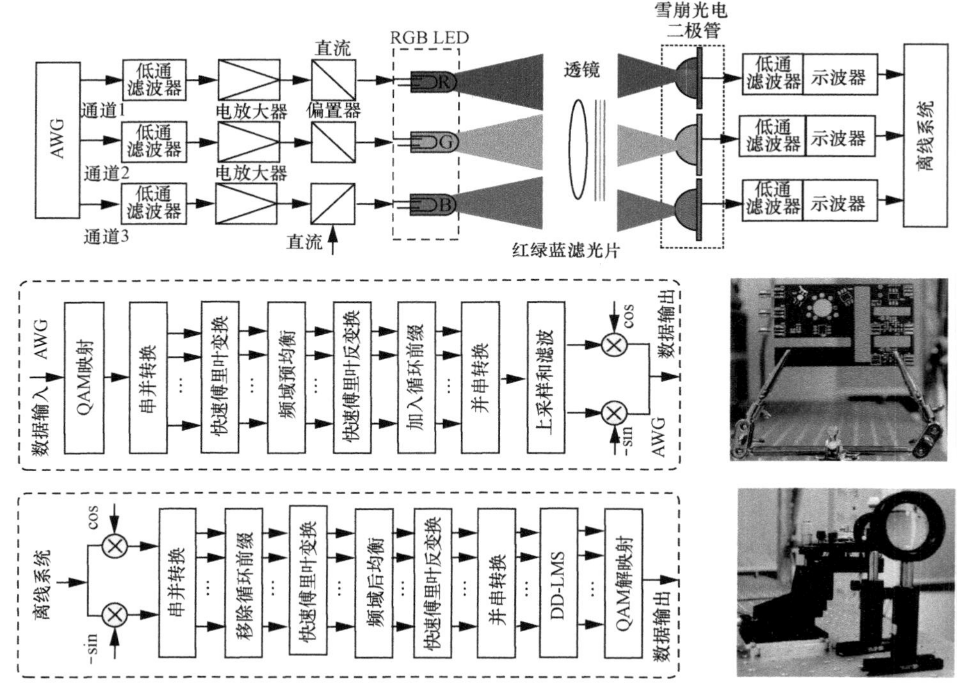

图 9-6　4.22 Gbit/s SC-FDE 可见光通信系统

为提高频谱效率，实验中采用了 512QAM 高阶调制方式，每个波长的调制带宽为 156.25 MHz。实验测得的频谱如图 9-7 所示。

实验中得到的 3 个波长的 Q 值曲线如图 9-8 所示，可以看到采用时频域混合均衡技术后，红绿蓝 3 个波长信号的 Q 值性能分别提升了 1.4 dB、1.6 dB 和 1 dB。实验结果验证了 SC-FDE 调制技术具有结构简单、计算复杂度较低，同时频谱效率高的特点，在高速可见光通信系统中有广泛应用前景。

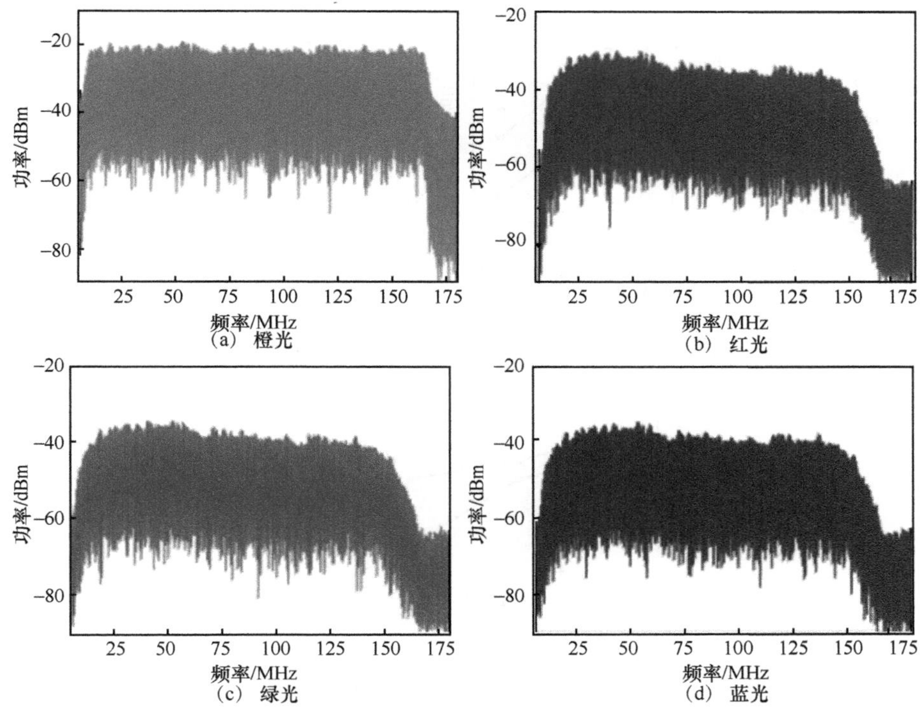

图 9-7　实验测得的信号频谱

9.3　无载波幅度和相位调制技术

无载波幅度和相位调制方式是一种多维多阶的调制技术，它在 20 世纪 70 年代首先由贝尔实验室提出。采用这种调制技术，可以在有限带宽的条件下实现高频谱效率的高速传输。和传统的 QAM 与 OFDM 调制方式相比，CAP 调制采用了两个相互正交的数字滤波器。其优点在于 CAP 调制不再需要电或者光的复数信号到实数信号的转换，这种转化通常需要一个混频器、射频源或者一个光 IQ 调制器实现。与此同时，相比于 OFDM 调制，CAP 调制也不再需要采用离散傅里叶变换，从而大大减少了计算复杂度和系统的结构。因此 CAP 调制适用于需要低复杂度的系统中，如 PON、可见光通信。

典型的 CAP 调制系统发射机与接收机结构如图 9-9 和图 9-10 所示。

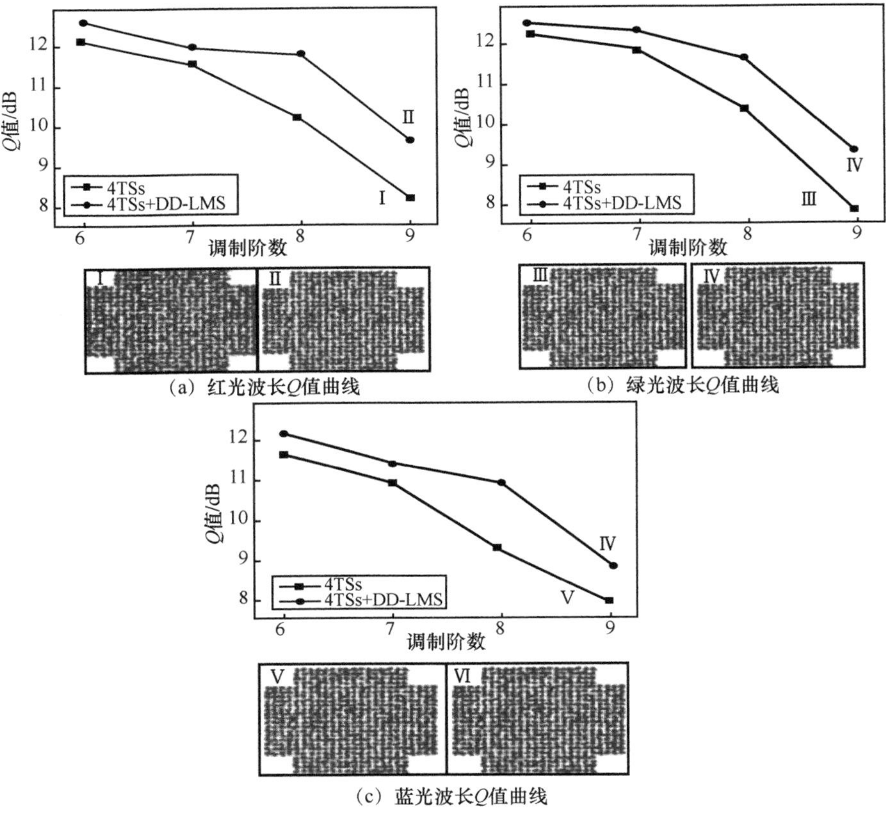

(a) 红光波长Q值曲线

(b) 绿光波长Q值曲线

(c) 蓝光波长Q值曲线

图 9-8 实验测得的红、绿、蓝 3 个波长的 Q 值曲线

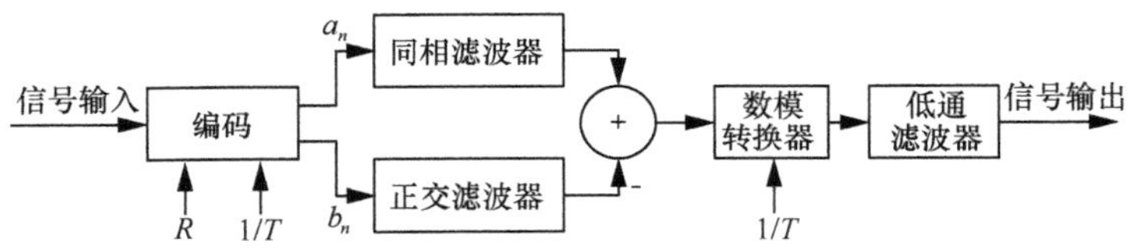

图 9-9 CAP 调制系统发射机结构

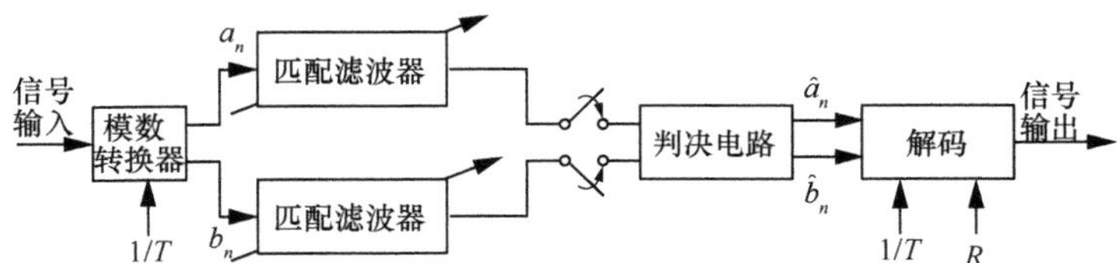

图 9-10 CAP 调制系统接收机结构

从图 9-9 和图 9-10 中可以看出，CAP 调制在发射端采用了两个相互正交的滤波器，通过控制成型滤波器的系数与阶数产生信号，进行高阶调制，占有的频带宽度窄，且不需要混频器；而在接收机端通过自适应滤波器进行恢复，结构比较简单。

CAP 调制信号满足式（9-1）。

$$s(t)=a(t)\otimes f_1(t)-b(t)\otimes f_2(t) \tag{9-1}$$

其中，$a(t)$、$b(t)$分别是 I 路和 Q 路的原始比特序列经过编码和上采样之后的信号。$f_1(t)=g(t)\cos(2\pi f_c t)$ 和 $f_2(t)=g(t)\sin(2\pi f_c t)$ 是对应的成型滤波器的时域函数，它们形成一对希尔伯特变换对。

假设传输信道是理想的，在接收机端两个匹配滤波器的输出见式（9-2）。

$$\begin{aligned} r_i(t)&=s(t)\otimes m_1(t)=(a(t)\otimes f_1(t)-b(t)\otimes f_2(t))\otimes m_1(t)\\ r_q(t)&=s(t)\otimes m_2(t)=(a(t)\otimes f_1(t)-b(t)\otimes f_2(t))\otimes m_2(t)\end{aligned} \tag{9-2}$$

其中，$m_1(t)=f_1(-t)$ 和 $m_2(t)=f_2(-t)$ 是对应匹配滤波器的脉冲响应。利用对应的匹配滤波器在接收端就可以解调出原始信号。

CAP 调制由于其结构简单、计算复杂度较低的特点，在可见光通信中具有很大的应用价值。采用 CAP 调制技术的可见光通信已经得到了实验验证。基于 CAP 调制的可见光通信实验结构如图 9-11 所示。

在该实验中，采用了 RGB LED 作为光源，实现 WDM 可见光系统。同时，还采用了预均衡和基于 M-CMMA 的后均衡技术来提升 RGB LED 的频率响应和系统性能。每个波长上采用频分复用技术，将不同用户的信号分别调制到 3 个子载波上，每个子载波调制信号带宽为 25 MHz，调制阶数为 64QAM，因此每个子载波的传输速率为 150 MHz，每个波长的传输速率为 450 MHz。经过波分复用后该系统总的传输速率达到 1.35 Gbit/s。实验中采用的成型滤波器的时域响应和频率响应如图 9-12 所示。

此外，为了提高 CAP 系统的传输速率，我们在传统的线性、非线性均衡的基础上提出了一种全新的信号联合后均衡技术，实现了对可见光系统信号损伤的有效补偿。在此基础上，实现了 8 Gbit/s 的高阶 CAP 可见光传输系统[8]，实验结构如图 9-13 所示。

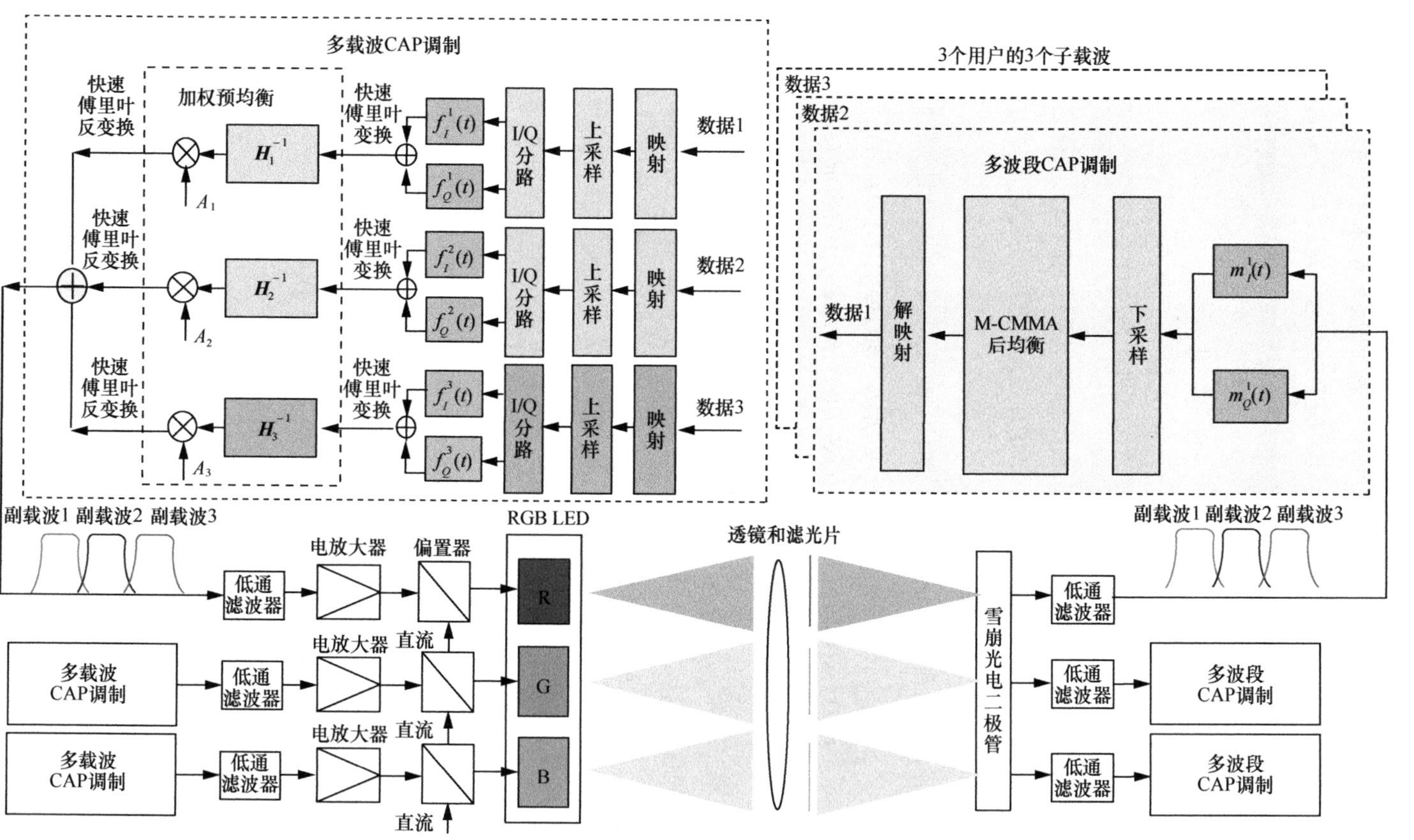

图 9-11　基于 CAP 调制的可见光通信实验结构

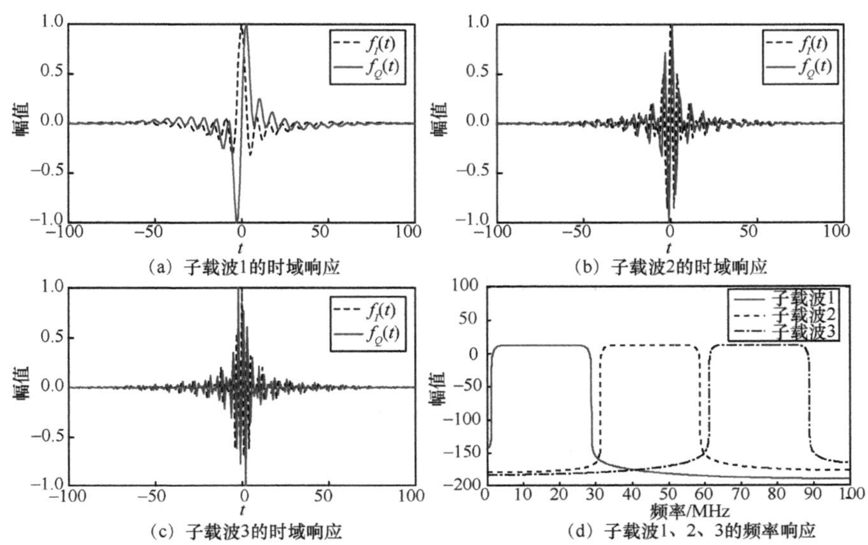

图 9-12　成型滤波器的时域响应和频率响应

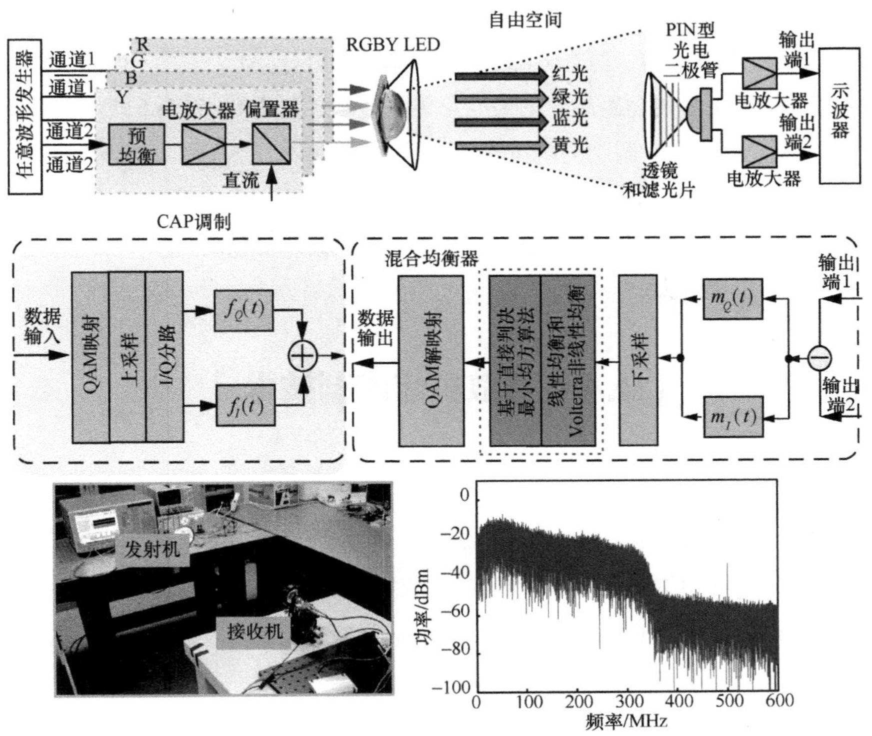

图 9-13　采用联合后均衡技术的高阶 CAP 可见光室内传输系统

在实验中，采用了一个 RGBY 四芯片 LED 作为发射机，来实现四波长的波分复用。在发射端，使用一个单级桥 T 型硬件预均衡电路对可见光系统的频率衰落进行预补偿。在接收端，一个商用 PIN 光电探测器被用来接收可见光信号。接收信号通过一个三级级联的线性/非线性联合后均衡器进行后均衡处理。其中，第一级是基于 M-CMMA 盲均衡算法的线性均衡器，第二级是基于 Volterra 级数的非线性均衡器，它也同样采用 M-CMMA 盲均衡算法对滤波器抽头系数进行更新。通过这两级均衡器的叠加，对信号的线性和非线性损伤进行联合均衡补偿。然后将输出信号输入第三级均衡器中，这里采用了 DD-LMS 算法对均衡器的抽头进行更新，进一步提高了对高阶调制信号的均衡性能。实验中，将每个波长上 CAP 信号的调制带宽固定为 320 MHz，根据各波长信道质量的不同，采用不同的调制阶数以使系统总容量达到最大。

实验中测得的 4 个波长上不同调制阶数的 CAP 信号的 BER 曲线如图 9-14 所示。测试时的信号传输距离为 1 m。从图 9-14 中可以看到，在满足 3.8×10^{-3} 的 7%FEC 误码率门限情况下，RGBY 4 个波长所能调制的 CAP 信号最高阶数分别为：红光 128QAM、绿光 32QAM、蓝光 64QAM 以及黄光 128QAM。因此，该高阶 CAP 可见光通信系统在 1 m 传输距离处的最高总传输速率达到 $320\times(7+5+6+7)=8$ Gbit/s。这是目前国际上基于 CAP 调制的可见光通信系统最高传输速率。

实验结果证明了 CAP 调制方式具有结构简单、计算复杂度较低以及频谱效率高的特点。其是在有限的带宽资源中实现高谱效率和高速传输的一项重要调制技术，在可见光通信中有巨大的应用潜力。

9.4 离散多音调制技术

在普通 OFDM 中，频域原始数据经过 IFFT 产生的信号是复数信号，而在可见光通信系统中，LED 灯只能进行强度调制，所以必须将复数信号转换为实数信号，也就是利用上变频和下变频。但是变频的存在可能会因为发射和接收端的时钟不完全一致，导致变频出现偏差，产生频偏，影响系统性能。针对这种现象，如果能够不产生复数信号，则可以避免这个问题。

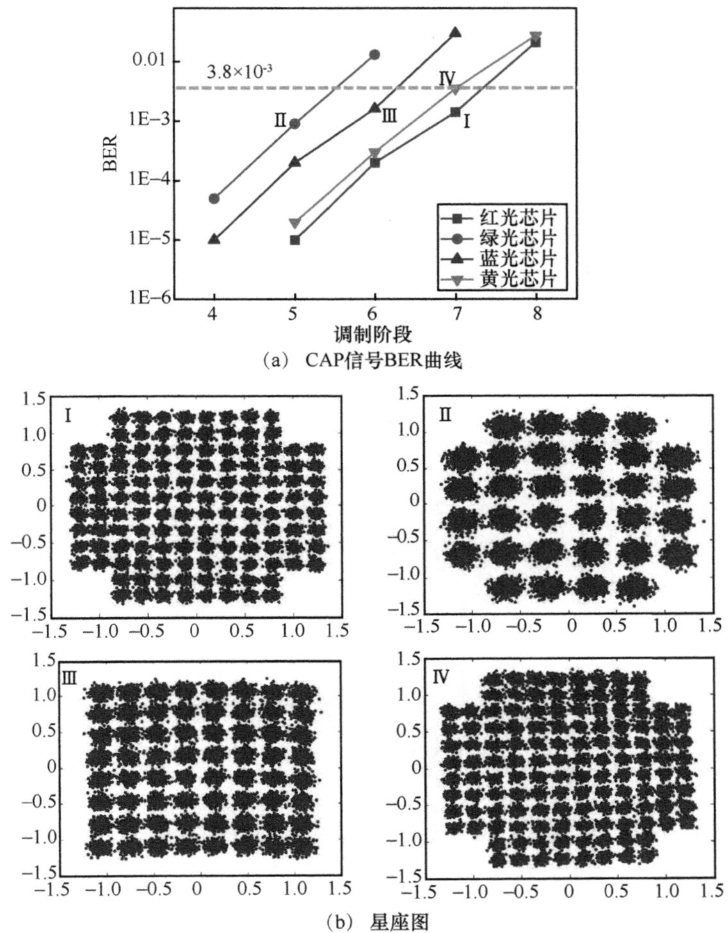

(a) CAP信号BER曲线

(b) 星座图

图 9-14　RGBY 4 个波长上不同调制阶数的 CAP 信号 BER 曲线以及相应 4 点的星座图

9.4.1 DMT 原理

离散多音调制是一种能产生时域实数信号的方案。图 9-15 所示为 DMT 的原理。

在 QAM 调制之后，进行串并转换，得到 N 点的频域信号，将此频域信号取镜像对称（也即满足厄米对称性），具体如图 9-15 所示。注意第 0 号子载波和第 N 号子载波为 0。当频域满足此结构，经过 $2N$ 点 IFFT 之后变换到时域得到的数据是纯实数。不需要进行上下变频即可直接传输。当然，和 OFDM 一样，为了减少符号间干扰，需要在传输之前给时域数据加入循环前缀做保护。

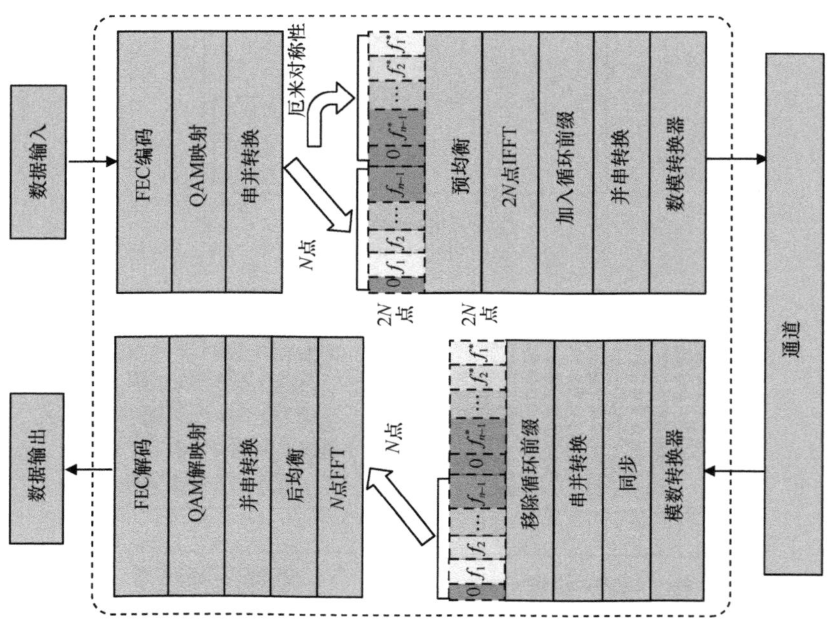

图 9-15　DMT 原理

在接收端，接收信号经过串并转换和移除循环前缀之后，取原始的有用信号进行 N 点 FFT。FFT 之后时域数据变为频域，可以在频域做频域后均衡恢复优化信号。最常用的一般是迫零均衡。后均衡之后，进行 QAM 的解映射，并串转换将信号恢复成比特流。最终与原始比特流比较，计算误码率。

OFDM 面临的需要保护间隔、拥有高峰均功率比问题，DMT 也有同样的问题。但 DMT 方案能够避免时域产生复数信号，减少了发射端、接收端之间频偏的影响，但它也以损失一半的频谱资源为代价。由此看来，每种方案都有自己的优势和劣势，各种方案的选择应该根据实际系统的需要，在各个因素之间做最优选择。

9.4.2　验证实验

DMT 实验参数见表 9-1。

表 9-1　DMT 实验参数

参数	参数值
调制信号	32QAM
采样倍数	4
符号结构	256×100
传输距离	1 m
LED 电压	2.05 V
LED 电流	85 mA
信号发送幅度 Vpp	0.5 V
示波器采样速率	2 Gsample/s
硬件预均衡板	300 M

国际上采用 DMT 在可见光中的实验已经被验证，从 2011 年的 RGB 灯波分复用的 813 Mbit/s 到 2015 年 RYGB 灯的 5.6 Gbit/s。因此，单灯的 DMT 在可见光中应能达到吉比特级传输。

改变发送速率，用比特加载测试信道容量，结果如图 9-16 所示。

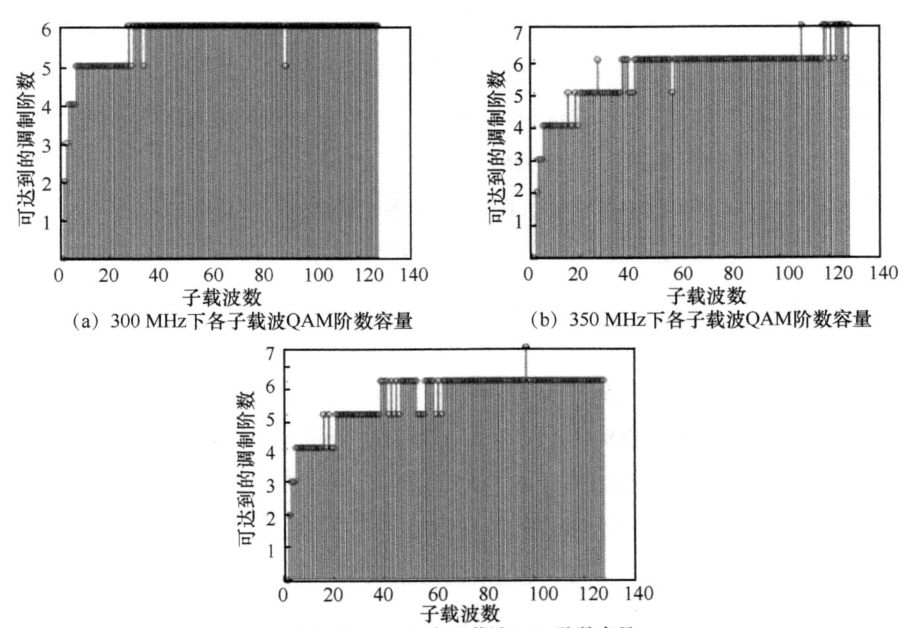

(a) 300 MHz下各子载波QAM阶数容量

(b) 350 MHz下各子载波QAM阶数容量

(c) 400 MHz下各子载波QAM阶数容量

图 9-16　不同带宽的各子载波 QAM 阶数容量

从图 9-16 中，可以看到不同信道带宽下的 DMT 传输和各子载波性能。图 9-16（a）中，子载波所能达到的最高 QAM 阶数为 6，但正如短板效应和木桶效应，需要考虑大多数子载波能满足的阶数，此时大多数能达到的阶数为 5 阶，也就是 32QAM，将图 9-16 放大可以看到 1～5 号子载波都不能达到 5 阶，为了让性能更优，需要将这 5 个子载波空出来，不用它们传数据。因为它们将是误码的主要来源。又因为 DMT 本身结构就要求 0 和 N 号子载波为 0，所以对于前 128 个子载波就需要空出 6 个 0，从 6 号（第 7 个）子载波开始传数据。

图 9-16（b）中，增加了带宽，从 300 MHz 增加到 350 MHz，此时重测信道容量，发现子载波特性改变，最高能达到 7 阶。但是要使大多数子载波都能有满足的阶数，只能选 4 阶。如果选 5 阶需要空出前面近 20 个子载波，这对信号高效传输来说比较浪费。所以该带宽下传 32QAM 与 300 M 带宽相比传输性能较差。

图 9-16（c）中，带宽变为 400 M，子载波特性再次改变，但性能却不如之前。

因此，可以知道，对于此时的系统来说，并不是带宽越高越好，带宽高，达到的最高阶数高，但是如果像图 9-16（c）中仅一个子载波达 7 阶，而剩余的就算取 5 阶也没有图 9-16（a）的性能好，图 9-16（a）能使最多的子载波满足 5 阶。虽然 5 阶偏低，但是当只使用一种调制时（如果将子载波分配，不同子载波调制不同阶数，可以最大的匹配容量，达到最高速度），需要考虑整体的综合性能。

于是最终确定的方案是子载波空 6 个 0（有一个 0 是结构需要，剩下 5 个为空掉性能差的子载波）的 5 阶调制 32QAM-DMT。

图 9-17 所示为简单测试的带宽和 BER 的关系，同样符合带宽增加，误码增加的规律。图 9-17 右侧是不同带宽下的各个子载波上的符号情况。可以看到，它们都是两侧电平之间的界限模糊，难以区分，而中间的电平都分开得比较清楚，不是造成误码的主要来源。这也是最初我们需要空出一些性能特别差的子载波的原因。图 9-17（c）中的中间部分界限特别清晰，比图 9-17（a）、图 9-17（b）中的界限还明显，但是图 9-17（c）的误码却比图 9-17（a）、图 9-17（b）高，这说明主要原因来于两侧的子载波。

在图 9-16 中，我们粗测过信道的 QAM 阶数，带宽较大时（如 400 MHz），子载波最高可达 7 阶，而左侧的子载波却有近 20 个子载波只能达到 4 阶，这就可以解释，当采用 5 阶 QAM 在整个子载波范围内传信息时，图 9-16（c）中误码的主要来源。一些子载波只够 4 阶，而另外的却能高达 7 阶甚至以上，二者之间差距很大，若用 4 阶调制，对能达 7 阶及以上的子载波是很大的浪费；可若调制 7 阶，那么只

有少数子载波能满足，整个系统误码性能仍较差；如果空 0 除掉性能差的子载波，那么需要空足够多，这样对子载波又很浪费。因此，DMT 经常需要用比特加载进行局部分配和安排，而不是全部都用相同阶数的调制。

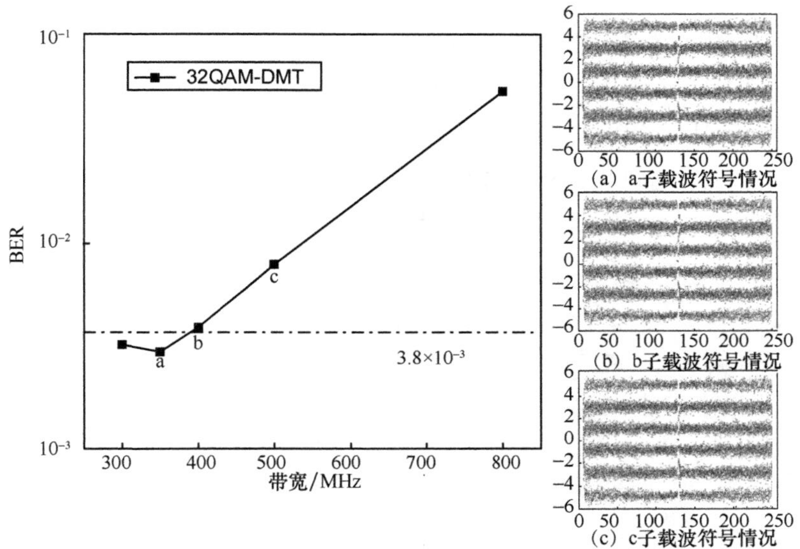

图 9-17　32QAM-DMT 中带宽与 BER 的关系及 a、b、c 不同带宽下各子载波符号情况

图 9-16 中门限带宽为 400 MHz，有效带宽则为 200 MHz，5 阶调制最多达到的速率为 1 Gbit/s（空 0 的需要减掉，这里粗略计算，先忽略）。因此此时我们已经验证了 DMT 在可见光中的可行性。

DMT 的优势在于对抗频偏，如果 AWG 和示波器之间存在频偏，OFDM 就不能实现较好性能，而 DMT 可以。这是在实验中发现的问题，在实验时，我们发现 AWG 和示波器之间的时钟存在偏差，二者之间有频偏，对于 BTB 的信号都很难解调。但是，在还没找到问题来源时，DMT 却能轻松解调。这里补充一下最终对器件时钟不同步导致频偏问题的解决办法：10 M 时钟源触发 AWG 的时钟选外部接到示波器的时钟输入端。

9.4.3　高速实验

图 9-18 所示为基于 DMT 调制的高速可见光通信系统 [26-27]。首先将二进制数据

加载到系统中，然后使用 QAM 映射和补零技术生成有效数据。数据需要共轭耦合产生 DMT 信号。IFFT 可以将信号从频域转换为时域，循环前缀用于抵抗多径效应。输出信号被加载到 AWG 中，并且选择电放大器（迷你电路，25 dB 增益）改善宽带信号的驱动能力。在电放大器之前，我们使用硬件预均衡器补偿 VLC 信道的衰落。均衡器是 T 型桥 RLC 无源网络，它是带通滤波器，将滤波器的中心频率设置为 500 MHz，将低频响应的衰减设置为 22 dB。通过使用该预均衡器，与未使用预均衡器的系统相比，通信系统可以获得更大的带宽。偏置器可以耦合 AC 组件和 DC 组件。来自 5 个通道的信号同时发送到 RGBYC-LED 的 5 个芯片，并由 5 个不同颜色的 LED 芯片传输。透镜和滤光器用于收集光并分离不同波长的光。

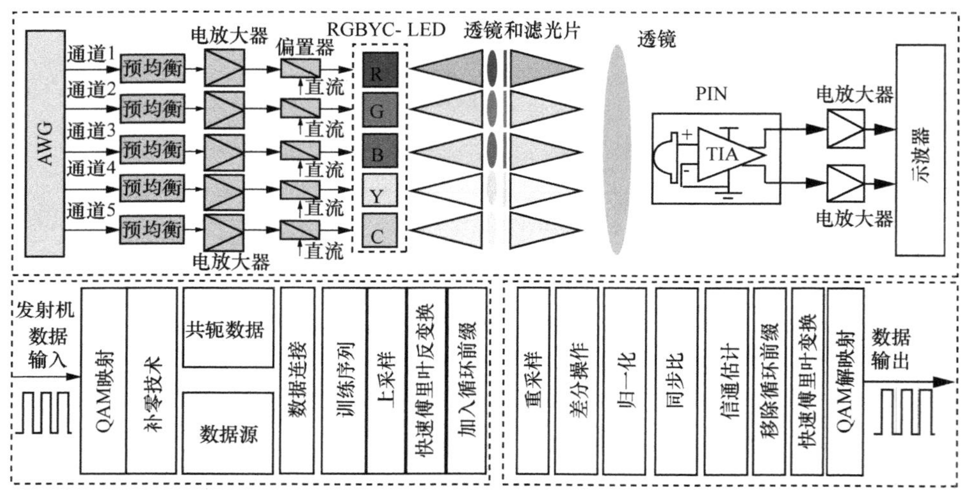

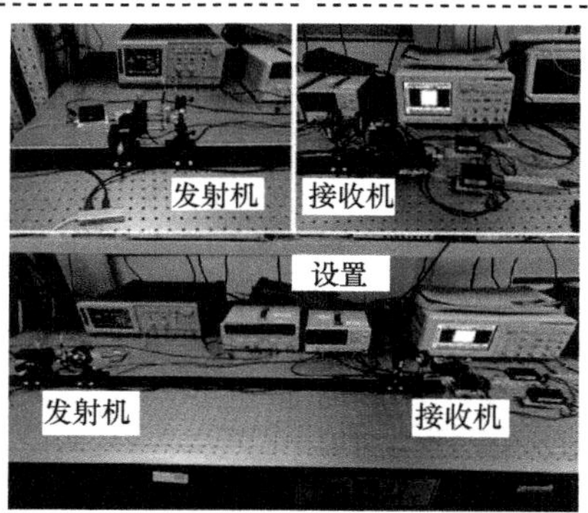

图 9-18　基于 DMT 调制的高速可见光通信系统

实验结果如图 9-19 所示，首先测量了 BER 性能与发送信号 Vpp 之间的关系

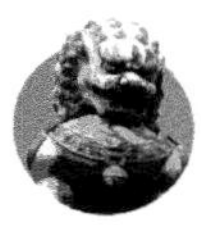

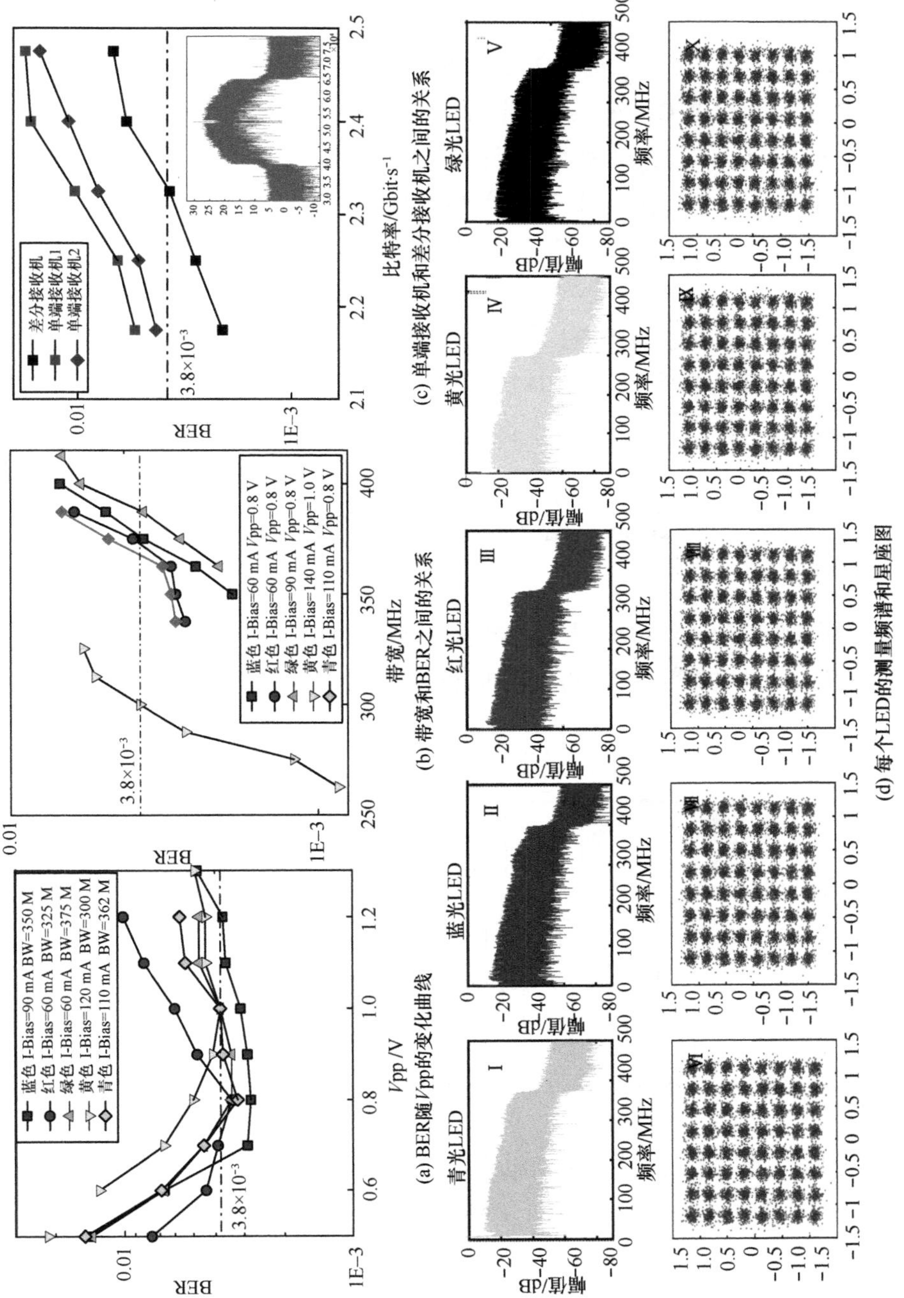
蓝色 I-Bias=90 mA BW=350 M
红色 I-Bias=60 mA BW=325 M
绿色 I-Bias=60 mA BW=375 M
黄色 I-Bias=120 mA BW=300 M
青色 I-Bias=110 mA BW=362 M
3.8×10⁻³
BER
Vpp /V
(a) BER随Vpp的变化曲线
蓝色 I-Bias=60 mA Vpp=0.8 V
红色 I-Bias=60 mA Vpp=0.8 V
绿色 I-Bias=90 mA Vpp=0.8 V
黄色 I-Bias=140 mA Vpp=1.0 V
青色 I-Bias=110 mA Vpp=0.8 V
带宽/MHz
(b) 带宽和BER之间的关系
差分接收机
单端接收机1
单端接收机2
比特率/Gbit·s⁻¹
(c) 单端接收机和差分接收机之间的关系
青光LED
蓝光LED
红光LED
黄光LED
绿光LED
幅值/dB
频率/MHz
(d) 每个LED的测量频谱和星座图

图 9-19　实验结果

得到数据传输的最佳工作点。图 9-19（b）所示为带宽和 BER 性能之间的关系，蓝光 LED 的有效最高数据速率可以达到 2.25 Gbit/s，红光 LED 可以达到 2.175 Gbit/s，绿光 LED 可以达到 2.325 Gbit/s，黄光 LED 可以达到 2.175 Gbit/s，青光 LED 可达到 1.8 Gbit/s。通过应用 WDM，可以仅利用一个 RGBYC-LED 实现 10.725 Gbit/s 的数据速率，是目前基于商用 LED 的可见光通信系统最高数据传输速率。图 9-19（c）比较了单端接收器和差分接收器的性能。数据 1 和数据 2 代表两个单端接收器，差分接收器代表两个通道的差异。从图 9-19（c）可以看出，通过使用差分接收结构可以大大提高 BER 性能。通过测量单端接收器和差分接收器的频谱，可以发现差分接收结构能够消除低频噪声。图 9-19（d）所示为单个封装 LED 的每个 LED 芯片在最高传输速率下的测量光谱和星座图。

9.5 脉冲幅度调制技术

脉冲幅度调制（PAM）是一种简单灵活的一维多阶的调制技术，它只对信号的强度进行调制，即只生成实信号。可见光通信系统中 PAM 技术的原理如图 9-20 所示。

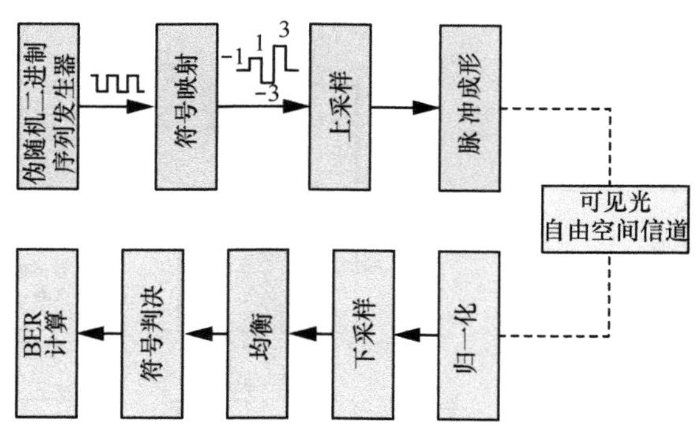

图 9-20 基于可见光通信系统的 PAM 原理

在发射端，首先产生原始的数据比特流，即 0101…01 的二进制随机序列，然后对其进行 PAM 符号的映射编码。对于 PAM-4 调制，将每两个数据比特编成一位码，每个码间的符号间隔为 2。其中，00 对应−3，01 对应−1，10 对应 1，11 对应 3。相应的对于 M 阶 PAM 调制，将每 lb$M$ 数据比特编成一位码，相应的符号电平为

$-(M-1)\sim M-1$，相邻符号的间隔为 2。若一个信号的符号电平数为 M，期望的比特率为 R，则符号速率 D 可降低 $\mathrm{lb}M$ 倍，即

$$D = R/\mathrm{lb}M \tag{9-3}$$

PAM 编码后，将输出的信号进行 N 倍上采样，即对于一个数据用相同的 N 个数据表示或者在相邻数据之间插入 N−1 个零。上采样的目的是实现频谱的 N 次周期延拓。上采样后将进行脉冲成形以生成时域波形，常用的脉冲成形有矩形脉冲成形，升余弦（RC）脉冲成形，均方根升余弦（RRC）脉冲成形等。脉冲成形后的时域信号将通过 LED 发射到自由空间中进行光信号的传输。

由于信号在传输过程中信号幅度受到衰减，在接收端首先需要对接收信号进行平均功率归一化处理，即将接收信号乘以接收信号平均功率和发射信号平均功率的比值。然后，对归一化的信号进行 N 倍下采样，并加入后均衡的数字处理算法，以补偿信号在传输过程中的衰减与失真。最后通过一个解码器进行判决解码即可得到原始的数据比特。对于 M 阶的 PAM 信号，解码时设定 M−1 个判决门限，每个判决门限为两个相邻符号的平均值。

PAM 信号的表达式如式（9-4）和式（9-5）所示。

$$s(t) = \sum_{n=0}^{M-1} a_n P(t - nT) \tag{9-4}$$

$$a_n = -M+1,\ -M+3,\ \cdots, M-3,\ M-1 \tag{9-5}$$

其中，M 为编码阶数，a_n 为编码后的符号，T 为采样间隔，$P(t)$ 为时域脉冲响应。

我们采用 PAM 技术，结合相移曼彻斯特编码（PS-Manchester）和先进后均衡算法，实现了 3.375 Gbit/s 的可见光传输系统实验。实验系统如图 9-21 所示。实验中采用 RGB LED 作为光源，以实现系统的波分复用。在发射端，相移曼彻斯特编码用于频谱整形，实现 PAM 信号的基带传输。同时，发射信号通过一个单级桥 T 型硬件预均衡电路补偿可见光系统的频率衰落。在接收端，差分解码用于消除接收信号的直流分量和二次项串扰噪声，提高接收机灵敏度。此外，一个基于 S-MCMMA 的后均衡器用于信号的后均衡处理，以提升系统性能。

实验中测得 3 个波长的系统传输速率和 BER 关系曲线如图 9-22 所示。可以看到通过采用相移曼彻斯特编码和差分解码，以及 S-MCMMA 自适应后均衡，该系统可成功实现高达 3.375 Gbit/s 的总传输速率（红光：1.35 Gbit/s，绿光：0.975Gbit/s，蓝光：1.05 Gbit/s）。而在相同条件下，采用直接解码的信号只能实现 1.8 Gbit/s 的总比

特率（3 种颜色光信号的传输比特率皆为 600 Mbit/s）。因此，通过使用差分解码，系统的最高传输速率提升了 1.575 Gbit/s。实验结果验证了 PAM 技术具有结构简单、计算复杂度较低、实施灵活的特点，在低成本的可见光通信系统中具有广泛的应用前景。

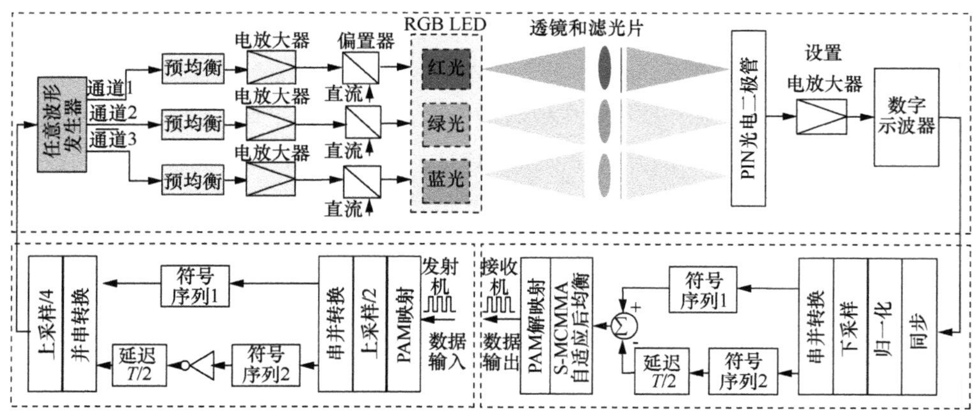

图 9-21　基于相移曼彻斯特编码 PAM-8 调制的波分复用可见光通信系统

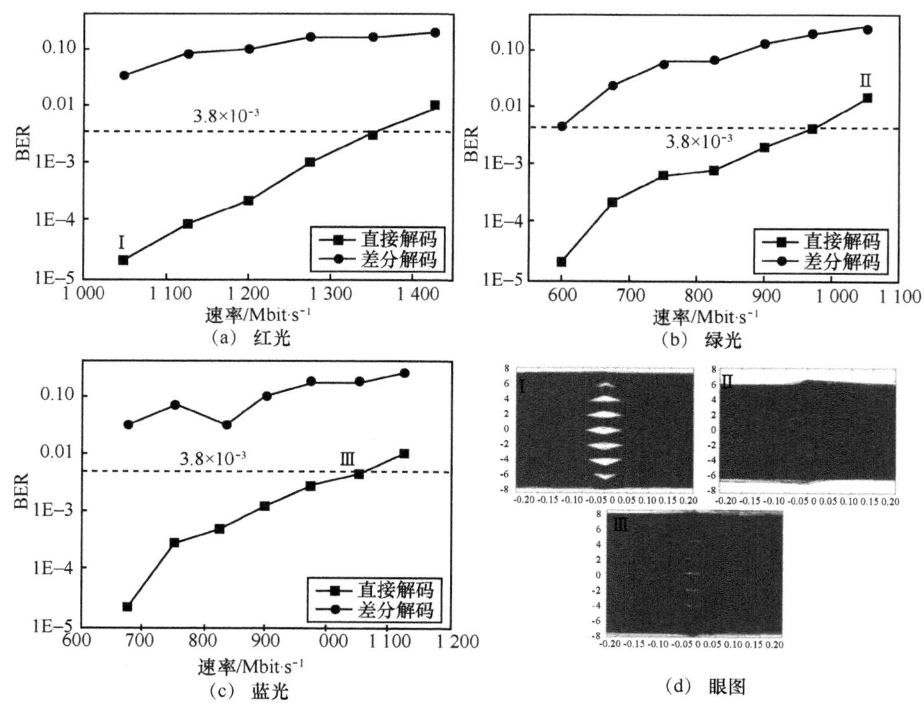

图 9-22　3 个波长的 BER 性能与系统传输速率的关系

9.6　几何整形 QAM

近年来，随着数字传输技术的不断发展，星座几何整形（Geometric Shaping，GS）在通信领域掀起了一股研究热潮，尤其在光通信领域更是获得了极大的关注度。传统的方格分布的正交幅度调制星座图功率效率不高，频谱利用率低，无法达到香农极限，甚至还有相当的提升空间。利用几何整形技术，优化 QAM 星座点在复平面的位置分布，可以获得更高的功率效率和频谱利用率，这对于带宽受限的可见光通信系统具有重要的研究价值。本小节将分别从抗噪声能力、抗高频衰减能力以及抗非线性能力 3 个方面对图 9-23 所示的 4 种几何整形 8QAM 星座图进行系统数值仿真评估，并通过系统传输实验验证其可用性[28]。

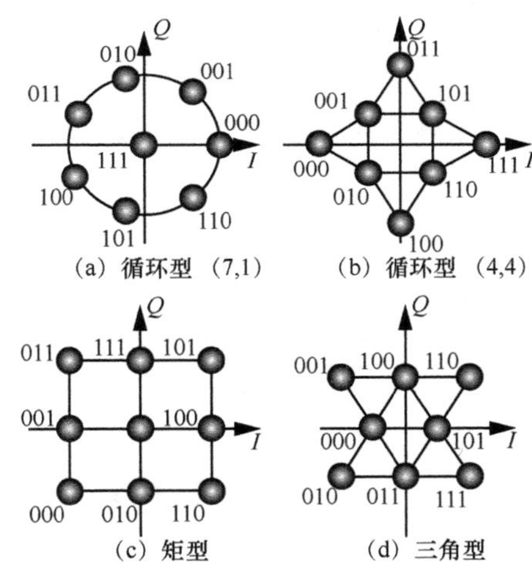

图 9-23　几何整形 8QAM 星座图

9.6.1　抗噪声性能

在本小节中，符号判定基于最邻近原则，即接收的符号将判定为参考标准星座图中与它最近的一个星座点。从更为严谨的数学表达式出发，考虑一个具有 8 个星座点的星座点集（或符号集合）：$S=[s_1,s_2,\cdots,s_8]$，根据 Voronoi 边界准则，每一个星座点都将有一个判定区域，也就是说，SER 可以被看作是该星座点加入高斯白噪声之后位于 Voronoi 边界之外的概率。这里，我们采用 SER 而不是 BER 作为衡量标准的主要原因是 BER 作为高阶信号还与星座点映射编码相关，该内容暂时不在本节内考虑，所以选择 SER 作为一个更加公正的评判标准。一种较为简单的 SER 边界近似表达式为

$$\mathrm{SER} \leqslant \frac{1}{M}\sum_{k=1}^{M}\sum_{j=1,j\neq k}^{M}\frac{1}{2}erfc\left(\frac{d_{kj}}{2\sqrt{N_0}}\right) \quad (9\text{-}6)$$

其中，d_{kj} 表示符号 s_k 和 s_j 之间的距离，N_0 表示噪声方差。

根据式（9-6），$erfc\left(\frac{d_{\min}}{2\sqrt{N_0}}\right)$ 表明，当信噪比较高时，SER 主要取决于最邻近的两个标准星座点之间的距离，其中 $d_{\min}=\min\limits_{j\neq k} d_{kj}$ 即为星座图的最小欧式距离。

图 9-24 所示为 AWGN 信道下星座图抗噪声能力的仿真结果。其星座点比特映射编码方案如图 9-23 所示。仿真结果显示，随着信噪比逐渐增加，不同星座图之前的性能差异越来越明显。但值得注意的是，在 7% FEC 误码门限 3.8×10^{-3} 附近，4 种星座图的性能差异不大。

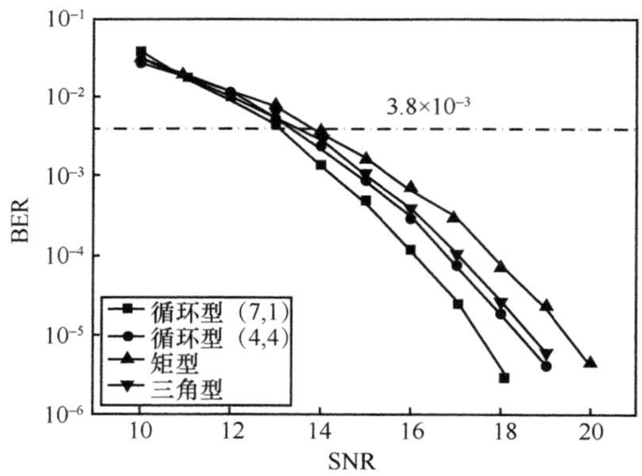

图 9-24　几何整形 8QAM 抗噪声能力

9.6.2　抗高频衰减性能

普通商用 LED 有限的调制带宽是实现超高速可见光通信的关键挑战之一，

本小节将重点针对 LED 高频衰减特性对 4 种几何整形 8QAM 星座图进行性能分析比较。

通过导频信号，我们测试了商用白光 LED 的频率响应曲线，如图 9-25 所示。从图 9-25 中可以看出，LED 频率响应具有非常严重的高频衰减特性，从 10 M 开始，其频率响应曲线几乎成指数衰减。该灯的−3 dB 调制带宽只有 25 MHz。

高频衰减会引起 ISI，严重降低了通信系统的通信质量。BER 与 ISI 的关系非常复杂，很难建立对应的数学关系去计算其错误概率分布，即很难用数学表达式来量化其错误概率。BELLO 和 NELIN 从 SER 角度首先对 ISI 给系统带来的损伤进行了研究，但他们也仅仅考虑了相邻两个符号间的干扰，即使在这种简化模型下，其 SER 的表达式仍然十分复杂，几乎无法准确表达，因此关于 ISI 对系统性能的影响通常都是通过大量的数据仿真得到，BER 也是一样。

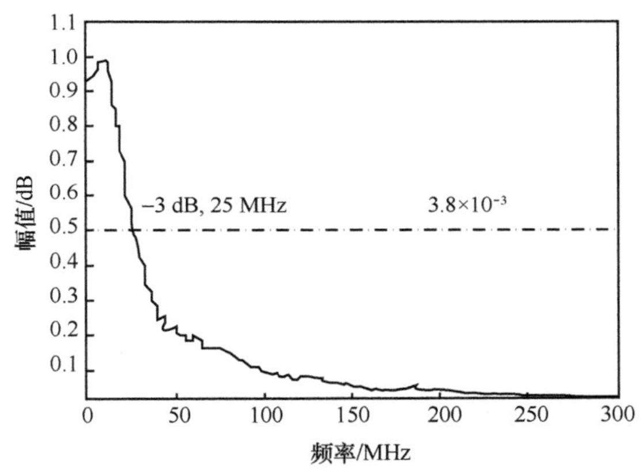

图 9-25　商用白光 LED 的频率响应曲线

图 9-26 所示为仿真结果，仅考虑 LED 高频衰减对系统带来的损伤，不考虑噪声、非线性等其他因素。结果显示，BER 随着波特率的增加呈现的是先降低后升高的趋势，而非单一的升高趋势。这是因为，图 9-25 所示的 LED 频率响应在低频部分有短暂升高的现象，使得 BER 也会存在一个短暂降低的过程，出现 175 MBd 波特率的性能优于 150 MBd 波特率性能的现象。但随着波特率（信号频率）的持续增加，高频衰减带来的 BER 升高十分明显。循环型（7,1）的抗高频衰减性能大幅领先其他 3 种星座图。值得注意的是，循环型（7,1）和循环型（4,4）之间的差异越来越明显，循环型（7,1）正在不断展现其惊人的潜力。

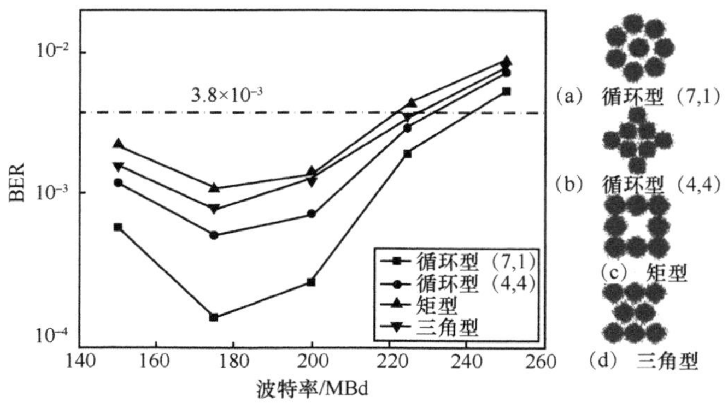

图 9-26　几何整形 8QAM 抗高频衰减能力

9.6.3　抗非线性性能

与无线射频通信类似，可见光通信系统中的非线性组件给信号带来非线性失真损耗。LED 光源、数模转换器、电放大器、模数转换器以及光电探测器等都是可见光通信系统中常见的非线性来源。

在所有的非线性因素中，LED 光源和光电探测器是最主要的非线性来源，也是对系统影响最大的。光电探测器的非线性是由平方率检测产生的，这与传统光纤通信（Optical Fiber Communication，OFC）中的光电转换引入非线性失真的原理一致[19]，因此本节内容不再对其单独分析。LED 带来的非线性失真主要是由其电压−电流（I-U）曲线的非线性关系导致的。图 9-27 中的实线为一颗普通商用 LED 红光灯珠的 I-U 曲线，LED 型号为 LZ4-00MA00。驱动电压与前向电流的非线性关系会引起两种不同的信号失真，一种是在动态范围内，电光转换时的非线性映射，如图 9-27 中的虚线所示，所得到的光信号不再是标准的正弦信号；另一种是当电压低于开启电压或高于最大允许电压时产生的限幅失真。在大信号情况下，两种失真都有可能发生。另外，这里需要介绍一个概念，调制深度。调制深度定义为 $m = I_0/I_d$，其中 I_d 表示偏置电流，I_0 表示峰值电流与偏置电流之差，其物理意义已在图 9-27 中标出。当 I_0 与 I_d 相当，即调制深度接近 1 时，信号的功率利用率最高，但此时信号受到的非线性因素影响也最大。因此，在非线性效应和调制深度之间有一个权衡的最佳点。PAPR 较低的星座图，每个符号的功率分布相对均匀，对于非线性失真的顽健性更好，并且能获得更高的调制深度。

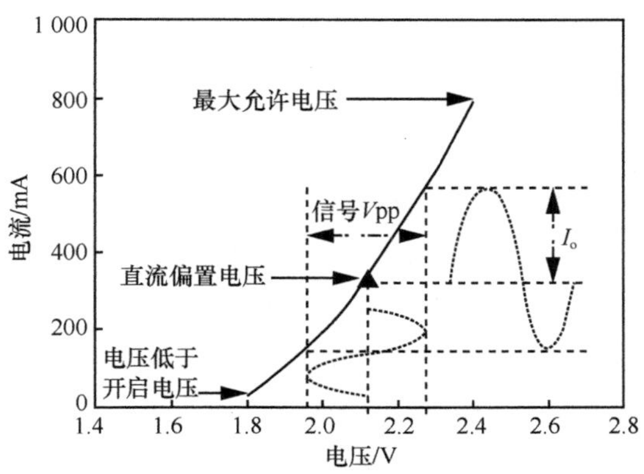

图 9-27　商用 RGB-LED（LZ4-00MA00）红光灯珠的电压—电流曲线

为了给出更具实际意义的分析，借助互补累计分布函数（Complementary Cumulative Distribution Function，CCDF），我们对信号峰值的统计分布规律进行了分析。图 9-28 所示分别为以上 4 种星座图信号在单载波系统中，其 PAPR 值的 CCDF 曲线。其中，$PAPR_0$ 表示峰均功率比的门限，该函数表示 PAPR 超过门限 $PAPR_0$ 的概率。结果说明，相比另外 3 种 8QAM 星座图，循环型（7,1）具有最低的峰均功率比门限，这意味着循环型（7,1）对于非线性失真的敏感度更低，或者说有更高的容忍度。值得注意的是，最常用的循环型（4,4）在峰均功率比方面的表现差强人意，因此它对非线性失真非常敏感，并不适用于可见光通信这种非线性失真较为严重的系统中。

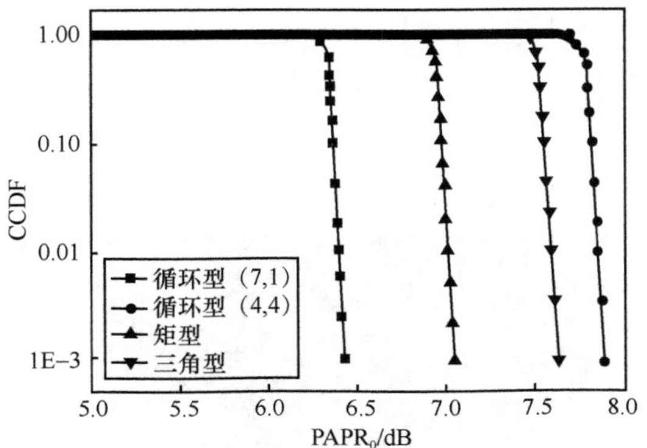

图 9-28　单载波几何整形 8QAM 信号 CCDF 曲线

9.6.4 系统传输实验

几何整形 8QAM 单载波可见光通信系统如图 9-29 所示。首先，在相同的传输距离和波特率的条件下，我们测量了各星座图 BER 随偏置电压和输入信号 Vpp 的变化关系，传输距离固定为 1 m，信号波特率固定为 450 MBd。测量结果如图 9-30 所示。以 7% FEC 误码门限 3.8×10^{-3} 作为正常工作范围内的最高误码门限，各星座图的动态工作范围由黑色加粗曲线标出。首先，进行纵向比较，无论针对哪一种异型 8QAM 星座图，当偏置电压相对偏高或者相对偏低时，输入信号受到图 9-27 所示的严重的 U-I 曲线非线性影响，其动态范围会变小。接着，对于这 4 种星座图进行了横向比较，在同样的单位标度下，观察其动态范围有效面积。发现，循环型（7,1）具有最大的动态工作范围，其次是矩型，接下来是三角型，而循环型（4,4）的动态工作范围是最小的，这与关于 PAPR 和非线性的理论分析完全一致。

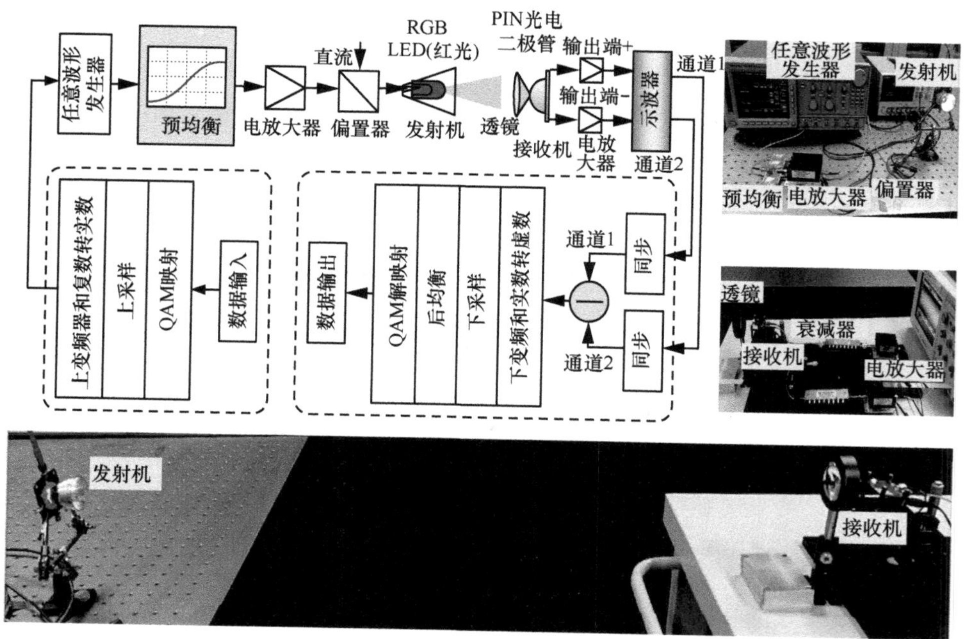

图 9-29　几何整形 8QAM 单载波可见光通信系统

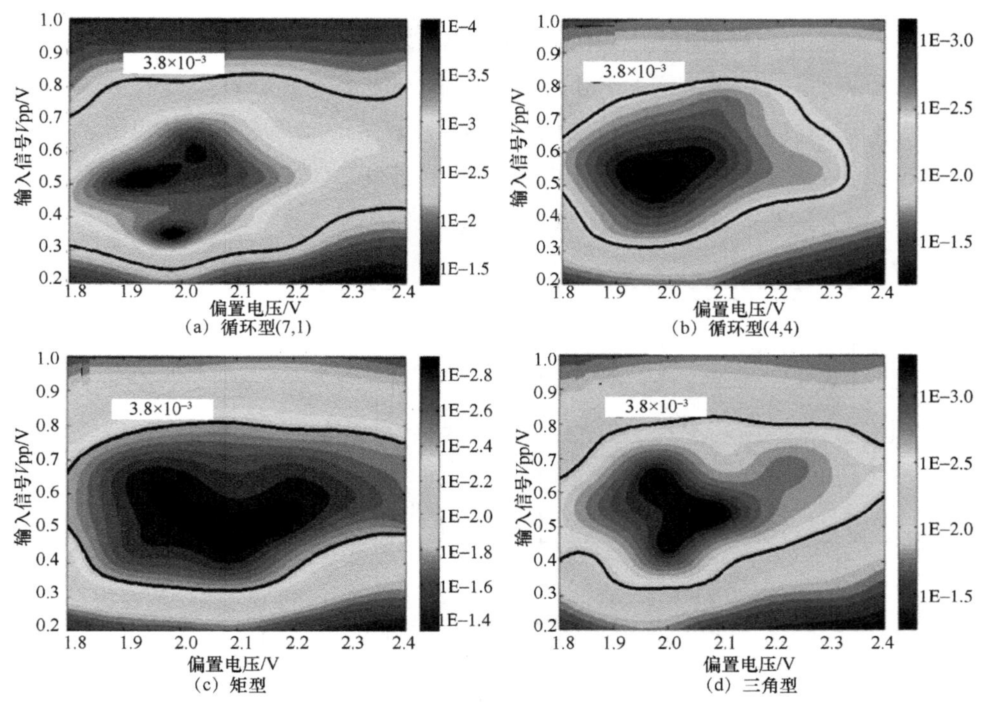

图 9-30　BER 随偏置电压和输入信号 *V*pp 的变化关系

为了进行更加详细的性能比对，我们对实验数据进行了进一步的处理分析。偏置电压在 1.8 V、2.0 V、2.3 V 时各星座图的 BER 与输入信号 *V*pp 之间的关系曲线如图 9-31 所示。结果符合预期，相比于其他 3 种星座图，循环型（7,1）在动态范围方面展现出了明显的优势，而循环型（4,4）的表现最差。另外我们注意到矩型和三角型的性能差异很小，这是因为，尽管矩型在 PAPR 方面的表现略胜一筹，但它在抗干扰方面即最小欧式距离上又略逊一筹，最终在各种因素综合作用下，两者的实验性能类似。考虑偏置电压对系统动态工作范围的影响，如上所述，当偏置电压较大或者较小的时候，无论哪种星座图，系统输入信号 *V*pp 的动态范围都会变小，这是因为，偏置电压过大或过小，LED 的非线性更强，引起的信号失真更严重，此时要求系统仍保持正常通信工作状态就只能允许小信号进入，此时的调制深度低，系统功率利用率不高。通过数据分析发现，当偏置电压分别为 1.8 V 和 2.3 V 时，相比循环型（4,4），循环型（7,1）的动态工作范围增加了 0.26 V，相当于 200%的增幅。同时，偏置电压为 2.3 V 时的信号 *V*pp 的动态范围相比 1.8 V 时有了一个整体的上移，这是由于调制深度的影响。当偏置电压为 2.0 V 时，循环型（7,1）比循环型（4,4）的动态工作范围增加了 0.14 V，相当于 30%的增幅。偏置电压为 2.0 V 时的非线性相对较弱，因此循环型（7,1）在抗非线性方面的优势表现得不明显。总之，循环型（7,1）能够提供更宽的动态工作范围，可以灵活应用于更加复杂多变的应用环境中，更好地兼顾照明和通信的双重功能。

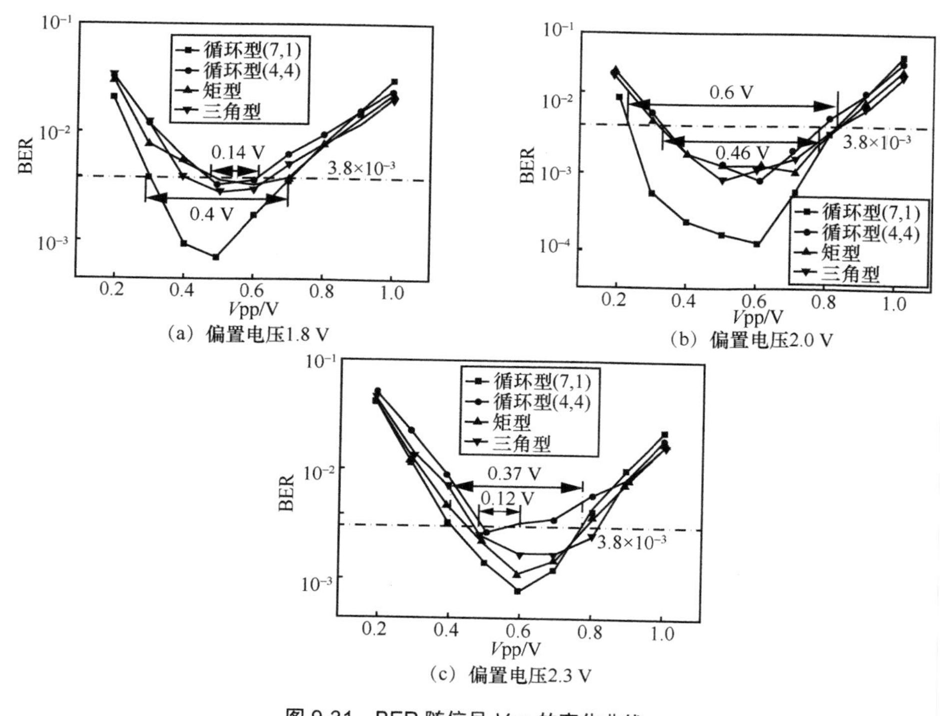

(a) 偏置电压1.8 V

(b) 偏置电压2.0 V

(c) 偏置电压2.3 V

图 9-31 BER 随信号 *V*pp 的变化曲线

根据以上分析，我们可以找到该系统的最佳工作点，即最佳偏置电压和输入信号 *V*pp。在最佳工作点下，我们测试了各星座图在不同波特率条件下的误码情况和系统 Q 因子。系统 Q 因子结果如图 9-32 所示，循环型（7,1）依然表现最佳，循环型（4,4）的性能还是最差的，矩型和三角型分别位列第二、第三。这说明，实际的实验系统性能主要还是受非线性效应影响较大，尤其在信噪比不高的情况下，噪声干扰和高频衰减带来的码间干扰对通信系统带来的损伤相对较小，或者说对不同星座图的影响差异较小。从图 9-33 中看出，随着波特率的增加，Q 因子的提升幅度更加明显，这是因为系统传输速率越高，对系统灵敏度的要求更高。当波特

率为 500 MBd 时，循环型（7,1）的 Q 因子比循环（4,4）的 Q 因子增加了 4.5 dB。根据图 2-11 显示的 BER 结果，只有循环型（7,1）能够在 500 MBd 波特率的时候，误码率达到 7% FEC 误码门限 3.8×10^{-3} 以下。和传统的循环型（4,4）作比较，循环型（7,1）的最高速率提升了 35 MBd 波特率，相当于 105 Mbit/s。

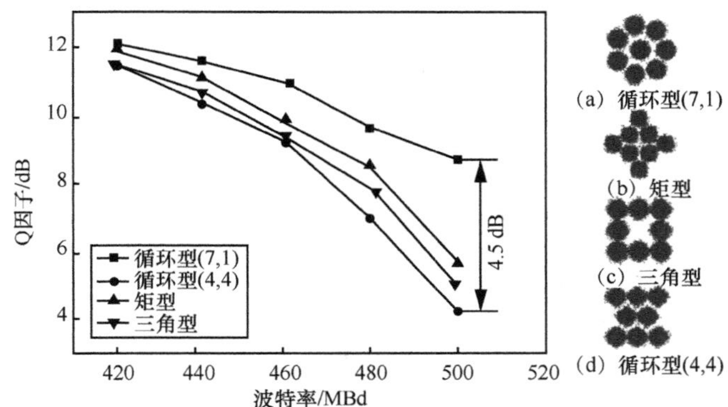

图 9-32　几何整形 8QAM 可见光通信系统 Q 因子比较

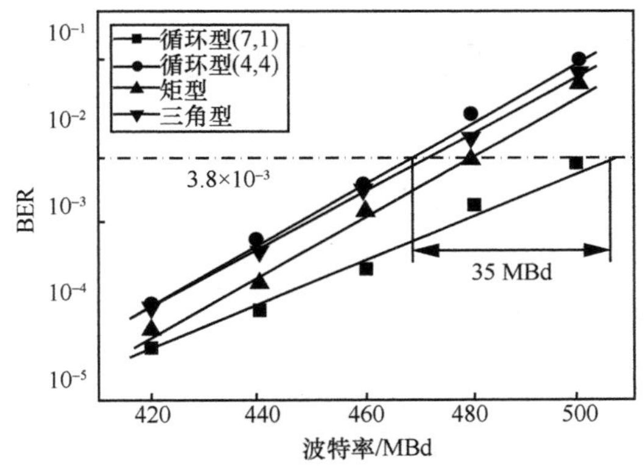

图 9-33　几何整形 8QAM 可见光通信系统 BER 随波特率变化曲线

为了进一步对 4 种几何整形 8QAM 调制系统速率提升空间进行评估，我们在不同的传输距离上分别测试了其在 3.8×10^{-3} 误码门限下的最高传输速率。由于 PIN 光电探测器的截止频率在 500 MHz 左右，最高的系统波特率被限制在 500 M 左右。根据图 9-34 所示的实验结果，相比于性能最差的循环型（4,4），循环型（7,1）在 0.5 m、1 m、2 m 的传输距离上实现了波特率 35 MBd 的提升，相当于传输速率提升了 105 Mbit/s；在 1.5 m 的传输距离上实现了波特率 30 MBd 的提升，即速率提升了

90 Mbit/s。另外，当波特率为 470 MBd 时，循环型（7,1）所能传输的最远距离比循环型（4,4）所能传输的最远距离多 1.5 m。而目前该系统的最高速率由循环型（7,1）保持，在传输距离为 0.5 m 时，最高波特率为 505 MBd，即最高传输速率为 1.515 Gbit/s。

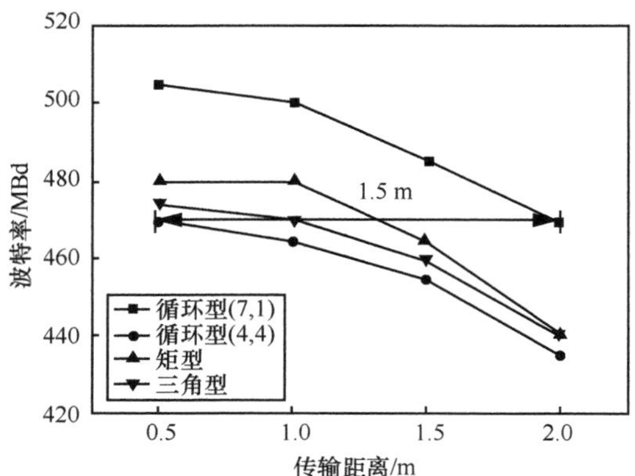

图 9-34　最高传输波特率随传输距离的变化关系

9.7　本章小结

本章围绕可见光系统中的先进调制技术，分别介绍了基于 OFDM、SC-FDE、CAP、DMT、PAM 和 GSQAM 的高速可见光通信系统实验。实验结果证明了先进高阶调制技术在高速可见光通信系统中的可行性和优势。

参考文献

[1] COSSU G, KHALID A M, CHOUDHURY P, et al. 3.4 Gbit/s visible optical wireless transmission based on RGB LED[J]. Opt. Express, 2012, 20(26): B501-B506.

[2] 李荣玲, 汤婵娟, 王源泉, 等. 基于副载波复用的多输入单输出正交频分复用 LED 可见光通信系统[J]. 中国激光, 2012(11): 49-53.

[3] KOMINE T, HARUYAMA S, NAKAGAWA M. Bidirectional visible-light communication using corner cube modulator[J]. IEIC Tech., 2003, 102: 41-46.

[4] LIU Y F, YEH C H, CHOU C W, et al. Demonstration of bi-directional LED visible light communication using TDD traffic with mitigation of reflection interference[J]. Opt. Express,

2012, 20(21): 23019-23024.

[5] WANG Y Q, SHAO Y F,SHAO H L, et al. 875 Mbit/s asynchronous Bi-directional 64QAM-OFDM SCM-WDM transmission over RGB-LED-based visible light communication system[C]//2013 Optical Fiber Communication Conference and Exposition and the National FiberOptic Engineers Conference(OFC/NFOEC), March 17-21, 2013, Anaheim, Piscataway: IEEE Press, 2013.

[6] WANG Y, WANG Y, CHI N, et al. Demonstration of 575 Mbit/s downlink and 225 Mbit/s uplink bi-directional SCM-WDM visible light communication using RGB LED and phosphor-based LED[J]. Optics Express, 2013, 21(1): 1203-1208.

[7] WANG Y Q, CHI N. Demonstration of high-speed 2×2 non-imaging MIMO nyquist single carrier visible light communication with frequency domain equalization[J].Journal of Lightwave technology, 2013, 32(11): 2087-2093 .

[8] WANG Y Q, SHI J Y, YANG C, et al. Integrated 10 Gbit/s multilevel multiband passive optical network and 500 Mbit/s indoor visible light communication system based on Nyquist single carrier frequency domain equalization modulation[J]. Optics Letters, 2014, 39(9): 2567-2579.

[9] WANG Y Q, YANG C, WANG Y C. Gigabit polarization division multiplexing in visible light communication[J]. Optics Letters , 2014, 39(7): 1823-1826.

[10] WANG Y Q, CHI N. Asynchronous multiple access using flexible bandwidth allocation scheme in SCM-based 32/64QAM-OFDM VLC system[J]. Photonic Network Communications, 2014, 27(2): 57-64.

[11] CHI N, WANG Y Q, WANG Y G, et al. Ultra-high speed single RGB LED based visible light communication system utilizing the advanced modulation formats[J]. Chinese Optics Letters, 12(1): 010605.

[12] WANG Y Q, LI R L, WANG Y G, et al. 3.25 Gbit/s visible light communication system based on single carrier frequency domain equalization utilizing an RGB LED[C]//OFC 2014, March 9-13, 2014, San Francisco, Piscataway: IEEE Press, 2014.

[13] WANG Y Q, CHI N, WANG Y G, et al. High-speed quasi-balanced detection OFDM in visible light communication[J]. Opt. Express, 2013, 21 (23): 27558-27564.

[14] WANG Y Q, WANG Y G, CHI N, et al. Demonstration of 575 Mbit/s downlink and 225 Mbit/s uplink bi-directional SCM-WDM visible light communication using RGB LED and phosphor-based LED[J].Opt. Express, 2013, 21(1): 1203-1208 .

[15] NOLLE M, FREY F, ELSCHNER R, et al. Performance comparison of different 8QAM constellations for the use in flexible optical networks[C]//Optical Fiber Communication Conference, March 9-13, 2014, San Francisco, Piscataway: IEEE Press, 2014: W3B. 2.

[16] HUANG X, WANG Z, SHI J, et al. 1.6 Gbit/s phosphorescent white LED based VLC transmission using a cascaded pre-equalization circuit and a differential outputs PIN receiver[J]. Optics Express, 2015, 23(17): 22034-22042.

[17] AGRELL E, KARLSSON M. Power-efficient modulation formats in coherent transmission systems[J]. Journal of Lightwave Technology, 2009, 27(22): 5115-5126.

[18] BELLO P, NELIN B. The effect of frequency selective fading on the binary error probabilities of incoherent and differentially coherent matched filter receivers[J]. IEEE Transactions on Communications Systems, 1963, 11(2): 170-186.

[19] YING K, YU Z, BAXLEY R J, et al. Nonlinear distortion mitigation in visible light communications[J]. IEEE Wireless Communications, 2015, 22(2): 36-45.

[20] YAN W, LIU B, LI L, et al. Nonlinear distortion and DSP-based compensation in metro and access networks using discrete multi-tone[C]//2012 38th European Conference and Exhibition on Optical Communications (ECOC), Sept. 16-20, 2012, Amsterdam, Piscataway: IEEE Press, 2012: 1-3.

[21] ZHAO J, QIN C, ZHANG M, et al. Investigation on performance of special-shaped 8-quadrature amplitude modulation constellations applied in visible light communication[J]. Photonics Research, 2016, 4(6): 249-256.

[22] SHANNON C E. A mathematical theory of communication[J]. ACM Sigmobile Mobile Computing and Communications Review, 2001, 5(1): 3-55.

[23] BEYGI L, AGRELL E, KARLSSON M. Optimization of 16-point ring constellations in the presence of nonlinear phase noise[C]//2011 Optical Fiber Communication Conference and Exposition and the National Fiber Optic Engineers Conference(OFC/NFOEC), March 6-10, 2011, Los Angeles, Piscataway: IEEE Press, 2011: OThO 4.

[24] O'BRIEN D, MINH H L, ZENG L, et al. Indoor visible light communications: challenges and prospects[C]//Free-Space Laser Communications VIII, International Society for Optics and Photonics, 2008, 7091: 06.

[25] HUANG X, SHI J, LI J, et al. A Gbit/s VLC transmission using hardware preequalization circuit[J]. IEEE Photonics Technology Letters, 2015, 27(18): 1915-1918.

[26] WANG Y, TAO L, HUANG X, et al. 8 Gbit/s RGBY LED based WDM VLC system employing high-order CAP modulation and hybrid post equalizer[J]. IEEE Photonics Journal, 2015, 7(6): 1.

[27] ZHU X, WANG F, SHI M, et al. 10.72 Gbit/s Visible light communication system based on single packaged RGBYC LED utilizing QAM-DMT modulation with hardware pre-equalization[C]//Optical Fiber Communication Conference, Optical Society of America, March 11-15, 2018, San Diego, OSA, 2018: M3K.3.

[28] ZHAO J, QIN C, ZHANG M, et al. Investigation on performance of special-shaped 8-quadrature amplitude modulation constellations applied in visible light communication[J]. Photonics Research, 2016, 4(6): 249.

第 10 章 高速可见光通信技术发展趋势

可见光通信是目前研究的热点，随着 OFDM 技术、均衡技术、MIMO 等技术的提出，并在可见光通信系统的应用，系统的传输速率不断得到提高，可见光通信技术的实用化也得到大幅促进。目前看来，芯片集成将会成为可见光通信技术发展的重要趋势[1-6]。芯片一直是限制可见光通信技术实用化的瓶颈，随着芯片水平的发展，可见光通信技术的实用化将不再遥远。

10.1 光电前端芯片

可见光通信作为一种新的宽带无线接入方式，以其独有的优势显示出巨大的发展潜力。未来随着可见光通信技术的进一步成熟，用于可见光通信的芯片将为整个通信芯片行业注入新的活力。

芯片尺寸、功耗的不断减少和芯片成本的不断降低以及芯片功能的多样化将成为当今集成芯片设计的总趋势。若将光电探测器与信号处理电路集成，可带来显著优点：一方面可以去掉前置放大器的输出缓冲和主放大器的输入缓冲，从而减小芯片面积以及由这两个模块引起的功耗；另一方面前置放大器的输入不需要通过外部引线而是直接通过芯片内部信号线连接到主放大器的输入端，从而提高整个前端芯片的工作性能。

光电前端芯片是相干光通信系统的重要组成部分[7-8]，主要包括滤光片、透镜、PIN 管、前置放大器（Pre-Ampilfier）、滤波器和主放大器（Main Amplifer，AMP）共 6 部分（如图 10-1 所示），其工作原理如图 10-2 所示。

可见光信号经过滤光片滤除背景杂散光，通过透镜对信号光进行汇聚，使 PIN 光电探测器接收范围更广，在反向偏压下将可见光信号转换为电流信号；由前置放大器将微弱的电流信号放大，并生成电压信号，同时前置放大器需要能够保证低噪声和高增益带宽；电压信号经一个滤波器后滤除电压信号的高频噪声，通过主放大器将信号进一步放大，输出的电压信号经解码段解码后用于进行进一步处理。

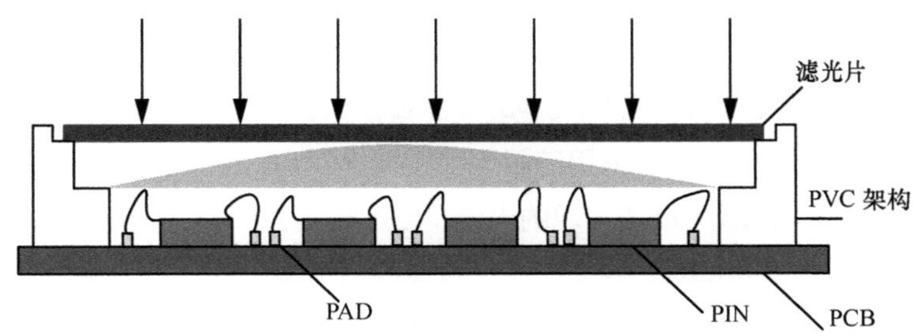

图 10-1　光电芯片整体结构

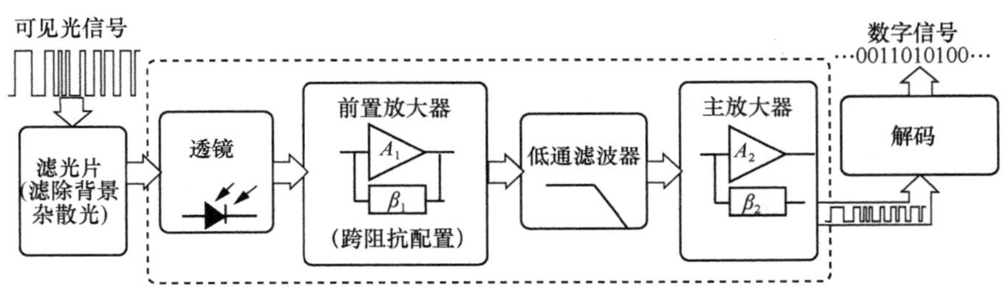

图 10-2　光电前端芯片工作原理

10.1.1　PIN 光电探测器

PIN 光电探测器是光电转换器件[9]，其作用主要是将接收的光脉冲信号转换成电流脉冲信号，在经历了光纤衰减后，信号到达接收端时已非常微弱，因此光电探测器产生的光电流也非常微弱（μA 数量级）。所以对光电探测器的基本要求是高光电转换效率、低附加噪声和快速响应。对于高速光电探测，灵敏度与光敏面积有关，光敏面积大，则响应度高，然而，大的光敏面会产生更大的电容，从而限制光电探测器的带宽。因此，开发灵敏度高、光敏面积小的 PIN 光电探测器将成为制约光电芯片同时实现高速率和微型化的一个重要因素。

10.1.2　前置放大器

前置放大器又称为预放大器[10]，其主要作用是将光电探测器输出的微弱的电流脉冲信号转换成一定的电压脉冲信号。由于其输入信号非常微弱，因而要求具有低噪声的特性；为了保持较高的灵敏度以降低误码率，要求前置放大器具有较高的增益；为了使高速光接收机在给定的速率上工作，要求前置放大器具有适当的带宽。作为光电芯片的关键部分，前置放大器的性能在很大程度上决定了整个芯片的性能。在高速光纤传输系统中，广泛采用跨阻型前置放大器。跨阻型前置放大器实质是通过电阻 R_f 提供电压并联负反馈实现的电流-电压变换器，可以利用负反馈获得增益稳定、频带宽、噪声低和动态范围大等优点，因而适用于高速传输系统。

10.1.3　滤波器

滤波器特性用其频率响应来描述，按特性的不同，可分为低通滤波器、高通滤波器（High-Pass-Filter，HPF）、带通滤波器（Band-Pass-Filter，BPF）和带阻滤波器（Band-Elimination Filter，BEF）等。低通滤波器允许信号中的低频或直流分量通过，抑制高频分量或干扰和噪声；高通滤波器与低通滤波器相反，它允许信号中的高频分量通过，抑制低频或直流分量；带通滤波器允许一定频段的信号通过，抑制低于或高于该频段的信号、干扰和噪声；而带阻滤波器可以抑制一定频段内的信号，允许该频段以外的信号通过。根据传输信号的要求，对滤波器规定了严格的技术指标，通常以衰减特性来表示滤波器的选频特性。

10.1.4　主放大器

通常前置放大器不可能在获得低噪声和适当带宽的条件下达到所要求的增益，其输出的电压信号还需要被进一步放大，以达到所要求的幅度。这个任务由主放大器完成，主放大器将前置放大器输出的毫伏级电压小信号放大至一个足够大且恒定的幅度，以便于驱动后续的数据处理。主放大器有两种实现方式：自动增益控制放大器和限幅放大器。限幅放大器取消了增益控制环路，具有设计简单、功耗低、芯片面积小和外接元件少的优点，是目前常用的主放大器。

10.2　编码与信号处理芯片

随着最近几年高速模数转化器以及数字信号处理器技术的飞速发展，射频接收机数字化已成为未来发展方向。射频信号的数字化处理为信号处理带来更灵活、便

捷的手段。在数字接收系统中，中心站接收的射频信号一般需要利用高分辨率的模数转换器将模拟信号数字化，以便后续的数字信号处理。

未来可见光通信的传输速率可以与光纤通信相媲美，高速的数据业务将为用户提供更加流畅完整的用户体验，这同时也意味着对编码与信号处理芯片提出了更高的要求。编码与信号处理芯片将以高集成度、高性能为特点，传统的专用集成电路（ASIC）因其不灵活的硬件结构及功耗与成本的限制不能成为通信单元的首选。可见光通信的接收机电模块如图 10-3 所示，从图 10-3 中可以看出，编码与信号处理芯片的功能主要包括 DSP 信号的 OFDM 解码、均衡处理和 FPGA 负责的 MAC 协议、系统及网络接口控制。这两者的发展方向代表着信号处理芯片的发展方向。

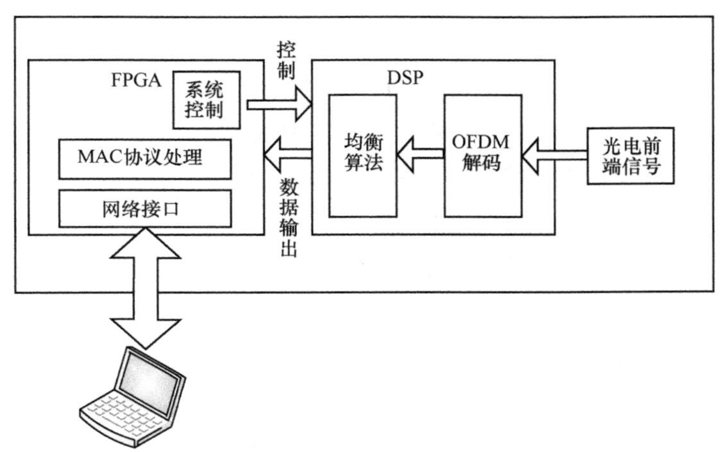

图 10-3　接收机电模块

10.2.1　DSP 技术的应用与发展

自 20 世纪 80 年代初诞生以来，DSP 芯片在 20 多年的时间里得到了飞速的发展。目前，DSP 技术已广泛应用于通信领域，由于可编程 DSP 的灵活性及其不断增强的运算能力，今后还将运用到许多未实现的领域。在通信领域的应用主要有软件无线电、语音压缩编码、GPS 系统等几个方面。随着 VLSI 的高速发展，在价格不断下降的同时，DSP 芯片也向着更高速、更稳定的方向发展。DSP 芯片随着应用需

求的变化而变化，多 DSP 并行处理、存储器构架变化以满足芯片主频不断攀升的需求，研发能够直接面向特定应用的 SOC 器件将成为目前 DSP 芯片主要的发展趋势。

10.2.2 FPGA 的应用与发展

早在 20 世纪 80 年代中期，FPGA 已经在可编程逻辑器件（PLD）设备中扎根。至今已经接近 30 年时间，不过在过去十多年的时间内 FPGA 并未受到太多重视。而在数字集成电路需求量巨大的今天，对于芯片设计而言，FPGA 的易用性不仅使设计更加简单、快捷，而且可以节省反复流片验证的巨额成本。现在，FPGA 技术正处于高速发展时期，新型芯片的规模越来越大，成本也越来越低，低端的 FPGA 已逐步取代了传统的数字元件，高端的 FPGA 不断在争夺 ASIC 的市场份额。越来越丰富的处理器内核被嵌入到高端的 FPGA 芯片中，随着半导体制造工艺的不断提高，FPGA 的集成度将不断提高，制造成本也将不断降低。研究大容量、低电压、低功耗、系统级高密度、动态可重构并能够与 ASIC 相互融合的 FPGA 芯片将成为未来可编程器件主要的发展趋势，也是可见光通信系统中实现设备微型化、集成化，并能够高速率传输的一个亟待解决的问题[11-13]。

将 DSP 技术与 FPGA 相互结合，作为编码与信息处理芯片的核心部分，不仅可以适应目前越来越复杂的运算标准，而且可以实现信号的高清、多通道、高速率传输，在相干光通信系统中具有极好的应用前景。

10.3 未来展望

经历了几十年的发展，可见光通信越来越受到全世界的关注和重视，国内和国际都掀起了可见光通信研究和产业化的热潮。不同速率和距离需求下的可见光通信应用场景如图 10-4 所示，可以看到可见光通信潜在的应用领域多样，用户数量巨大，将会带来巨大的社会经济效益。

2016 年，由科技部委托中国科学技术发展战略研究院开展的“第五次国家技术预测”，对未来 10 年我国科技发展的方向、重点与效益进行了预测与评价。“信息传输速度将接近光速，信息传输方式将在当前有线、无线传输的基础上，人们有望借助道路上的灯光上网”，可见光通信技术已被列入国家技术预测。

在产业化方面，研发发射光电芯片、接收光电芯片、收发光学天线、控制芯片、通信芯片、收发端机以及未来可见光通信组网，可以形成从材料、芯片、模块、系统到网络的整个纵向产业链。另外，设计基于 LED 灯定位，手机 LED 通信，显示屏 LED 通信，交通信号灯 LED 通信，点对点 LED 大功率长距离通信，可以构成横向的产业链。可以预测，可见光通信技术将是未来信息产业领域一次巨大的革命，给人们带来从信息生活、信息生产到信息消费等一系列改变。可见光应用领域和产业前景分析如图 10-5 所示。其中，宽带接入是未来最大的应用场景，低速短距通信和定位是可见光实现产业化应用的切入点。

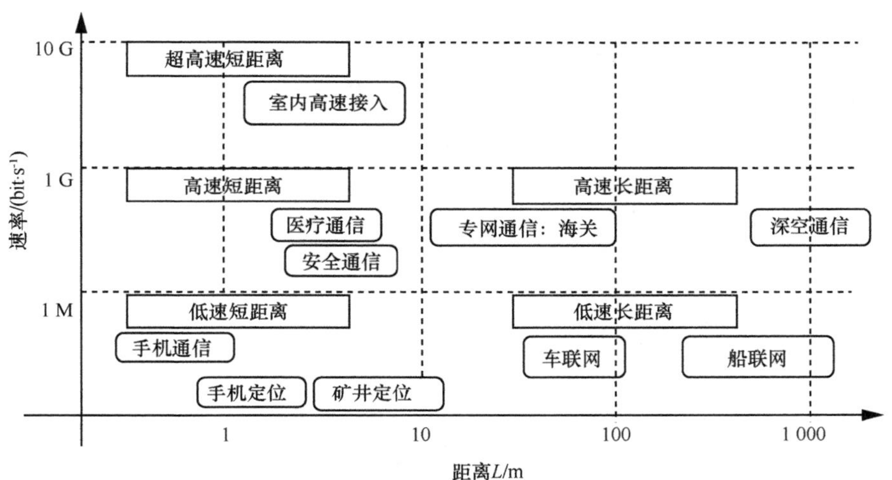

图 10-4　不同速率距离的可见光通信应用场景

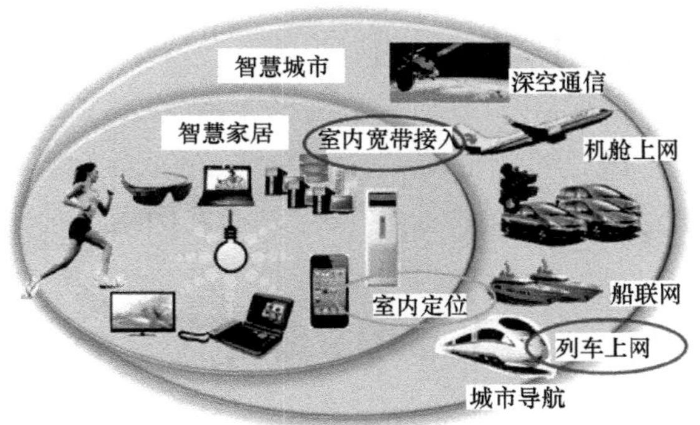

图 10-5　可见光应用领域和产业前景分析

除此之外，全频谱的无线接入网络6G时代正在到来。在6G通信系统中需要设计通用系统来服务所有的应用场景，可见光通信技术将在其中发挥重要作用。在这些系统中既需要保证多带之间的协调，又需要进行集中式架构，多样化地使用资源。其结构如图10-6所示。从图10-6中可以看出，可见光通信将和自由空间光通信以及毫米波传输技术结合，充分利用频谱资源，适用不同的应用场景和传输距离。除此之外，机器学习技术也将用来进行性能优化高级波段分配和系统操作低电平信号均衡、信号分析和系统参数估计。

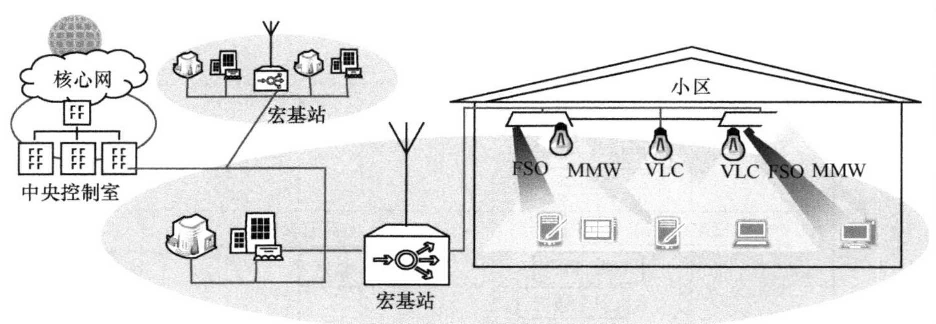

图10-6　6G系统中的通用系统设计

10.4　本章小结

本章主要介绍了可见光通信技术未来的发展趋势与展望。可见光通信技术的发展，目前主要受到器件水平的限制，芯片的集成度、前端芯片的信号处理、后端芯片的信号恢复等，都是可见光通信技术实用化所需要解决的问题。我们坚信LED可见光通信作为一种拓宽频谱资源、绿色节能的全新无线通信模式必将成为未来移动互联网的重要接入技术，推进可见光通信技术及其产业化发展，具有重要的社会意义和经济价值。

参考文献

[1] KOMINE T, NAKAGAWA M. Fundamental analysis for visible-light communication system using LED lights[J]. IEEE Transactions on Consumer Electronics, 2004, 50(1): 100-107.

[2] ZENG L, O'BRIEN D, LE-MINH H, et al. Improvement of date rate by using equalization in an indoor visible light communication system[C]//2008 4th IEEE International Conference on Circuits and Systems for Communications, May 26-28, 2008, Shanghai, Piscataway: IEEE Press, 2008: 678-682.

[3] O'BRIEN D. Indoor optical wireless communications: recent developments and future challenges[J]. Free-Space Laser Communications IX, 2009, 7464: 12.

[4] KAHN J M, YOU R, DJAHANI P, et al. Imaging diversity receivers for high-speed infrared wireless communication[J]. IEEE Communications Magazine, 1998, 36(12): 88-94.

[5] 江桓，吴华君，吴云峰. 一种新型超宽带光电探测模块的研究[J]. 激光技术，2013，37(1): 16-19.

[6] 刘建余，于立娟. 短距离室外可见光数字传输系统研究[J]. 科学技术与工程，2013，13(3): 744-748.

[7] HONG S E, LIM J M, KIM S I. Preamplifier design with wide bandwidth using InGaP/GaAs HBT for 10 Gbit/s photo receiver module[J]. Journal of the Korean Physical Society, 2004, 45(3): 742-746.

[8] XUE Z F. 15~40 Gbit/s high speed parallel front-end amplifiers for optical receiver design[D]. Nanjing: Southeast University, 2006.

[9] 胡艳. 超高速并行光接收机电路设计[D]. 南京：东南大学, 2004.

[10] ANALUI B, HAJIMIRI A. Bandwidth enhancement for transimpedance amplifiers[J]. IEEE J. Solid-State Circuits, 2005, 40(6): 1263-1270.

[11] BASESE U M. 数字信号的处理中 FPGA 实现[M]. 刘凌，胡永生，译. 北京：清华大学出版社, 2003.

[12] 王红，彭亮，于宗光. FPGA 现状与发展趋势[J]. 电子与封装, 2007, 7(7): 32-37.

[13] 张瑜. 集成式光电信息处理实验系统[D]. 长春：长春理工大学, 2009.

中英文对照表

缩略语	英文释义	中文全称
VLC	Visible Light Communication	可见光通信
LED	Light Emitting Diode	发光二极管
PLC	Power Line Carrier	电力线载波
OFDM	Orthogonal Frequency Division Multiplexing	正交频分复用
DMT	Discrete Multi-Tone	离散多音
LMS	Least Mean Square	最小均方
DD-LMS	Direct Decision Least Mean Square	直接判决最小均方
QAM	Quadrature Amplitude Modulation	正交幅度调制
LOS	Line-of-Sight	直射路径
SIC	Semiconductor Integrated Circuit	半导体集成电路
OOK	On-Off Keying	通断键控
O-OFDM	Optical-Orthogonal Frequency Division Multiplexing	光学正交频分复用
PDF	Probability Density Function	概率密度函数
BFSK	Bessel Functions of the Second Kind	第二类修正贝塞尔函数
TOV	Turn-on Voltage	开启电压
LUT	Look Up-Table	查找表
NRZ	Non-Return to Zero	单极性不归零码
PPM	Pulse Position Modulation	脉冲位置调制
PWM	Pulse Width Modulation	脉冲宽度调制
PAM	Pulse Amplitude Modulation	脉冲幅度调制
DD-OFDM	Direct Detection Orthogonal Frequency Division Multiplexing	直接检测—正交频分复用

（续表）

缩略语	英文释义	中文全称
CAP	Carrierless Amplitude and Phase	无载波幅度相位
ISI	Inter-Symbol Interference	码间干扰
PS	Parallel to Serial	并串转换
TDD	Time Division Duplexing	时分双工
FDD	Frequency Division Duplexing	频分双工
ICP	Inductively Coupled Plasma	反应耦合等离子体
BD	Balance Detector	平衡探测
SBC	Space Balanced Coding	空间平衡编码
TS	Training Sequence	训练序列
SIC	Successive Interference Cancellation	连续干扰消除
GS	Geometric Shaping	几何整形
SER	Symbol Error Rate	误符号率
DA	Digital-to-Analog Converter	数模转换器
EA	Electrical Amplifiers	电放大器
AD	Analog-to-Digital Converter	模数转换器
OFC	Optical Fiber Communication	光纤通信
CCDF	Complementary Cumulative Distribution Function	互补累计分布函数
HPF	High-Pass-Filter	高通滤波器
BPF	Band-Pass-Filter	带通滤波器
BEF	Band-Elimination Filter	带阻滤波器

名词索引